高等院校应用型人才培养规划教材——数学类

概率统计简明教程

王三福　魏艳华　王丙参　张艺馨　编

西南交通大学出版社
·成　都·

内容简介

本书针对高等院校非数学专业教学大纲与《全国硕士研究生入学统一考试数学考试大纲》对概率统计的要求，系统全面地介绍了概率统计的理论及其应用，读者只需具备高等数学基础即可读懂．全书共6章，主要讲解事件与概率，随机变量（一维与多维）及其分布，随机变量的数字特征，大数定律与中心极限定理，统计量及其分布，参数估计，假设检验．我们采用独具特色的方式处理教材，以较短的篇幅讲解必备的知识，并给出了习题的详细解答，方便教学，方便自学．为适应信息化社会，我们在附录中给出了 MATLAB 与概率统计，随机模拟实验供读者参考，以加深对正文的理解．

本书可作为理工科、经济、管理各专业的本科生教材，也可作为相关专业的参考用书．

图书在版编目（CIP）数据

概率统计简明教程 / 王三福等编. —成都：西南交通大学出版社，2015.10

高等院校应用型人才培养规划教材. 数学类

ISBN 978-7-5643-4339-2

Ⅰ. ①概… Ⅱ. ①王… Ⅲ. ①概率论－高等学校－教材②数理统计－高等学校－教材 Ⅳ. ①O21

中国版本图书馆 CIP 数据核字（2015）第 243919 号

高等院校应用型人才培养规划教材——数学类

概率统计简明教程

王三福　魏艳华　王丙参　张艺馨　编

*

责任编辑　张宝华

特邀编辑　刘文佳

封面设计　何东琳设计工作室

西南交通大学出版社出版发行

成都市金牛区交大路 146 号　邮政编码：610031　发行部电话：028-87600564

http://press.swjtu.edu.cn

四川森林印务有限责任公司印刷

*

成品尺寸：185 mm × 260 mm　　印张：12.75

字数：320 千字

2015 年 10 月第 1 版　　2015 年 10 月第 1 次印刷

ISBN 978-7-5643-4339-2

定价：28.00 元

前 言

大学数学是自然科学的基本语言，是应用模式探索现实世界物质运动机理的主要手段. 目前，很多社会科学领域也引入了越来越多的数学，比如经济学、管理学等，甚至文科专业也开设文科高等数学，目的是提升大学生的必备数学素质. 大学数学是一门科学语言，然而现在已经变为高校各专业的通识教育. 对于非数学专业的大学生而言，大学数学的教育意义不仅仅是学习一种专业的工具，而是培育人的一种理性思维品格和思辨能力，是智慧的启迪，是创造力的开发，其价值远非专业技术教育所能相提并论的.

随着高校的扩招，我国高等教育快速实现了从精英教育向大众教育的转变，而教育规模的极速扩张，也给我国高等教育带来了一系列的变化、问题和挑战. 对于一般本科院校而言，学生基础薄弱，而传统大学数学教材重理论，轻实践，学生难以接受，结果导致学生厌学，后继专业课难以开展. 另外，为了培养应用型人才，课程设置开始淡化理论推导，突出实践，大学数学课的课时越来越少，比如线性代数、概率统计都压缩为 36 课时，而高等数学则变为一个学期，只开设 72 课时. 另外，随着社会的发展，计算机越来越普及，我们只有借助数学软件的强大功能才能站得更高，走得更远. 针对这种现象，我们尝试组织编写一系列大学数学公共课教材：

高等数学简明教程（72 ~ 90 课时）;

线性代数简明教程（36 ~ 54 课时）;

概率统计简明教程（36 ~ 54 课时）.

为了突出特色，本套教材将以最少的课时讲解专业必修的数学知识，并以理工科通用的数学软件 MATLAB 为基础增加计算机实现，以辅助教学. 同时也保证了理论上的完整，逻辑性强，主要适用于普通高等院校课时较少的大学数学公共课. 值得一提的是，我们在教材中插入了历史上对数学有杰出贡献的数学家简介，从他们身上既可以领略数学家坚韧不拔地追求真理的人格魅力和科学精神，也可以体会形形色色的人生，从而给自己以启迪.

概率论与数理统计作为高等学校本科数学教学中一门重要的基础课程，是进一步学习相关专业课的必备基础，非常重要. 因此，我们在编写《概率统计简明教程》分册时，博采百家之长，注重基本理论、概念、方法的叙述，坚持抽象概念形象化的原则，关注应用能力、解题能力的培养，读者只需具备高等数学基础即可读懂本书. 由于在每年考研中，数 1, 3 的概率统计内容占到了 20%以上，所以我们也参考了最新颁布的《全国硕士研究生入学统一考试数学考试大纲》的要求，力求使教材的体系、内容既符合本科生的特点，又兼顾报考研究生的学生需求. 书中很多例题直接采用了历年考研真题，我们尽量在 36 课时内，使必讲内容达到数 1 对概率统计的要求. 例题可以加深读者对理论的理解，为此我们配备了大量例题和习题，难度各异，以满足不同学生的需求. 本书采用了一些经典的例子和段落，在这里对这些材料的作者表示感谢.

全书共 6 章. 第 1~4 章为概率部分，包括随机事件与概率，随机变量及其分布，多维随机变量及其分布，随机变量的数字特征，大数定律与中心极限定理，并探讨了与概率论有关的决策理论；第 5 ~ 6 章为统计部分，重点讲解统计量及其分布，参数估计，假设检验. 附录给出了概率统计简介，MATLAB 与概率统计，随机模拟实验，标准正态分布表，常见分布表，以供读者查阅并加深对正文的理解. 由于现在计算机软件非常普及，我们不再重点学习查表，而是利用软件直接给出结果. 为了和软件及思维习惯保持一致，书中采用下侧分位数. 另外，为方便学生自学和练习，本书也给出了比较详细的参考答案，供读者参考.

本书可作为理工类、经济、管理各专业的本科生教材，也可作为相关专业的参考用书. 概率论与数理统计，一般每学期总学时为 36 ~ 54 学时，包括习题课. 建议按第一到第六章的顺序分配学时如下：

（1）6 + 8 + 4 + 8 + 4 + 6 = 36 学时；

（2）8 + 10 + 8 + 8 + 6 + 10 = 50 学时，随机模拟实验 4 学时.

以上建议仅供参考，任课老师可根据实际需要合适安排各章学时并选择教学重点. 如果课时非常少，书中带*号的内容可供读者自学.

本书由天水师范学院数学与统计学院王三福、魏艳华、王丙参、张艺馨共同编写. 我们经常在一起讨论，切磋写法，经过反复讨论和修改后最终定稿. 在本书的编写过程中得到了学院领导的大力支持，统计教研室的同事认真审阅了书稿，提出了宝贵的修改意见，也得到了西南交通大学出版社有关各方和同仁的大力支持，特在此一并致以诚挚的谢意！

虽然我们希望编写出一本质量较高、适合当前教学实际需要的教材，但由于编者水平有限，书中难免存在错误和不妥之处，恳切希望读者批评、指正.

编　者

2015 年 2 月

目　录

1 概率论基本概念

未来是随机的，所以世界才五彩缤纷. 而概率论是研究随机现象的科学，**概率论才是生活真正的领路人**. 著名苏联数学家 Kolmogorov（柯尔莫哥洛夫）在《概率论基础》一书中提出了概率论的公理化体系. 概率论的发展史表明它是现代概率论的基础，具有里程碑式的意义. 很多文科教材编写者认为，概率公理化体系太难，所以基本不做介绍. 其实，对学过微积分的大学生而言，无论是理科还是文科，这并不难理解，反而能使他们认清概率的本质，能提升一个高度，并与微积分统一起来. 本章用大量通俗实例介绍这一公理体系，先由随机试验引出样本空间，进而给出概率的公理化定义及其基本性质，并给出概率的计算方法，最后介绍条件概率、全概率公式、贝叶斯公式和独立性.

1.1 随机事件

1.1.1 随机现象

在自然界与人类社会生活中，存在着两类截然不同的现象.

（1）**确定性现象**. 例如，每天早晨太阳必然从东方升起；在标准大气压下，水加热到 100 摄氏度必然沸腾；异性电荷相互吸引，同性电荷相互排斥，等等. 这类现象的特点是：在试验之前就能断定它有一个确定的结果，即在一定条件下，重复进行试验，其结果必然出现且唯一.

（2）**随机现象**，也称为**偶然现象**，是概率论与数理统计的研究对象. 例如，某地区的年降雨量；打靶射击时，弹着点离靶心的距离；某种型号电视机的寿命. 这些例子表明，在可控制条件相对稳定的情况下，由于影响这类现象的是大量的、时隐时现的、瞬息万变的、无法完全控制和预测的偶然因素在起作用，所以最终使得现象具有随机性. 注意，既然随机性是由大量无法完全控制的偶然因素引起的，那么随着科学的不断发展、技术手段的不断完善，人们可以将越来越多的因素控制起来，从而减少随机性的影响，不过完全消除随机性是不可能的.

在一定条件下并不总是出现相同结果的现象称为**随机现象**. 这类现象有两个特点：

① 结果不止一个；

② 哪一个结果出现，人们事先不能确定.

扩展阅读*：世界上为什么会有随机现象呢？比如掷骰子，按说不过是一种简单的物理现象，我们为什么不能预测呢？其实，骰子运动是一种“混沌”运动. 掷骰子，骰子离手的速度和转动速度等是由许许多多初始条件决定的. 骰子掉在桌面上滴溜溜滚动虽然是一种非常复杂的运动，但是，假如知道了全部初始条件，那也是可以用计算机计算出来的，因而也可预测最后出现的点数. 如果能制造出一个掷骰子的机器人，若它总是能够以完全相同的初始条件掷骰子，则总能得到完全相同的点数. 也就是说，如果知道了速度和转动等所有信息，骰子出现什么点数就是可以预测的. 不过, 绝大多数人都无法控制掷骰子的动作, 而且也无法获得有关的信息, 因此, 对我们来说, 在这些现象中出现的结果都是随机现象.

例 1.1.1　随机现象到处可见, 比如:

（1）抛一枚硬币, 可能正面朝上, 也可能反面朝上;

（2）一天内某高速公路的交通事故次数;

（3）明天某时刻甘肃天水的温度;

（4）测量某物理量（长度、直径等）的误差.

由于随机现象的结果事先不能预知, 初看起来似乎毫无规律, 然而, 人们发现: 在相同条件下, 虽然个别试验结果在某次试验或观察中可以出现也可以不出现, 但在大量试验中却呈现出某种规律性, 这种规律性称为**统计规律性**. 例如, 在投掷一枚硬币时, 既可能出现正面, 也可能出现反面, 预先做出确定的判断是不可能的, 但是假如硬币均匀, 直观上出现正面与反面的机会应该相等, 即在大量的试验中出现正面的频率应接近 50%.

试验是对现象的观测（观察或测量）, 而**实验**是根据科学研究的目的, 尽可能地排除外界的影响, 突出主要因素并利用一些专门的仪器设备, 人为地变革、控制或模拟研究对象, 使某一些事物（或过程）发生或再现, 从而去认识自然现象、自然性质和自然规律.

一个试验, 如果满足:

（1）可以在相同的条件下重复进行;

（2）其结果具有多种可能性;

（3）在每次试验前, 不能预言将出现哪一个结果, 但知道其所有可能出现的结果,

则称这样的试验为**随机试验**.

简言之, 在相同的条件下可以重复的随机现象称为**随机试验**. **随机试验是对随机现象的一次观测或试验**, 通常用大写字母 E 表示, 简称**试验**. 例 1.1.1 中（1）（4）是随机试验,（2）（3）由于不能重复进行（历史不可重演）, 故它们虽是随机现象, 而不是随机试验.

1.1.2　样本空间

随机试验的一切可能基本结果组成的集合称为样本空间, 用 Ω 表示; 其每个元素称为**样本点**, 又称为**基本结果**, 用 ω 表示. 样本点是今后抽样的基本单元, 认识随机现象首先要列出它的样本空间.

例 1.1.2　给出下面随机现象的样本空间.

（1）抛一枚均匀硬币, 观察出现正反面情况, 记 z 为正面, f 为反面, 样本空间 $\Omega_1=\{z,f\}$;

（2）电话总机在单位时间内接到的呼唤次数, 样本空间 $\Omega_2=\{0,1,2,\cdots\}$;

（3）测量误差的样本空间 $\Omega_3=\mathbf{R}$;

（4）掷两枚骰子, 观察出现的点数, 则样本空间 $\Omega_4=\{(i,j),i=1,2,\cdots,6,j=1,2,\cdots,6\}$.

对样本空间要注意以下几点*:

（1）样本空间是一个集合, 元素可以是数, 也可以不是数; 表示方法有: 列举法、描述法, 如例 1.1.2 中（2）的表示方法就是列举法, 用描述法表示为{呼叫次数为自然数};

（2）样本点可以是一维的, 也可以是多维的, 如例 1.1.2 中（4）; 可以有限个, 如例 1.1.2 中（1）（4）, 也可以无限个, 如例 1.1.2 中（2）（3）.

（3）对于一个随机试验而言，样本空间并不唯一，它由试验目的而定，但通常只有一个能提供最多信息的样本空间. 例如，在运动员投篮的试验中，若试验目的是考察命中情况，则样本空间 $\Omega=\{$中，不中$\}$，若试验目的是考察得分情况，则样本空间 $\Omega=\{$0分, 1分, 2分, 3分$\}$.

今后在数学处理上，我们往往将据样本点个数为有限个或可列个的情况归为一类，称为**离散的样本空间**，而将样本点为不可列无限多的情况归为一类，称为**连续的样本空间**. 由于这两类样本空间有着本质差异，故分别称呼之.

扩展阅读*：众所周知，点是没有长度的，而线段是有长度的. 那么，由没有长度的点构成有长度的线段是怎么回事呢？其实，可列个点是没有长度的，而不可列个点就具有了长度，可见，由可列到不可列发生了质的飞跃. 那么，何为可列，何为不可列呢？给定集合 A,B，若存在 A 到 B 上的一一映射，则称 A 与 B 对等，记作 $A\sim B$. 如果两个集合对等，称它们具有相同的势. 若 $A\sim\mathbf{N}$，其中 $\mathbf{N}$ 为自然数集，则称 A 为可数集（可列集）. 不是可数集的无限集称为不可数集（不可列集）.

1.1.3　随机事件

在样本空间 Ω 中，具有某种性质的样本点构成的子集称为**随机事件**，简称**事件**，常用大写字母 A,B,C 等表示. 用集合论语言，随机事件就是样本空间 Ω 的子集，它包括基本事件和复合事件.

（1）由一个样本点构成的集合称为**基本事件**；

（2）由多个样本点构成的集合称为**复合事件**.

某个事件 A 发生当且仅当 A 所包含的一个样本点 ω 出现，记为 $\omega\in A$.

任何样本空间 Ω 都有两个特殊子集，即空集 $\varnothing$ 和 Ω 自身，其中，空集 $\varnothing$ 称为**不可能事件**，指每次试验一定不会发生的事件；Ω 自身称为**必然事件**，指在每次试验中都必然发生的事件. 严格来讲，必然事件与不可能事件反映了确定性现象，也可以说它们并不是随机事件，但为了研究问题的方便，常把它们作为特殊随机事件进行处理，即**退化的随机事件**.

经常会遇到这样的情况，我们感兴趣的是一个较为复杂的事件，但通过种种方法，可使之与一些较简单的事件联系起来，进而设法利用这种联系再通过简单事件去研究这些较为复杂的事件.

1）随机事件间的关系

（1）**事件的包含**：事件 A 发生必然导致事件 B 发生，则称 A 包含于 B 或 B 包含 A，记为 $A\subset B$ 或 $B\supset A$，即

$$A\subset B\Leftrightarrow\{若\omega\in A,则\omega\in B\}.$$

（2）**事件的相等**：若事件 $A\subset B$ 且 $B\subset A$，则称 A 与 B 相等，记为 $A=B$.

（3）**事件的互斥**：若事件 A 与 B 不能同时发生，则称 A 与 B **互斥**，也称为**互不相容**.

显然有：基本事件是互斥的；$\varnothing$ 与任意事件互斥.

（4）**事件的对立**：称事件 $B=\{A$ 不发生$\}$ 为 A 的**对立事件**或**逆事件**，常记为 $\overline{A}$.

作为样本空间的子集，逆事件 $\overline{A}$ 是 A 相对于样本空间 Ω 的**补集**.

对立事件一定互斥，但互斥事件不一定是对立事件. 请读者举出例子.

注：很多教材对$\subset$与$\subseteq$不加区分，认为两者等价，即不区分子集与真子集.

2）随机事件运算

（1）**事件的并**：两个事件A,B中至少有一个发生的事件，称为事件A与B的**并**（**和**），记为$A\bigcup B$（或$A+B$），即

$$A\bigcup B=\{\omega\mid\omega\in A\text{或}\ \omega\in B\}.$$

（2）**事件的交**：两个事件A与B同时发生的事件，称为事件A与B的**交**（**积**），记为$A\bigcap B$（或AB），即

$$A\bigcap B=\{\omega\mid\omega\in A\text{且}\ \omega\in B\}.$$

为直观表示事件及其关系，在概率论中常用长方形表示样本空间$\varOmega$，用一个圆或其他几何图形表示事件A，点表示样本点ω_1，见图 1.1.1，这类图形称为**维恩**（Venn）**图**. 在考察事件关系或事件计算中，维思图可以起到事半功倍的效果.

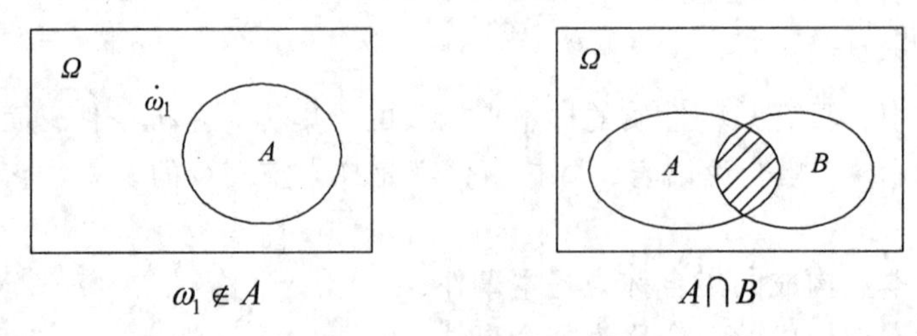

图 1.1.1 事件的维恩图

（3）**事件的差**：事件A发生而事件B不发生的事件，称为事件A与事件B的**差**，记为$A-B$，或$A\backslash B$，即

$$A-B\Leftrightarrow\{\omega\in A\text{而}\ \omega\notin B\}.$$

（4）**事件的逆**：若事件A与B满足$A\bigcup B=\varOmega$且$AB=\varnothing$，则称B为A的**逆**，记为$B=\overline{A}$，即

$$\overline{A}=\{\omega\mid\omega\notin A,\omega\in\varOmega\}.$$

$A,\overline{A}$称为**互逆事件**或**对立事件**.

由前面可知，事件之间的关系与集合之间的关系建立了一定的对应法则，因而事件之间的运算法则与集合的运算法则相同.

（1）**交换律**：$A\bigcup B=B\bigcup A, AB=BA$.

（2）**结合律**：$A\bigcup(B\bigcup C)=(A\bigcup B)\bigcup C,\ A(BC)=(AB)C$.

（3）**分配律**：$A\bigcap(B\bigcup C)=(AB)\bigcup(AC),\ A\bigcup BC=(A\bigcup B)\bigcap(A\bigcup C)$.

（4）**德莫根（对偶）定律**：

$$\overline{\bigcup_{i=1}^{n}A_i}=\bigcap_{i=1}^{n}\overline{A_i}\ \text{（和的逆 = 逆的积）},\quad \overline{\bigcap_{i=1}^{n}A_i}=\bigcup_{i=1}^{n}\overline{A_i}\ \text{（积的逆 = 逆的和）}.$$

（5）差积转换律： $A-B=A\overline{B}$.

例 1.1.3 设 A,B,C 为任意三个事件，试用 A,B,C 的运算关系表示下列事件：

（1）三个事件中至少一个发生：$A\cup B\cup C$；

（2）没有一个事件发生：$\overline{A}\cap\overline{B}\cap\overline{C}=\overline{A\cup B\cup C}$（由对偶律）;

（3）恰有一个事件发生：$A\overline{B}\,\overline{C}\cup\overline{A}B\overline{C}\cup\overline{A}\,\overline{B}C$；

（4）至少有两个事件发生：$AB\overline{C}\cup A\overline{B}C\cup\overline{A}BC\cup ABC=AB\cup BC\cup CA$.

1.2 概率的定义与计算

随机事件在一次试验中可能发生，也可能不发生，具有偶然性，但人们从实践中认识到，在相同的条件下进行大量重复试验，试验的结果具有某种内在规律性，即随机事件发生可能性的大小是可以比较的，可以用一个数字进行度量. 例如，在掷一枚均匀骰子的试验中，事件 A 表示“掷出偶数点”，B 表示“掷出 2 点”，显然事件 A 比事件 B 发生的可能性要大. **概率就是随机事件发生可能性大小的度量，介于 0 与 1 之间**. 事件发生的可能性越大，概率就越大，但事件的概率是如何定义的呢？在概率论的发展历史上曾经有过概率的古典定义、几何定义、频率定义和主观定义，这些定义各适合一类随机现象，那么如何才能给出适合一切随机现象的最一般定义呢？

一个随机试验可由一个概率空间 $(\Omega,\mathcal{F},P)$ 所描述，其具体定义由数学家 Kolmogorov 在 1933 年提出，称为 Kolmogorov **公理化体系**，它以最少几条本质特性出发刻画概率的概念，既概括了历史上几种概率定义的共同特性，又避免了各自的局限性和含混之处. 这一公理体系一经提出，就迅速获得举世的公认.

1.2.1 概率的定义

为了给随机试验提供一个数学模型，我们已经建立了样本空间 Ω，并把 Ω 的一些子集称为事件，介绍了事件的运算. 为了能自由地对有限个或可列个事件进行各种运算，并且运算的结果仍然是事件，这就需要给出事件域的定义.

定义 1.2.1 如果 $\mathcal{F}$ 是样本空间 Ω 中的某些子集的集合，它满足：

（1）$\Omega\in\mathcal{F}$；

（2）若 $A\in\mathcal{F}$，则 $\overline{A}\in\mathcal{F}$；

（3）若 $A_i\in\mathcal{F},i=1,2,\cdots$，则 $\bigcup\limits_{i=1}^{\infty}A_i\in\mathcal{F}$，

则称 $\mathcal{F}$ 为 σ **域**，或 σ **代数**、**事件域**.

最简单的 σ 域为 $\{\Omega,\varnothing\}$，称为**平凡 σ 域**.

可见，在事件域 $\mathcal{F}$ 中至多涉及可列个事件的运算，且对差、有限交、有限并、可列交、可列并等运算是封闭的，即在 σ 域 $\mathcal{F}$ 中可以自由地进行有限个或可列个事件的各种运算，这为定义概率和全面研究随机现象奠定了基础. 今后，总是给出样本空间 Ω 后，立刻给出事件域 $\mathcal{F}$，并把 $\mathcal{F}$ 中的元素称为事件，而不在 $\mathcal{F}$ 中的 Ω 的其他子集皆不是事件，它们不在我们的研究范围之内. 如何确定事件域 $\mathcal{F}$，要根据实验类型和需要确定，在一般理论中，样本空

间 Ω 和事件域 $\mathcal{F}$ 都假定事先给出，而在实际问题中，$\mathcal{F}$ 常理解为从随机事件中得到的全部信息.

在概率论中，$(\Omega,\mathcal{F})$ 又称为**可测空间**，这里可测指的是 $\mathcal{F}$ 中的元素都具有概率，即都是可度量的.

扩展阅读*：既然有可测，那么有没有不可测的东西呢？1967 年，曼德布罗在国际权威的美国《科学》杂志上发表了一篇划时代论文，标题是《英国的海岸线有多长？统计自相似性与分数维数》，而他的答案却让我们大吃一惊：他认为，无论你做得多么认真细致，你都不可能得到准确答案，因为根本就不会有准确答案. 英国的海岸线长度是不确定的！它依赖于测量时所用的尺度.

定义 1.2.2　设 Ω 是一个样本空间，$\mathcal{F}$ 是由 Ω 的某些子集组成的一个事件域，如果对 $\forall A\in\mathcal{F}$，定义在 $\mathcal{F}$ 上的一个集合函数 $P(A)$ 与之对应，它满足：

（1）**非负性公理**：$0\leqslant P(A)\leqslant 1$；

（2）**正则性公理**：$P(\Omega)=1$；

（3）**可列可加性公理**：设 $A_i\in\mathcal{F}, i=1,2,\cdots$，且 $A_i\cap A_j=\varnothing, i\neq j$，有

$$P\left(\bigcup_{i=1}^{\infty}A_i\right)=\sum_{i=1}^{\infty}P(A_i).$$

则称 $P(A)$ 为事件 A 的概率，P 称为**概率测度**，简称为**概率**，三元总体 $(\Omega,\mathcal{F},P)$ 称为**概率空间**.

概率的公理化定义刻画了概率的本质，即**概率是集合函数且满足上述三条公理**. 事件域的引进使我们的模型有了更大的灵活性，在实际问题中我们根据问题的性质选择合适的 $\mathcal{F}$，一般选 Ω 的一切子集为 $\mathcal{F}$. 事件域可以保证随机事件经过各种运算后仍为随机事件. 注意：事件的概率是事件本身固有的属性，它是一个确定的数，不因在一次具体试验中事件是否发生而改变. 例如，掷硬币时正面出现的概率是 0.5，这是由硬币的形状对称、密度均匀等客观条件决定的. 如果一枚硬币正面是铜，反面是铝，则正面出现的概率就小于 0.5 了.

初次接触概率论的人，对“可能”这个词也许会不甚理解. 比如，我们说，坐火车安全，其实，它的真正意思是“坐火车很可能安全”，但这并不排除“坐火车会发生事故”. 事实上，许多读者已经看到过火车事故的新闻了. 注意，这并不是说“坐火车要时刻提放事故，忧心忡忡”，而是让大家理解“**未来是随机的，一切皆有可能**”，其实，坐火车发生事故是小概率事件，在你的一生中是不可能发生的，因此，请你大胆地乘坐火车吧！

1.2.2　概率的性质

利用概率的公理化定义，可导出概率的一系列性质. 在概率的正则性中说明了必然事件 Ω 的概率为 1，可想而知，不可能事件 $\varnothing$ 的概率应该为 0. 切记，在数学理论体系中，只有公理、定义、假设不需要证明，其他都要证明.

性质 1.2.1　$P(\varnothing)=0$.

证明　因为 $\varnothing=\varnothing\cup\varnothing\cup\cdots$，$\varnothing\cap\varnothing=\varnothing$，由可列可加性得

$$P(\varnothing)=P(\varnothing\cup\varnothing\cup\cdots)=P(\varnothing)+P(\varnothing)+\cdots$$

再由非负性公理必有 $P(\varnothing)=0$.

在概率论中，将概率很小（小于 0.05）的事件称为**小概率事件**，也称为**实际不可能事件**. 注意：很小是一个模糊概念，没有严格的区分，要因人而定，但在许多情况下，要随试验结果的重要性，具体问题具体分析地加以确定.

小概率事件原理（又称为**实际推断原理**）: 在原假设成立的条件下，小概率事件在一次试验中可以看成不可能事件，如果在一次试验中小概率事件发生了，则矛盾，即原假设不正确.

设某试验中出现事件 A 的概率为 p，不管 p 如何小，如果把试验不断独立地重复下去，那么 A 迟早必然会出现一次，从而也必然会出现任意多次，而不可能事件是指试验中总不会发生的事件. 但人们在长期的经验中坚持这样一个观点：概率很小的事件在一次试验中与不可能事件几乎是等价的，即不会发生. 如果在一次试验中小概率事件居然发生了，人们会认为该事件的前提条件发生了变化，或者认为该事件不是随机发生的，而是人为安排的，等等，这是小概率原理的一个应用. 如果我们把注意仅停留在小概率事件的极端个别现象上，那我们就是“杞人忧天”，就不敢开车，不敢吃饭，一切都不敢做了，事实上，天一定会塌下来的，但在你活着的这段时间内塌下的概率很小，杞人其实是不明白“小概率事件在一次试验中是不可能发生的”.

例 1.2.1 某接待站在一周内曾接待过 12 次来访，已知所有这 12 次来访都是在周二和周四进行的，问是否可以推断接待时间是有规定的？

解 假设接待站的接待时间没有规定，而各个来访者在一周的任一天去接待站是等可能的，那么，12 次来访都是在周二和周四进行的概率为

$$\frac{2^{12}}{7^{12}} = 0.000\,000\,3\,.$$

由于小概率事件在一次试验中是不可能发生的，因此有理由怀疑假设的正确性，从而推断接待时间是有规定的.

小概率事件原理是概率论的精髓，是统计学发展、存在的基础，它使得人们在面对大量数据而需要做出分析与判断时，能够依据具体情况的推理来做出决策，从而使统计推断具备严格的数学理论依据.

性质 1.2.2（**有限可加性**） 设 $A_i \in \mathcal{F}, i=1,2,\cdots n$，且 $A_i \cap A_j = \varnothing, i \neq j$, 则

$$P\left(\bigcup_{i=1}^{n} A_i\right) = \sum_{i=1}^{n} P(A_i)\,.$$

证明 令 $A_{n+1} = A_{n+2} = \cdots = \varnothing$，由 $P(\varnothing) = 0$ 可得

$$P\left(\bigcup_{i=1}^{n} A_i\right) = P\left(\bigcup_{i=1}^{\infty} A_i\right) = \sum_{i=1}^{\infty} P(A_i) = \sum_{i=1}^{n} P(A_i)\,.$$

推论 （1）对任意事件 A，有 $P(A) = 1 - P(\overline{A})$；

（2）对任意两个事件 A, B，有 $P(A-B) = P(A) - P(AB)$，也称为**减法公式**.

（3）若 $A \supset B$，则 $P(A-B) = P(A) - P(B)$ 且 $P(A) \geqslant P(B)$，也称为概率的**单调性**；

很容易举例说明，若 $P(A) \geqslant P(B)$，无法推出 $A \supset B$.

此推论不仅在计算事件的概率时非常有用，而且在今后一些定理的证明或公式的推导过程中也非常有用.

性质 1.2.3（**加法公式**） 对任意两事件 A,B，有

$$P(A\cup B)=P(A)+P(B)-P(AB).$$

证明 因为 $A\cup B=A\cup(B-A)$，且 A 与 $B-A$ 互不相容，又由有限可加性得

$$P(A\cup B)=P(A\cup(B-A))=P(A)+P(B-A)=P(A)+P(B)-P(AB).$$

加法公式还能推广到多个事件的情况. 设 A_1,A_2,A_3 为任意三个事件，则有

$$P(A_1\cup A_2\cup A_3)=\sum_{i=1}^{3}P(A_i)-P(A_1A_2)-P(A_1A_3)-P(A_2A_3)+P(A_1A_2A_3).$$

利用样本点在等式两端计算次数相等可直观证明这个公式.

一般地，对于任意 n 个事件 $A_1,\cdots,A_n$，用数学归纳法可得

$$P\left(\bigcup_{i=1}^{n}A_i\right)=\sum_{i=1}^{n}P(A_i)-\sum_{1\leqslant i<j\leqslant n}P(A_iA_j)+\sum_{1\leqslant i<j<k\leqslant n}P(A_iA_jA_k)+\cdots+(-1)^{n-1}P(A_1A_2\cdots A_n),$$

称为**容斥原理***，也称为**多去少补原理**.

例 1.2.2 设某地有甲乙两种报纸，该地成年人中 20%的人读甲种报纸，16%的人读乙种报纸，8%的人两种报纸都读，问成年人中有百分之几的人至少读一种报纸?

解 设 $A=$ “读甲种报纸”，$B=$ “读乙种报纸”，则

$$P(A\cup B)=P(A)+P(B)-P(AB)=0.2+0.16-0.08=0.28,$$

即成年人中有 28%的人至少读一种报纸.

1.2.3 概率的直接计算

事件的概率通常是未知的，但公理化定义并没有告诉人们如何去计算概率. 历史上在公理化定义出现之前，概率的统计定义、古典定义、几何定义和主观定义都在一定的场合下有了计算概率的方法，所以有了公理化定义后，它们都可以作为概率的计算方法.

1）计算概率的统计方法

在相同的条件下，重复进行了 n 次试验，若事件 A 发生了 n_A 次，则称比值 $\frac{n_A}{n}$ 为事件 A 在 n 次试验中出现的**频率**，记为 $f_n(A)$，n_A 为事件 A 的**频数**.

定义 1.2.3 在相同的条件下，独立重复地做 n 次试验，当试验次数 n 很大时，如果某事件 A 发生的频率 $f_n(A)$ 稳定地在 $[0,1]$ 上的某一数值 p 附近摆动，而且一般来说随着试验次数的增多，这种摆动的幅度会越来越小，则称数值 p 为事件 A 发生的概率，记为 $P(A)=p$.

概率的统计定义既肯定了任一事件的概率是存在的，又给出了一种概率的近似计算方法，但不足之处是要进行大量的重复试验. 而事实上很多随机现象不能进行大量重复试验，特别是一些经济现象无法重复，有些现象即使能重复，也难以保证试验条件是一样的. 值得注意的是，概率的统计定义以试验为基础，但这并不等于说概率取决于试验. 事实上，事件发生的概率乃是事件本身的一种属性，先于试验而存在. 例如，抛硬币，我们首先相信硬币质量均匀，那么

在抛之前就已知道出现正面或反面的机会均等，所以从概率的计算途径看概率的描述性定义是先验的，而概率的统计定义是后验的，显然两种定义并非等价. 用“频率”估计“概率”，与用“尺子”度量“长度”、用“天平”度量物质的“质量”，是完全类似的. 可以形象地说，频率是测定事件概率的“尺子”，而测定的“精度”是可通过增大试验次数来保障的.

概率客观存在的一个很重要的证据是事件出现的频率呈现稳定性，即在大量的重复试验中，频率常常稳定于某个常数，称为频率的**稳定性**，即随着 n 的增加，频率越来越可能接近概率. 我们还容易看到，若随机事件 A 出现的可能性越大，一般来讲其频率 $f_n(A)$ 也越大. 由于事件 A 发生的可能性大小与其频率大小有如此密切的关系，加之频率又有稳定性，故可通过频率来定义概率，这就是概率的统计定义.

例 1.2.3 一个职业赌徒想要一个灌过铅的骰子，使得掷一点的概率恰好是八分之一而不是六分之一. 他雇佣一位技工制造骰子，几天过后，技工拿着一个骰子告知他出现一点的概率为八分之一，于是他付了酬金，然而骰子并没有掷过，他会相信技工的话吗？

解 实际中，当概率不易求出时，人们常通过做大量试验，用事件出现的频率去估计概率，只要试验次数 n 足够大，估计精度完全可以满足人们的需求.

职业赌徒可掷一个骰子 800 次，如果一点出现的次数在 100 次左右，则骰子满足要求；如果一点出现的次数在 133 次左右，则此骰子基本上是正常的骰子，不满足要求. 至于“左右”到底多大，不同的人可取不同的值，保守、悲观的人可取小点，乐观的人可取大点，这涉及假设检验与决策问题，我们会在后面详细讲解.

人生思考：由于特制骰子出现 1 点的概率可能不是六分之一，所以在你赌博之前，一定要保证道具是正常的.

例 1.2.4 圆周率 $\pi=3.141\,592\,6\cdots\cdots$ 是一个无限不循环小数. 中国数学家祖冲之第一次计算到小数点后 7 位，这个纪录保持了一千多年！以后，不断有人把它计算得更精确. 1873 年，英国学者沈克士公布了小数点后有 707 位的 π，但几十年后，费林先生对它产生了怀疑，他统计了 π 的 608 位小数，结果如表 1.2.1.

表 1.2.1

数字	0	1	2	3	4	5	6	7	8	9
出现次数	60	62	67	68	64	56	62	44	58	67

你能说出它怀疑的理由么？因为 π 是一个无限不循环小数，所以，理论上每个数字出现的频率都应接近 0.1，但 7 出现的频数过小，这就是费林怀疑的原因.

例 1.2.5 从某鱼池中取出 100 条鱼，做上记号后再放入鱼池. 现从该鱼池中任意取出 40 条鱼，发现其中两条有记号，问池中大约有多少条鱼？

解 设池中有 n 条鱼，则从池中捉到一条有记号的鱼的概率为 $\frac{100}{n}$，它近似等于捉到有记号的鱼的频率 $\frac{2}{40}$，即

$$\frac{100}{n}\approx\frac{2}{40},$$

解得 $n\approx 2\,000$. 所以池中大约有 2 000 条鱼.

2）计算概率的古典方法

引入计算概率的数学模型是在概率论发展过程中最早出现的研究对象，它简单、直观，不需要做大量重复试验，而是在经验、事实的基础上，对被考察事件的可能性进行逻辑分析后得出该事件的概率.

如果一个随机试验满足：

（1）**有限性**：样本空间中只有有限个样本点；

（2）**等可能性**：样本点是等可能发生的，

则称之为**古典型试验**，简称**古典概型**.

“等可能性”是一种假设，在实际应用中常需要根据实际情况去判断是否可以认为各基本事件或样本点是等可能的. 在许多场合，由对称性和均衡性就可以认为基本事件是等可能的，并在此基础上计算事件的概率，如掷一枚均匀的硬币，经过分析后就可以认为出现正面和反面的概率各为 0.5.

定义 1.2.4 设古典型随机试验的样本空间 $\Omega=\{\omega_1,\omega_2,\cdots,\omega_n\}$，若事件 A 中含有 $k\ (k\leqslant n)$ 个样本点，则称 $\dfrac{k}{n}$ 为事件 A 发生的**概率**，记为

$$P(A)=\frac{k}{n}=\frac{A\text{中含有的样本点数}}{\text{总样本点数}}.$$

显然，古典概率也满足非负性、规范性、可加性.

扩展阅读*：（排列与组合）在确定概率的古典方法中经常要用到排列组合公式，但要注意区别有序与无序、重复与不重复. 排列和组合都是计算“从 n 个元素中任取 r 个元素”的取法总数公式，其主要区别在于：如果不讲究取出元素间的次序，则用组合公式，否则用排列公式，而所谓讲究元素间的次序，可以从实际问题中得以辨别. 例如两个人握手是不讲次序的，而两个人排队是讲次序的.

众所周知，当遇到复杂事情时，常常先将事情分类，再对每类分步，进而将复杂事情分解为多个简单事情，然后一一攻破，这就是加法原理和乘法原理.

（1）**加法原理**：设完成一件事有 m 种方式，第一种方式有 n_1 种方法，第二种方式有 n_2 种方法，……，第 m 种方式有 n_m 种方法，则完成这件事共有 $\sum\limits_{i=1}^{m}n_i$ 种方法.

譬如，某人要从甲地到乙地去，可以乘火车，也可以乘轮船，火车有两班，轮船有三班，那么甲地到乙地共有 $2+3=5$ 个班次供旅客选择.

（2）**乘法原理**：设完成一件事有 m 个步骤才能完成，第一步有 n_1 种方法，第二步有 n_2 种方法，……，第 m 步有 n_m 种方法，则完成这件事总共有 $\prod\limits_{i=1}^{m}n_i$ 种方法.

譬如，若一个男人有三顶帽子和两件背心，则他可以有 $3\times 2=6$ 种打扮方式.

加法原理和乘法原理是两个很重要的计数原理，它们不但可以直接解决不少具体问题，同时也是推导下面常用排列组合公式的基础.

（1）**排列**：从 n 个不同元素中任取 $r\ (r\leqslant n)$ 个元素排成一列，考虑元素先后出现的次序，称此为一个排列，此种排列的总数记为 P_n^r 或 A_n^r. 由乘法原理可得

$$P_n^r = n(n-1)(n-2)\cdots(n-r+1) = \frac{n!}{(n-r)!}.$$

若 $r=n$，则称为**全排列**，记为 P_n. 显然，$P_n = n!$.

（2）**重复排列**：从 n 个不同元素中每次取出一个，放回后再取下一个，如此连续 r 次所得的排列称为重复排列，此种排列数共有 n^r，r 可以大于 n.

（3）**组合**：从 n 个不同元素中任取 $r \leqslant n$ 个元素并成一组，不考虑时间的先后顺序，称此为一个组合，此种组合的总数记为 C_n^r，或 $\binom{n}{r}$. 由乘法原理可得

$$C_n^r = \frac{P_n^r}{r!} = \frac{n!}{(n-r)!r!}.$$

规定 $0!=1,\ C_n^0=1$.

（4）**重复组合**：从 n 个不同元素中每次取出一个，放回后再取下一个，如此连续 r 次所得的组合称为重复组合，此种组合数共有 C_{n+r-1}^r，r 可以大于 n.

在对古典概型中的事件概率进行计算时，要注意：

（1）对于比较简单的试验，即样本空间所含样本点的个数比较少，这时可直接写出样本空间 Ω 和事件 A，然后数出各自所含的样本点的个数即可.

（2）对于比较复杂的试验，一般不再写出样本空间 Ω 和事件 A 中的元素，而是利用排列组合方法计算出它们各自所含的样本点数，但这时一定要保证它们的计算方法一致，即要么都用排列，要么都用组合，否则就容易出错.

例 1.2.6 有三个子女的家庭，设每个孩子是男是女的概率相等，则至少有一个男孩的概率是多少？

解（方法 1）设 A 表示“至少有一个男孩”，以 B 表示男孩，G 表示女孩，则

$A = \{BBB,BBG,BGB,GBB,BGG,GBG,GGB\}$，含有 7 个样本点，

$\Omega = \{BBB,BBG,BGB,GBB,BGG,\ GBG,GGB,GGG\}$，含有 8 个样本点.

$$P(A) = \frac{k}{n} = \frac{A\text{ 中含有的样本点数}}{\text{总样本点数}} = \frac{7}{8}.$$

（方法 2）A 表示“至少有一个男孩”，则事件 A 比较复杂，而 A 的对立事件 $\overline{A}$ 则相对简单，$\overline{A} = \{GGG\}$，所以

$$P(A) = 1 - P(\overline{A}) = 1 - \frac{1}{8} = \frac{7}{8}.$$

可见，有些事件直接考虑比较复杂，而考虑其对立事件则相对比较简单. 注意，本例假定男女的出生率是一样的，但是，在自然状态下，由于男性的死亡率高于女性，而男孩的出生率略高于女孩，当到结婚年龄时，男女比例就持平了.

例 1.2.7（抽样模型） 一批产品中共有 N 个，其中 M 个不合格品，从中随机抽取 n 个，

试求事件 A_m = “取出 n 个产品中有 m 个不合格品”的概率.

解（方法 1）**不放回抽样**：抽取一个不放回，然后再抽下一个，……，如此重复直到抽取 n 个为止，等价于：一次抽取 n 个.

先计算样本空间 Ω 的样本点数，由组合定义可知样本点共 C_N^n 个，又因为是随机抽取的，故样本点是等可能的.

下面计算事件 A_m 包含的样本点数. 先分步，第一步：m 个不合格品一定是从 M 个不合格品中取出，有 C_M^m 种取法；第二步：$n-m$ 个合格品一定从 $N-M$ 个合格品中取出，有 C_{N-M}^{n-m} 种取法. 由乘法原理可知 A_m 包含的样本点数为 $C_M^m C_{N-M}^{n-m}$，故

$$P(A_m)=\frac{C_M^m C_{N-M}^{n-m}}{C_N^n},\quad m=0,1,\cdots,r=\min(n,M).$$

（方法 2）**放回抽样**：抽取一个后放回，再抽取下一个，……，如此重复直到抽取 n 个为止.

我们对事件 A_m 的发生情况进行分类. 由于 m 个不合格品可能在 n 次抽样的任意 m 次取出，故有 C_n^m 种可能类型且每种可能类型有 $M^m(N-M)^{n-m}$ 个样本点. 又因样本空间有 N^m 个样本点，故

$$P(A_m)=C_n^m\frac{M^m(N-M)^{n-m}}{N^n}=C_n^m\left(\frac{M}{N}\right)^m\left(1-\frac{M}{N}\right)^{n-m},\quad m=0,1,\cdots,n.$$

例 1.2.8 设袋中有 $M+N$ 个同样（除颜色外）的球，其中有 M 个白球，N 个黑球. 现从袋中一次一次不放回地取一球，求第 k 次取到白球的概率，$1\leqslant k\leqslant M+N$.

解 将 $M+N$ 个球从 1 到 $M+N$ 编号，白球先编，现有 $M+N$ 个盒子，一次一次不放回地取一球将 $M+N$ 个盒子放满，则共有 $(M+N)!$ 放法，它也是全部基本事件.

现在考虑第 k 次放白球并将盒子放满的放法.

假定第 k 次取出白球并放在第 k 个盒子，共 M 种放法，剩下 $M+N-1$ 个盒子只能从剩下 $M+N-1$ 个球中不放回地一个一个取出，共 $(M+N-1)!$. 故所求事件的概率为

$$\frac{M\times(M+N-1)!}{(M+N)!}=\frac{M}{M+N}.$$

上题也称为**抽签原理**，在选择和填空题中可直接应用.

1949 年，美国工程师墨菲认为他的某位同事是个倒霉蛋，所以不经意间就开了句玩笑：“如果一件事情可能被弄糟，让他去做一定会弄糟.”这句玩笑在美国快速流传，并扩散到世界各地. 在扩散过程中，这句话失去了原来的局限性，演变为各种形式，其中流传最广的是：“如果坏事可能发生，不管这种可能性多么小，它总会发生，并引起最大可能的损失.”这就是传说的“**墨菲定律**”. 有一个袜子问题也似乎验证了这个倒霉的法则.

例 1.2.9 假设你洗了 5 双袜子，发现掉了 2 只. 这时会出现的情况是：2 只袜子刚好是一双，也可能不是一双，那么后一种情况的可能性会远远高于前一种么？

解 设 $A=$ “2 只袜子刚好是一双”，$B=$ “2 只袜子不是一双”，则

$$P(A)=\frac{C_5^1}{C_{10}^2}=\frac{1}{9}, \quad P(B)=\frac{C_5^2C_2^1C_2^1}{C_{10}^2}=\frac{8}{9},$$

所以后一种可能性会远远高于前一种可能性.

在着手用间接方法计算概率时，用字母来适当表示事件是重要的. 首先，对于需要求解的概率的事件要用一字母表示，再考察与之相关的已知概率或较易算出概率的事件也要用字母表示. 然后，根据事件运算的意义表示其关系式，再利用基本定理计算需要求解的概率. 其

3）计算概率的几何方法

早在概率论发展初期，人们就认识到，只考虑有限个等可能样本点的古典方法是不够的. 把等可能推广到无限个样本点场合，便引入了**几何概型**，由此形成了确定概率的**几何方法**. 基本思想是:

如果样本空间 Ω 充满某区域 S，其度量（长度、面积、体积等）大小为 $\mu(S)$. 向区域 S 上随机投掷一点，这里“随机投掷一点”的含义是指该点落入 S 任何部分区域内的可能性只与这部分区域的度量成比例，而与这部分区域的位置和形状无关. 设事件 A 是 S 的某个区域，度量为 $\mu(A)$，则向区域 S 上随机投掷一点，该点落在区域 A 的概率为

$$P(A)=\frac{\mu(A)}{\mu(S)}.$$

这个概率称为**几何概率**，它满足概率的公理化定义.

实际上，许多随机试验的结果未必是等可能的，而几何方法的正确运用依赖于“等可能性”的正确规定，即样本空间 Ω 是某空间的一有界区域，A 是 Ω 的可度量子集，即 A 是可测集. 只有 Ω 的可测子集才能视为一个事件，不可测子集不能称为事件，不是概率论的研究对象，一切可测子集的集合用 $\mathcal{F}$ 来表示.

例 1.2.10 某人午觉醒来，发现表停了，他打开收音机，想听电台报时，设电台每整点报时一次，求他等待时间小于 10 分钟的概率.

解 以分钟为单位，设上次报时时刻为 0，则下一次报时时刻为 60，于是，这人打开收音机的时间必在 $(0,60)$ 内. 令 A 表示“等待时间小于 10 分钟”，则

$$P(A)=\frac{\mu(A)}{\mu(\Omega)}=\frac{10}{60}=\frac{1}{6}.$$

例 1.2.11（会面问题） 甲乙约定在下午 6 时到 7 时之间在某处会面，并约定先到者应等候另一个人 20 分钟，过时即可离去. 求两人会面的概率.

解 设 x, y 分别表示甲乙两人到达约会地点的时间，以分钟为单位，在平面上建立直角坐标系 xOy，如图 1.2.1.

因为甲乙都是在 0 到 60 分钟内等可能到达，所以由等可能性知这是一个几何概率问题. (x,y) 的所有可能取值是边

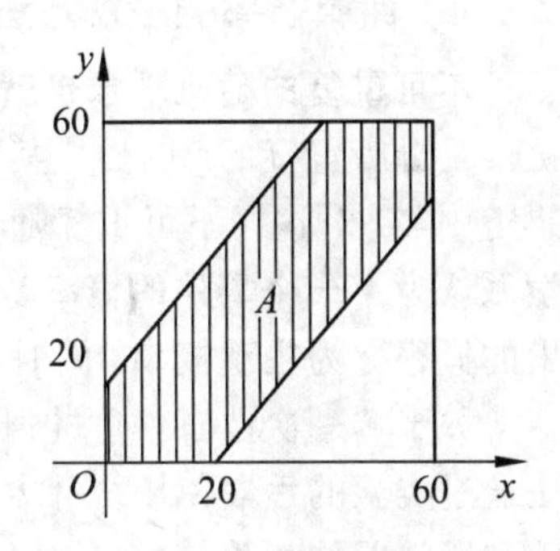

图 1.2.1 会面问题

长为 60 的正方形，面积为 $\mu_\Omega = 60^2$，事件 $A=\{$两人能会面$\}$相当于$|x-y|\leqslant 20$，其面积为 $\mu_A = 60^2 - 40^2$，则

$$P(A)=\frac{\mu(A)}{\mu(\Omega)}=\frac{60^2-40^2}{60^2}=\frac{5}{9}\approx 0.555\,6\,,$$

(60^2 - 40^2)/60^2 = 0.5556.

结果表明：按此规则约会，两人能够会面的概率不超过 0.6.

当考虑的概型为古典概型时，概率为零的事件一定是不可能事件，但对于几何概型，概率为零的事件未必是不可能事件. 例如，在会面问题中，事件 $B=$ “两人同时到达”，则 $B=\{(x,y)\in\Omega, x=y\}$，它的图形是一条对角线，而概率是用面积之比计算的，B 的面积为 0，所以 $P(B)=0$，但 B 显然不是不可能事件 $\varnothing$.

例 1.2.12* 将一线段任意分为三段，求能组成三角形的概率.

解 设线段总长度为 1，由于是将线段任意分成三段，所以由等可能性知，这是一个几何概率问题，分别用 $x,y,1-x-y$ 表示三段长度. 显然应该有

$$0<x<1,\quad 0<y<1,\quad 0<1-(x+y)<1.$$

所以样本空间

$$\Omega=\{(x,y):0<x<1,0<y<1,0<x+y<1\}.$$

又根据构成三角形的条件，三角形中任意两边之和大于第三边，所以事件 $A=$ “线段任分三段可以构成三角形”所含样本点必须满足：

$$0<x<y+1-x-y,\quad 0<y<x+1-x-y,\quad 0<1-x-y<x+y.$$

整理可得

$$A=\{(x,y)\,|\,0.5<x+y<1,0<x<0.5,0<y<0.5\}.$$

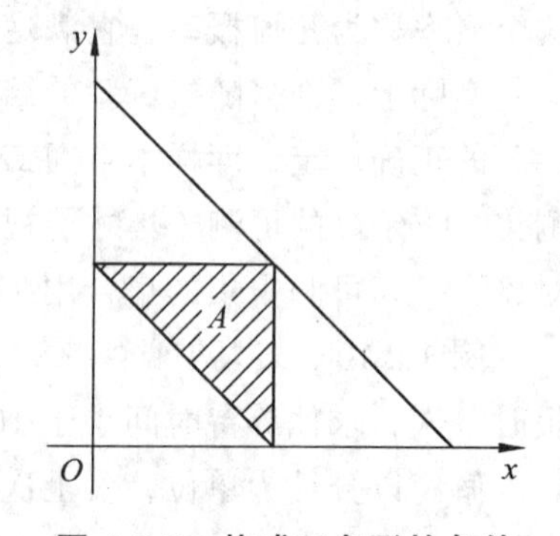

图 1.2.2 构成三角形的条件

如图 1.2.2 所示. 所以

$$P(A)=\frac{\mu(A)}{\mu(\Omega)}=\frac{0.5\times0.5\times0.5}{1\times1\times0.5}=\frac{0.125}{0.5}=\frac{1}{4}.$$

4）计算概率的主观方法*

不可重复的随机现象也就是“一次性事件”，即一次之后不可能再重复，它的存在性和随机性是毋庸置疑的. 例如，某气象台预报明天有雨；球迷在比赛前预测比赛结果；买足球彩票猜中奖. 对这样不可重复随机现象的概率确定，我们只能采用主观方法. 统计界的贝叶斯学派认为：**一个事件的概率是人们根据经验对该事件发生的可能性给出的个人信念**，这样给出的概率称为**主观概率**. 同时，人们把有着明确的历史先例和经验的概率称为**客观概率**.

关于“一次性事件”的概率计算，由于没有直接的历史先例作为确定概率的根据，又无法通过实验的手段使用统计方法，因此只能靠主观判断. 这种认识主体依据自己的知识、经验和所掌握的相关信息，对“一次性事件”发生可能性大小所做的数量估计和判断称之为主

观概率. 主观概率因人而异，且无法核对准确程度. 例如，凭借经验，王老师认为：2015 年小明高等数学期终考试及格的概率为 0.9，而张老师则认为“及格的概率仅为 0.1”，结果显示，小明在 2015 年高等数学期终考试中及格了，但这并不能表明王老师的判断更精，而张老师预测错误. 因此，我们常常需要调查、比较多人的主观概率，并了解他们各自的依据.

主观概率的确定除了根据自己的经验外，还可利用别人的经验. 例如，对一项风险投资，决策者向某位专家咨询的结果为“成功的概率为 0.8”，但决策者根据自己的经验认为这个专家一向乐观，决策者可将结论修正为 0.7. 不管怎样，主观给定的概率要符合公理化定义. 主观概率数值的给出，虽然有赖于主观因素，但是“一次性事件”往往都有着极强的客观背景，主观概率绝不是不联系实际的主观臆断，也正是因为这样，才使得主观概率成为一个有用的概念.

主观概率之所以有着强大的生命力，就在于它能付诸实践. 事实充分说明，回避主观概率是不客观的，只有用主观概率与客观概率共同构建的概率论，才是我们认识和理解随机世界的一把钥匙，才可称概率论是“生活真正的领路人”.

1.3 条件概率及其应用

在解决许多概率问题时，往往需要在有某些附加信息（条件）下求事件的概率，这就需要引出条件概率的定义.

1.3.1 条件概率

定义 1.3.1 设 A,B 是两个随机事件，且 $P(B)>0$，称

$$P(A|B)=\frac{P(AB)}{P(B)}$$

为**在事件 B 发生条件下事件 A 发生的条件概率**.

（1）当 $P(B)=0$ 时，条件概率无意义，即条件不能是概率为 0 的事件.

（2）$P(A|\Omega)=\dfrac{P(A\Omega)}{P(\Omega)}=P(A)$，即概率 $P(A)$ 是特殊的条件概率.

思考：“条件概率是概率”是需要证明的，就像命题“白马是马”也需要证明一样，初学者要慢慢体会其中的奥妙.

定义虽然不需要证明，但可解释其合理性. $P(A|B)$ 的前提是“B 发生”，此时样本空间变为 B，A 发生只可能是 AB 发生，故 $P(A|B)$ 定义为 $\dfrac{P(AB)}{P(B)}$，这是人们目前能想到的最合理的定义了.

条件概率 $P(A|B)$ 与 $P(A)$ 的区别：每一个随机试验都是在一定条件下进行的，$P(A)$ 是在该试验条件下的事件 A 发生的可能性大小，而条件概率 $P(A|B)$ 是在原条件下又添加“B 发生”这个条件时 A 发生的可能性大小，即 $P(A|B)$ 仍是概率. 它们的区别在于两者发生的条件不同，故它们是两个不同的概念，在数值上一般也不同.

由条件概率的定义立即可得**乘法公式**：

$$P(A|B)=\frac{P(AB)}{P(B)}\Rightarrow P(AB)=P(B)P(A|B)\text{，}\quad (P(B)>0).$$

$$P(B|A)=\frac{P(AB)}{P(A)}\Rightarrow P(AB)=P(A)P(B|A)\text{，}\quad (P(A)>0).$$

乘法公式也称为**联合概率**，是指两个任意事件乘积的概率，或称之为**交事件的概率**，也可称为**链式规则**，它是一种把联合概率分解为条件概率的方法.

定理 1.3.1（乘法公式的推广） 对 $\forall n$ 个事件 $A_1,\cdots,A_n$，若 $P(A_1\cdots A_n)>0$，则

$$P(A_1\cdots A_n)=P(A_1)P(A_2|A_1)P(A_3|A_1A_2)\cdots P(A_n|A_1\cdots A_{n-1}). \tag{1.3.1}$$

证明 因为 $A_1A_2\cdots A_n\subset A_1\cdots A_{n-1}\subset\cdots\subset A_1A_2\subset A_1$，由概率的单调性有

$$P(A_1)\geqslant P(A_1A_2)\geqslant\cdots\geqslant P(A_1A_2\cdots A_{n-1})>0.$$

又由条件概率的定义有

$$\begin{aligned}\text{（1.3.1）式右}&=P(A_1)\frac{P(A_1A_2)}{P(A_1)}\frac{P(A_1A_2A_3)}{P(A_1A_2)}\cdots\frac{P(A_1A_2\cdots A_n)}{P(A_1A_2\cdots A_{n-1})}\\&=P(A_1A_2\cdots A_n)=\text{（1.3.1）式左}.\end{aligned}$$

例 1.3.1 一批零件共有 100 个，其中有 10 个不合格品，从中一个一个地取出，求第三次才取得不合格品的概率是多少？

解 以 A_i 表示事件“第 i 次取出的是不合格品”，$i=1,2,3$，则所求概率为 $P(\overline{A}_1\overline{A}_2A_3)$，由乘法公式可得

$$P(\overline{A}_1\overline{A}_2A_3)=P(\overline{A}_1)P(\overline{A}_2|\overline{A}_1)P(A_3|\overline{A}_1\overline{A}_2)=\frac{90}{100}\times\frac{89}{99}\times\frac{10}{98}=0.082\,6.$$

应注意的是，本例也可依古典概率直接算出，但现在的处理更显得自然.

例 1.3.2 同时掷 3 枚均匀硬币，试求恰好有 2 枚正面向上的概率.

解 记事件 $A_i=$“第 i 枚硬币正面向上”，$i=1,2,3$，则 $P(A_i)=0.5$，于是所求概率为

$$\begin{aligned}P(\text{恰好有 2 枚正面向上})&=P(A_1A_2\overline{A}_3)+P(A_1\overline{A}_2A_3)+P(\overline{A}_1A_2A_3)\\&=\frac{1}{2}\times\frac{1}{2}\times\frac{1}{2}+\frac{1}{2}\times\frac{1}{2}\times\frac{1}{2}+\frac{1}{2}\times\frac{1}{2}\times\frac{1}{2}=\frac{3}{8}.\end{aligned}$$

例 1.3.3*（金币与银币） 在古印度，一位王子向一位聪明的公主求婚. 公主为了考验王子的智慧，就请人拿来两个盒子，其中一个装有 10 枚金币，一个装有 10 枚银币. 公主请人把王子眼睛蒙上，并将两个盒子位置任意调换，然后请王子在两个盒子中任意挑选一枚硬币，如果是金币，就嫁给他，反之则否. 王子说：“蒙上眼睛之前，能否任意调换盒子的硬币组合呢？”公主回答说可以. 那么，为了保证更有把握地拿到金币，王子应该怎么调换盒子里的硬币呢？

聪明的王子想了一下，决定将装有金币的盒子留有一枚金币，把另外 9 枚金币放到另一个盒子中. 调换后，王子拿到金币的概率为

$$p_1=\frac{1}{2}\times1+\frac{1}{2}\times\frac{9}{19}=\frac{14}{19},$$

而调换前，王子拿到金币的概率为为 $p_2=0.5$. 显然 $p_1\gg p_2$，从而王子更有把握拿到金币，娶到美丽的公主.

人生思考：知识可以帮助我们更准确地计算客观概率，更客观地确定主观概率，进而更好地进行决策. 可见，知识就是力量！记住，天上永远是不会掉馅饼的，但地上会有许多“美丽的陷阱”，所以我们要用知识武装自己，但绝不能拿来欺骗他人，危害社会.

1.3.2 全概率公式与贝叶斯公式

全概率公式是概率论中的一个重要公式，它提供了计算复杂事件概率的一条有效途径，并使一个复杂事件的概率计算问题化繁为简. 另外，“已知结果求原因”在实际中更为常见，它所求的是条件概率，是已知某结果发生条件下，探求各原因发生可能性的大小，这就是贝叶斯公式. 它们实质上是加法公式和乘法公式的综合运用与推广.

设 $A_1,A_2,\cdots,A_n$ 是 Ω 的一组事件，若 $\bigcup\limits_{i=1}^{n}A_i=\Omega$ 且 $A_iA_j=\varnothing(i\neq j)$，则称 $A_1,A_2,\cdots,A_n$ 为 Ω 的一个**完备事件组**或一个**分割**. 显然，事件 A 与 $\overline{A}$ 就是一个分割，很多问题对空间分割就采用了此种方法.

定理 1.3.2 设 $A_1,\cdots,A_n$ 是 Ω 的一个分割，且 $P(A_i)>0$，$i=1,\cdots,n$，则

（1）**全概率公式**：若对任一事件 B 有

$$P(B)=\sum_{i=1}^{n}P(A_i)P(B\mid A_i).$$

（2）**贝叶斯公式**：若对任一事件 B，$P(B)>0$，则有

$$P(A_i\mid B)=\frac{P(A_i)P(B\mid A_i)}{\sum\limits_{j=1}^{n}P(A_j)P(B\mid A_j)},\ i=1,2,\cdots,n.$$

证明 （1）显然

$$B=B\Omega=B\bigcap\left(\bigcup_{i=1}^{n}A_i\right)=\bigcup_{i=1}^{n}A_iB \quad 且 \quad (A_iB)\bigcap(A_jB)=(A_iA_j)B=\varnothing,\ i\neq j,$$

由有限可加性及乘法公式有

$$P(B)=P\left(\bigcup_{i=1}^{n}A_iB\right)=\sum_{i=1}^{n}P(A_iB)=\sum_{i=1}^{n}P(A_i)P(B|A_i).$$

（2）由条件概率定义及全概率公式可得

$$P(A_i|B)=\frac{P(A_iB)}{P(B)}=\frac{P(A_i)P(B|A_i)}{\sum_{j=1}^{n}P(A_j)P(B|A_j)},\ i=1,2,\cdots,n.$$

贝叶斯公式也称为**后验概率公式**，用途很广，由贝叶斯（T. Bayes）于 1763 年给出，它是在观察到事件 B 已发生的条件下，寻找导致 B 发生的每个原因的概率. 在贝叶斯公式中，$P(A_i)$ 和 $P(A_i\mid B)$ 分别称为原因的**先验概率**和**后验概率**. $P(A_i), i=1,2,\cdots,n$，是在没有进一步信息（不知道事件 B 是否发生）的情况下，人们对诸事件发生可能性大小的认识. 当有了新的信息（知道 B 发生），人们对诸事件发生可能性大小有了新的估计 $P(A_i\mid B)$，贝叶斯公式从数量上刻画了这种变化. 例如，人们通常喜欢找老医生看病，主要是因为老医生经验丰富，过去的经验可以帮助医生做出较为准确的诊断，就能更好地为病人治病，而经验越丰富，先验概率就越高. 通过贝叶斯公式可以充分利用后验信息逐步修正对事件概率的估计. 如果运用得当，人们在用概率方法进行决策时，不必首先在一个很长的过程中搜集决策所必需的全部信息，只需在事物或现象的发展过程中不断地捕捉新信息，逐步修正对有关事件的概率，以便做出满意的决策.

贝叶斯公式后来慢慢演变成了 Bayes **统计**，它与经典统计是并列的.

例 1.3.4　某工厂有四个车间生产同一产品，已知这四个车间的产量分别占总产量的 $15\%,20\%,30\%,35\%$，又知这四个车间的次品率依次为 $0.05,0.04,0.03,0.02$，出厂时，四车间的产品完全混合，现从中任取一产品.

（1）问取到次品的概率是多少?

（2）若厂部规定，出了次品要追究有关车间的责任. 现在在出厂的该产品中任取一件，检查出现了次品，但该产品无法区分是哪车间生产的，问厂方应怎样处理这件次品的责任较为合理?

解（1）设 $B=\{$产品是次品$\}$，$A_i=\{$产品来自第 i 车间$\}$，$i=1,\cdots,4$，由全概率公式得

$$\begin{aligned}P(B)&=\sum_{i=1}^{4}P(A_i)P(B\mid A_i)\\&=0.15\times0.05+0.20\times0.04+0.30\times0.03+0.35\times0.02\\&=0.0315.\end{aligned}$$

（2）从概率角度看，按 $P(A_i\mid B)$ 的大小确定第 i 个车间的责任份额较为合理.

将已知的数据代入贝叶斯公式可得：

$$P(A_1\mid B)=\frac{0.15\times0.05}{0.0315}=0.2381,$$

$$P(A_2\mid B)=\frac{0.20\times0.04}{0.0315}=0.2540,$$

$$P(A_3\mid B)=\frac{0.30\times0.03}{0.0315}=0.2857,$$

$$P(A_4 \mid B) = \frac{0.35 \times 0.02}{0.0315} = 0.2222 .$$

MATLAB 程序：

```
x=[15/100 20/100 30/100 35/100];
p=[0.05 0.04 0.03 0.02];
pb=dot(x,p)
bayes=(x.*p)/dot(x,p)
```

运行结果：

```
pb =
    0.0315
bayes =
    0.2381    0.2540    0.2857    0.2222
```

由此可知，较为合理的分摊责任的方案，既不是次品率最高的第 1 车间，也不是占产品份额最高的第 4 车间承担最多的责任，而是第 3 车间与第 2 车间承担了较多的责任.

例 1.3.5 某一地区患有癌症的人占 0.005，患者对一种试验反应是阳性的概率为 0.95，正常人对这种试验反应是阳性的概率为 0.04，现抽查了一个人，试验反应是阳性，问此人是癌症患者的概率有多大?

解 设 $C=\{$患癌症$\}$，$A=\{$阳性$\}$，则 $\overline{C}=\{$不患癌症$\}$，由贝叶斯公式可得

$$P(C \mid A) = \frac{P(C)P(A \mid C)}{P(C)P(A \mid C) + P(\overline{C})P(A \mid \overline{C})} = \frac{0.005 \times 0.95}{0.005 \times 0.95 + 0.995 \times 0.04} = 0.1066 .$$

因此，虽然检验法相当可靠，但检验呈阳性确系癌症患者的可能性并不大，只有 10.66%. 现在分析一下结果的意义.

（1）这种试验对于诊断一个人是否患有癌症有无意义？这种试验对于人们是否患有癌症普查有无意义?

如果不做试验，抽查一人，他是患者的概率 0.005；若试验后呈阳性反应，则根据试验结果可知此人是患者的概率修正为 0.1066，从 0.005 增加到 0.1066，将近增加约 21 倍，这说明这种试验对于诊断一个人是否患有癌症有意义. 但这种试验对于人们是否患有癌症普查意义不大，因为若试验后呈阳性反应，此人是患者的概率为 0.1066，概率太低.

（2）检出阳性是否一定患有癌症?

即使检出阳性，尚可不必过早下结论有癌症，这种可能性只有 10.66%（平均来说，1 000 个人中大约有 107 人确患癌症），此时医生常要通过再试验来确认. 在实际中，常采用复查的方法来减少错误率，或用一些简单易行的辅助方法先进行初查，排除大量明显不是患有此癌症的人后，再用此试验对被怀疑的对象进行检查. 此时，癌症的发病率已大大提高，这就提高了试验的准确率. 基本每个子女都是父母亲生的，但做亲子鉴定的人，发现很多子女都非亲生，为什么呢？原因就在于，父母通过简单易行的辅助方法进行了初查，排除了大量明显是亲生的人后，去做亲子鉴定的人中非亲生的比例就很高.

例 1.3.6* 一座别墅在过去 20 年里一共发生过 2 次被盗案. 别墅主人有一条狗，狗平均每周晚上叫 3 次，在盗贼入侵时狗叫的概率被估计为 0.9. 请问，在狗叫的时候发生盗贼入侵的概率是多少？

解 设事件 $A=\{$狗在晚上叫$\}$，$B=\{$盗贼入侵$\}$，假定一年有 365 天，则利用频率估计概率近似有

$$P(A)=\frac{3}{7}，\ P(B)=\frac{2}{20\times365}=\frac{1}{3650}，\ P(A\mid B)=0.9，$$

利用贝叶斯公式，很容易计算出结果：

$$P(B\mid A)=\frac{P(A\mid B)P(B)}{P(A)}=\frac{0.9\times1/3650}{3/7}\approx5.7534\text{ e-004}.$$

这表明，主人家不能指望靠狗叫防盗.

例 1.3.7* 伊索寓言“孩子与狼”讲的是一个孩子每天到山上放羊，山里有狼出没，这一天，他在山上喊：“狼来了！狼来了！”，山下的村民闻声便去打狼，可到山上，发现狼没来；第二天依然如此；第三天，狼真的来了，可无论小孩怎么喊叫，也没有人来救他，因为前两次他说了谎，人们不再信任他了.

解 现在用贝叶斯公式来分析此寓言中村民对这个小孩的可信程度是如何下降的. 首先记事件 $A=\{$小孩说谎$\}$，$B=\{$小孩可信$\}$，不妨设村民过去对这个小孩的印象是

$$P(B)=0.8，\ P(\overline{B})=0.2. \tag{1.3.2}$$

我们用贝叶斯公式来求 $P(B\mid A)$，即小孩说了一次谎后，村民对他的可信程度的改变. 不妨设

$P(A\mid B)=0.1,\ P(A\mid\overline{B})=0.5$.

第一次村民上山打狼，发现狼没有来，即小孩说了谎（A）. 村民根据这个信息对这个小孩的可信程度改变为

$$P(B\mid A)=\frac{P(B)P(A\mid B)}{P(B)P(A\mid B)+P(\overline{B})P(A\mid\overline{B})}=\frac{0.8\times0.1}{0.8\times0.1+0.2\times0.5}=0.444.$$

这表明村民上了一次当后，对这个小孩的可信程度由原来的 0.8 调整为 0.444，也就是式（1.3.2）调整为

$$P(B)=0.444，\ P(\overline{B})=0.556. \tag{1.3.3}$$

在此基础上，我们再用一次贝叶斯公式来计算 $P(B\mid A)$，即这个小孩第二次说谎后，村民对他的可信程度改变为

$$P(B\mid A)=\frac{0.444\times0.1}{0.444\times0.1+0.556\times0.5}=0.138.$$

这表明村民上了两次当后，对这个小孩的可信程度由原来的 0.8 调整为 0.138，如此低的可信度，村民听到第三次呼叫时怎么再会上山打狼呢？

1.4 独立性

独立性是概率论中一个十分重要的概念，利用它可以简化概率运算. 随机事件的独立性是最基本的，集合族之间的独立以及随机变量之间的独立都是通过事件独立进行定义的.

1.4.1 事件的独立性

一般来说，$P(A|B)\neq P(A), P(B)>0$，这表明事件 B 的发生提供了一些信息，影响了事件 A 发生的概率. 但在有些情况下，$P(A|B)=P(A)$，从这可以想象出这必定是事件 B 的发生对 A 发生的概率不产生任何影响，或不提供任何信息，即事件 A 与 B 发生的概率是相互不影响的，这就是事件 A,B 相互独立.

定义 1.4.1 若两事件 A,B 满足

$$P(AB)=P(A)P(B),$$

则称 A 与 B **相互独立**.

由于概率为 0 或 1 的事件之间具有非常复杂的关系，故请初学者注意：

（1）$\varnothing,\Omega$ 与任何事件都相互独立；进一步有：概率为 0 或 1 的事件与任何事件相互独立. 例如，往线段 $[0,1]$ 上任意投一点，令事件 $A=$ “点落在 0 处”，事件 $B=$ “点落在 0 或 1 处”，则 $A\subset B$，但事件 A,B 相互独立；

（2）事件的独立是指事件发生的概率互不影响，但可同时发生，而互不相容是说两个事件不能同时发生，故事件 A,B 互不相容 $\not\Leftrightarrow$ 事件 A,B 相互独立.

例 1.4.1 投掷两枚均匀的骰子一次，求出现双 6 点的概率.

解 设 A 表示“第一枚骰子出现 6”，B 表示“第二枚骰子出现 6”，则

$$P(AB)=P(A)P(B)=\frac{1}{6}\times\frac{1}{6}=\frac{1}{36}.$$

我们知道，对于掷两颗骰子，其各自出现 6 点相互之间能有什么影响呢？不用计算也能肯定它们是相互独立的. 在概率论的实际应用中，人们常常利用这种直觉来确定事件的相互独立性，从而使问题和计算都得到简化.

定理 1.4.1 若 $P(B)>0$，则 A,B 相互独立 $\Leftrightarrow P(A|B)=P(A)$.

证明 由条件概率和独立性的定义即得.

定理 1.4.2 若 A,B 独立，则 A 与 $\overline{B}$，$\overline{A}$ 与 B，$\overline{A}$ 与 $\overline{B}$ 也相互独立.

证明 由概率的性质可知

$$\begin{aligned}P(A\overline{B})&=P(A-B)=P(A-AB)=P(A)-P(A)P(B)\\&=P(A)(1-P(B))=P(A)P(\overline{B})\end{aligned}$$

由对称性可知 $\overline{A}$ 与 B，$\overline{A}$ 与 $\overline{B}$ 也相互独立.

例 1.4.2 甲、乙二人同时向同一目标射击一次，甲击中的概率为 0.8，乙击中的概率为 0.6，求在一次射击中目标被击中的概率.

解 设 $A=\{$甲击中$\}$，$B=\{$乙击中$\}$，$C=\{$目标击中$\}$，则 $C=A\cup B$.

（1）$P(C)=P(A\cup B)=P(A)+P(B)-P(AB)=P(A)+P(B)-P(A)P(B)$

$$=0.8+0.6-0.8\times 0.6=0.92.$$

（2）$P(C)=1-P(\overline{C})=1-P(\overline{A\cup B})=1-P(\overline{A}\overline{B})=1-P(\overline{A})P(\overline{B})$

$$=1-(1-0.8)(1-0.6)=0.92.$$

例 1.4.3* 俗话说，“三个臭皮匠赛过诸葛亮”，这说明众人的力量是强大的. 那么我们能否证明它呢？找诸葛亮来试验显然是不可能的. 下面，我们将用一个数学模型来分析这句话. 不妨令诸葛亮解决问题的概率为 90%，三个臭皮匠解决问题的概率都是 60%，假如三个臭皮匠至少有一个人能解决问题的概率超过 90%，则比诸葛亮厉害，反之则否. 这样的三个臭皮匠能否赛过诸葛亮？

解 设事件 $A=$ “三个臭皮匠至少有一个人能解决问题”，则 $\overline{A}=$ “三个臭皮匠没有一个人能解决问题”，由事件的独立性可得

$$P(\overline{A})=(1-0.6)^3=0.064.$$

则
$$P(A)=1-P(\overline{A})=1-0.064=0.936.$$

思考：是不是任何三个臭皮匠都比诸葛亮厉害呢？

定义 1.4.2 对于三个事件 A,B,C，若下列四个等式同时成立

$$\begin{cases}P(AB)=P(A)P(B)\\P(AC)=P(A)P(C)\\P(BC)=P(B)P(C)\\P(ABC)=P(A)P(B)P(C)\end{cases}, \tag{1.4.1}$$

则称 A,B,C **相互独立**.

若式（1.4.1）中只有前三个式子成立，则称 A,B,C **两两相互独立**.

例 1.4.4（2002 数 4） 假设 A,B 是任意二事件，其中 A 的概率不等于 0 和 1，试证明 $P(B\mid A)=P(B\mid\overline{A})$ 是事件 A 与 B 独立的充分必要条件.

证明 必要性：由事件 A 与 B 独立，知事件 $\overline{A}$ 与 B 也独立，因此

$$P(B\mid A)=P(B),\quad P(B\mid\overline{A})=P(B),$$

即
$$P(B\mid A)=P(B\mid\overline{A}).$$

充分性：由 $P(B\mid A)=P(B\mid\overline{A})$，有

$$\frac{P(AB)}{P(A)}=\frac{P(\overline{A}B)}{P(\overline{A})}=\frac{P(B)-P(AB)}{1-P(A)},$$

化简可得

$$P(AB)-P(AB)P(A)=P(A)P(B)-P(AB)P(A),$$

即
$$P(AB)=P(A)P(B),$$
因此事件 A,B 相互独立.

例 1.4.5（**可靠性理论**） 所谓元件或系统的**可靠度**，通常指在一段时间内元件或系统正常工作的概率. 系统的可靠度依赖于每个元件的可靠度及连接形式，下面只介绍元件连接形式对系统可靠度的影响.

设系统由 n 个元件连接而成，令 $A_i=\{$在时间 $[0,t]$ 内第 i 个元件正常工作$\}$，$i=1,2,\cdots,n$，$A=\{$在时间 $[0,t]$ 内系统正常工作$\}$，并假定 A_i 相互独立.

（1）**串联系统**：若一个系统由 n 个元件按图 1.4.1 连接，称为串联系统.

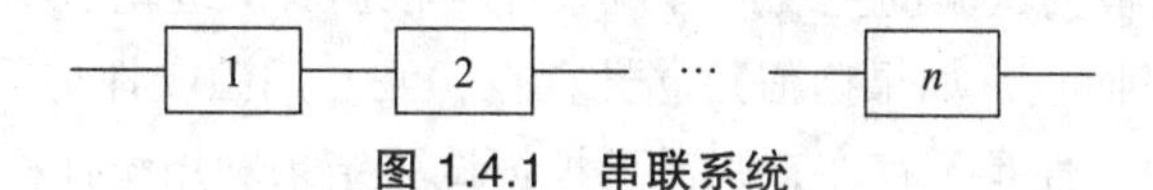

图 1.4.1 串联系统

它的特点是当其中一个元件发生故障，整个系统就发生故障，因此有

$$P(A)=P(A_1\cap\cdots\cap A_n)=P(A_1)\cdots P(A_n)$$

可见，当 n 越大，系统可靠性越小. 因此，对串联系统要提高可靠度，必须要求元件数量越少越好，但是因其他指标不可能无限制地减少元件.

（2）**并联系统**：若一个系统由 n 个元件按图 1.4.2 连接，称为并联系统.

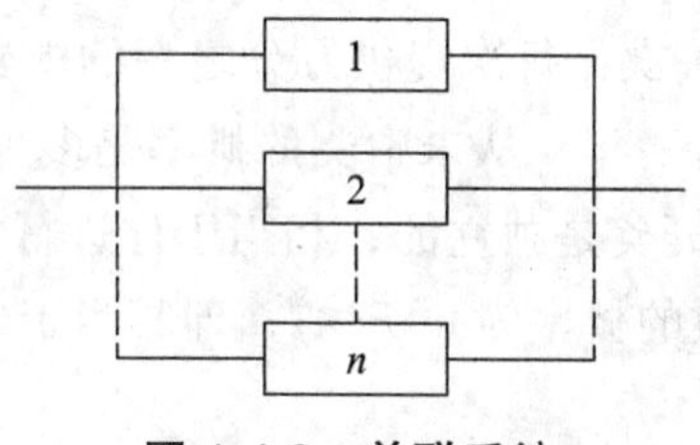

图 1.4.2 并联系统

它的特点是当且仅当所有元件发生故障，整个系统才发生故障，因此有

$$\begin{aligned}P(A)&=1-P(\overline{A})=1-P(\overline{A_1\cup\cdots\cup A_n})=1-P(\overline{A_1}\cap\cdots\cap\overline{A_n})\\&=1-P(\overline{A_1})\cdots P(\overline{A_n})=1-\prod_{i=1}^{n}[1-P(A_i)].\end{aligned}$$

可见，当 n 越大，系统可靠性越大. 因此，对并联系统要提高可靠度，必须要求元件数量越多越好，但是因其他指标不可能无限制地增加元件，比如成本因素.

结论：**并联可以增加系统的可靠度，串联可以减少系统的可靠度**. 比如，人的双肾是并联系统，肾如果坏掉一个，虽然对人的生活质量有影响，还不至于立即死亡，但肾和肝构成了串联系统，二者只要坏一个，人就立即死亡.

1.4.2 试验的独立性

直观上说，当进行几个随机试验时，如果每个试验无论出现什么结果都不影响其他试验中各事件出现的概率，就称这些试验是独立的.

定义 1.4.3 设有两个试验 E_1 和 E_2，假如试验 E_1 的任一结果与试验 E_2 的任一结果都是相互独立的事件，则称**这两个试验是相互独立的**.

例如，第一次掷一枚硬币与第二次掷一枚硬币是相互独立的.

类似可以定义 n 个试验 $E_1,\cdots,E_n$ 的相互独立性：如果试验 E_1 的任一结果，试验 E_2 的任一结果，……，试验 E_n 的任何一个结果都是相互独立的事件，则称试验 $E_1,\cdots,E_n$ 相互独立. 如果这 n 个独立试验还是相同的，则称为 **n 重独立重复试验**.

独立性是许多概率模型和统计模型的前提条件，在许多情形下并不需要对独立性定义进行验证. 独立性是人们根据试验的主观或客观条件，根据有关理论、实践知识或直观，对模型所做的要求或假设，而且，如果确信独立性存在，则利用独立性进行概率计算. 假如直观上或理论上无法确定独立性是否存在，则需要根据试验结果利用统计检验的方法判断独立性是否存在.

定义 1.4.4 如果试验 E 只有两个可能结果 A 和 $\overline{A}$，则称 E 为**伯努利试验**. 将 E 独立重复地进行 n 次，即 n 重独立重复试验中，每次试验只有两个结果 A 和 $\overline{A}$，则称这一串重复的试验为 **n 重伯努利试验**.

在这里，“独立”是指试验之间相互独立，“重复”是指每次试验中事件 A 发生的概率保持不变. 掷 n 次硬币就可以看作 n 重伯努利试验，它是一种很重要的数学模型，应用广泛，是经常研究的模型，由伯努利试验序列可以构造出很多重要的随机变量.

例 1.4.6 某彩票每周开奖一次，每次提供万分之一的中奖概率，且每次开奖是独立的，若你每周买一张彩票，若你坚持一年，从未中奖的概率是多少？

解 假设每年 52 周，每次开奖是独立的，相当于你进行了 52 次独立重复试验，每次成功的概率为 $P(A)=0.0001$，失败的概率为 $1-P(A)$，即相当于你进行了 52 重伯努利试验. 一年中从未中奖的概率为

$$(1-10^{-5})^{52}=0.9995,$$

(1 – 10^(– 5))^52 = 0.9995.

这表明一年中你从未中奖是很正常的事.

现实中，很多人都在想办法预测中奖号码，甚至研究历届的中奖号码，希望找出规律，其实中奖号码理论上是不能预测的，是完全随机的，故一个真正的理性人是不会预测的，甚至不会去买彩票. 其实，彩票可看成一种商品，即希望，两元钱不会影响你的生活，但可能改变你的一生，购买彩票其实买的是一种心理感受，因此，现实中购买彩票的人很多.

1.5 有趣的统计规律*

下面通过几个有趣的例子说明什么是统计规律，也许有些结论会挑战你的直觉，但请你细细品味，可能会发现“真理原来如此啊”.

1.5.1 统计规律

（1）掷硬币游戏.

在投掷一枚硬币时，既可能出现正面，也可能出现反面，预先做出确定的判断是不可能的，但是假如硬币均匀，直观上看，出现正面与反面的机会应该相等，即在大量的试验中出现正面的频率应接近 50%. 历史上有不少人做过抛硬币试验，其结果见表 1.5.1，从表中的数据可看出：出现正面的频率逐渐稳定在 0.5.

表 1.5.1 抛掷硬币试验记录

实验者	抛硬币次数	出现正面的次数	频率
德莫根(De Morgan)	2 048	1 061	0.518 1
蒲丰（Buffon）	4 040	2 048	0.506 9
费勒（Feller）	10 000	4 979	0.497 9
皮尔逊(Person)	12 000	6 019	0.501 6
皮尔逊	24 000	12 012	0.500 5

（2）人口性别.

众所周知，就单个家庭而言，新出生婴儿的性别可能是男，也可能是女性. 如果不限制生育，多个子女的家庭可能全部是男孩，也可能全部是女孩. 表面看，新生婴儿的性别好像没有任何规律，但如果对大量家庭的新生婴儿进行统计分析，就会发现：新生婴儿的男孩略多于女孩，男女比例大概为 107 : 100. 为什么男婴的出生率会高于女婴呢？拉普拉斯从概率论的观点解释说：这是因为含 X 染色体的精子与含 Y 染色体的精子进入卵子的机会不完全相同. 其实，女人 XX 染色体比男人 XY 染色体的可靠性高，这是因为 XX 可以看作并联系统，而 XY 可以看作串联系统. 另外，由于雄性激素的作用，男人更易具有危险动作，如打架斗殴、酗酒. 这样，在自然状态下，男人的死亡率会略高于女人，即使男婴出生率高点，但到了结婚年龄，两者比例很接近. 进入中老年后，男性的死亡率仍然高于女性，导致男性的平均寿命低于女性，老年男性反而少于女性.

由于生育人口在性别上保持大致平衡，保证了人类社会的进行和发展，所以对人口性别的研究是统计学的起源之一，也是统计方法探得的数量规律之一. 中国在社会主义初级阶段的某时期，由于重男轻女及计划生育政策的存在，导致了严重的性别比例失调，真的希望每个中国人能认真对待这个问题，解决这个问题.

（3）英语字母的频率.

在生活实践中，人们逐渐认识到：英语中某些字母出现的频率要高于其他字母. 有人对各类典型的英语书刊中字母出现的频率进行统计，发现各个字母的使用频率相当稳定. 这项研究对计算机键盘的设计（在操作方便的地方安排使用频率较高的字母键）、信息的编码（用较短的码编排使用频率最高的字母键）等都是十分有用的.

（4）最佳施肥量.

在进行农作物试验时，如果其他试验条件相同，我们会发现某种粮食作物的产量会随着某种施肥量的增加而增加. 在最初增加施肥量时，粮食产量增加得比较快，以后增加同量的施肥量，粮食产量的增加会逐渐减少. 当施肥量增加一定量时，粮食产量最高，这时如果继续增加，粮食产量反而会减少. 粮食产量与施肥量的这种数量关系（边际效用递减，物极必反）就是我们探索的数量规律. 如果我们从大量的试验数据中，用统计方法找到粮食产量与施肥量之间的数量关系，就可得到最佳施肥量，进而达到最大效益.

上述例子说明：就一次观察或试验而言，其结果往往是随机的，但在大量试验中却呈现出某种规律性，这种规律性称为**统计规律性**. 利用统计方法是可以探索出其内在的数量规律的，因为客观事物本身是必然性与偶然性的对立统一，必然性反映了事物的本质特征和规律，偶然性反映了事物表现形式上的差异. 如果客观事物仅有必然性的一面，则它的表现形式就会很简单，正是偶然性的存在，才使得事物的表现形式和必然的规律性之间产生偏差，从而形成了表面的千差万别，使得事物的必然性被掩盖在表面的差异中. 这正如恩格斯所指出的："在表面上是偶然性在起作用的地方，这种偶然性始终是受内部隐藏着的规律支配的，而问题只是在于发现这些规律". 概率论的任务是要透过随机现象的随机性揭示其统计规律性；统计学的任务则是通过分析带随机性的统计数据来推断所研究的事物或现象固有的规律性. 二者的研究目的都是随机现象的统计规律，但其研究方法存在一定差异，概率论主要利用演绎方法，统计主要利用归纳方法.

下面就是统计研究得到的一些统计规律，你相信么？

（1）吸烟对健康有害，吸烟男性减少寿命 2 250 天.

（2）身材高的父母，其子女的身材也高.

（3）第一个出生的子女比第二个出生的子女聪明.

（4）怕老婆丈夫得心脏病的几率较大.

（5）上课坐在前面的学生平均考试分数比坐在后面的学生高.

1.5.2 客观看待智商

智商是一个大家都感兴趣的话题，可很多人不能客观看待这个问题. 比如，作者根据大学时代的家教经历发现，很多中学生学习很差，但家长在请家教的时候基本上都在说："我家小孩很聪明，就是贪玩". 其实，当你真正接触他家小孩的时候，你会发现，贪玩只是原因之一，另外一个重要的原因是"智商不高". 下面，我们探讨下基因与智商的关系，仅供大家参考.

智力具有一定的遗传性，同时受到环境、营养、教育等后天因素的影响. 据科学家评估，遗传对智力的影响约占 60%，后天训练的目的只是在开发人类智力表达，而不是提高智力，因为一个人的智力水平在 7 岁前就已经基本固定，再增长的只是知识储备与解决问题的办法，而不是智力了. 比如，深山老林里有一个放牛娃，文盲，但是人家的智商可能很高，只是没有开发而已.

有些人认为他聪明是因为他比一般人努力，或者他对某一方面比较感兴趣，所以比一般人显得智商高. 其实，这也从一方面证明了智力是天生的，只是每个人的智力类型不同而已. 同时，还有一些人却表现得一般，有些人就归结为不努力. 其实不然，脑毕竟是物质，而物质是第一位的，我们的所思所想都是来自自然物对我们的刺激，我们所学习的东西无外乎都是来自对自然界的反应，而个体由于智力水平不同，也就有多种多样的反应. 智力这种东西不能在一方面进行考察，构成智力的因素是很多的，所以在众多的因素方面，我们只对某一些方面进行比较就断定一个人是聪明还是傻瓜太武断了.

智商主要由基因决定，后天教育只起辅助作用. 基因编码决定了人类的智力，你再怎么训练一只猫，它也不会说话，也不会统计学，但是人类经过适当的训练就会说话，这证明了我们有先天的条件. 人的智商是服从正态分布的，傻子是存在的，天才也是存在的，大概 1000 人中有 3 人的智商确实比较高. 最后，请大家坚信：

我不是天才，但我是人才！

思考：自己的智商在整个人类中所处的位置在哪里呢？在中国所有大学生中呢？在同班同学中呢？在同事中呢？认清自己的位置，可以帮助你更好地决策.

小 结

本章属于概率论的基础章节，概念比较多，在复习时要特别注意准确理解、区分不同的概念，逐步培养概率论的思维，因为它与以前确定性数学思维是不一样的，例如，概率为 0 的事件是可能发生的. 由于大多公共数学教材侧重概率的描述定义，作者感到不严谨，本书简单、通俗地给出了概率的公理化定义，供读者参考.

本章重点是事件的关系，独立性的概念，概率性质与计算，条件概率、全概率公式，贝叶斯公式以及独立重复试验，它们也是研究生入学考试的重点，具体考试要求是：

（1）了解样本空间的概念，理解随机事件的概念，掌握事件的关系及运算.

（2）理解概率、条件概率的概念，掌握概率的基本性质，会计算古典型概率和几何型概率，掌握概率的加法公式、减法公式、乘法公式、全概率公式和贝叶斯公式.

（3）理解事件独立性概念，掌握用事件的独立性进行概率计算；理解独立重复试验的概念，掌握计算有关事件概率的方法.

人物简介

1. 柯尔莫哥洛夫（1903—1987）

柯尔莫哥洛夫是 20 世纪苏联最杰出的数学家，也是 20 世纪世界上为数极少的几个最有影响力的数学家之一. 他是美国、法国、英国等多国院士或皇家学会会员，是三次列宁勋章获得者. 他的研究几乎遍及数学的所有领域，做出了许多开创性的贡献，揭示了不同数学领域间的联系，并提供了它们在物理、工程、计算机等学科的应用前景.

柯尔莫哥洛夫，1903 年 4 月生于俄国顿巴夫，1987 年 10 月卒于苏联莫斯科. 他五六岁

时就归纳出

$$1=1^2,\ 1+3=2^2,\ 1+3+5=3^2,\ \cdots\cdots$$

这一数学规律. 14 岁时他就开始自学高等数学，汲取了许多数学知识，并掌握了很多数学思想与方法.

柯尔莫哥洛夫于 1920 年入莫斯科大学学习，先后学习历史学和数学，并决心以数学为终身职业. 在莫斯科大学，柯尔莫哥洛夫经常听大数学家鲁津的课，并与鲁津的学生亚历山德罗夫、乌里松、苏斯林等有了学术上的频繁接触. 在鲁津的课上，这位一年级的大学生竟反驳了老师的一个假设，令人刮目相看. 柯尔莫哥洛夫还参加斯捷班诺夫的三角级数讨论班，解决了鲁津提出的一个问题. 鲁津知道后对他十分赏识，主动提出收他为弟子. 尽管柯尔莫哥洛夫还只是一名大学生，但却取得了举世瞩目的成就：1922 年 2 月他发表了集合运算方面的论文，推广了苏斯林的结果；同年 6 月，发表了一个几乎处处发散的傅里叶级数（1926 年，他构造了处处发散的傅里叶级数）. 据他自己说，这个级数是他当列车售票员时在火车上想出的. 柯尔莫哥洛夫也因此成为世界数学界一颗闪亮的新星. 几乎同时，他对分析中的其他领域，如微分和积分问题、测度论等也产生了兴趣. 1925 年，柯尔莫哥洛夫大学毕业，成为鲁津的研究生. 这一年柯尔莫哥洛夫发表了 8 篇读大学时写的论文！在每一篇论文里，他都引入了新概念、新思想和新方法.

19 世纪 30 年代是柯尔莫哥洛夫数学生涯中的第二个创造高峰期. 这个时期，他在概率论、射影几何、数理统计、实变函数论、拓扑学、逼近论、微分方程、数理逻辑、生物数学、哲学、数学史与数学方法论等方面发表论文 80 余篇. 1931 年，任莫斯科大学教授，后又担任该校数学所所长，1939 年任苏联科学院院士，他对开创现代数学的一系列重要分支做出了重大贡献. 柯尔莫哥洛夫 1933 年出版了《概率论基础》，是概率论的经典之作，建立了在测度论基础上的概率论公理系统，奠定了近代概率论的基础，他也是随机过程论的奠基人之一.

柯尔莫哥洛夫的研究几乎遍及数论之外的所有数学领域. 1963 年，在第比利斯召开的概率统计会议上，美国统计学家沃尔夫维茨说：“**我来苏联的一个特别的目的就是确定柯尔莫哥洛夫到底是一个人呢，还是一个研究机构.**”

1980 年，由于柯尔莫哥洛夫在调和分析、概率论、遍历理论等方面的出色工作获沃尔夫奖（数学上的诺贝尔奖）. 他十分谦虚，从不夸耀自己的成就和荣誉，另外，他淡泊名利，不看重金钱，并把奖金捐给学校图书馆. 他是一位具有高尚道德品质和崇高的无私奉献精神的科学巨人.

点评：柯尔莫哥洛夫，聪明、多产，是概率论公理化奠基人，是真正的概率论专家，他在历史上的地位是不容置疑的.

2. 贝叶斯（约 1701—1761）

贝叶斯，英国牧师、业余数学家，大约于 1701 年出生于伦敦，做过神甫，1742 年成为英国皇家学会会员，1761 年 4 月 7 日逝世. 生活在 18 世纪的贝叶斯生前是位受人尊敬的英格兰长老会牧师. 为了证明上帝的存在，他发明了概率统计学原理，遗憾的是，他的这一美好愿望至死也未能实现. 贝叶斯在数学方面主要研究概率论. 他首先将归纳推理法用于概率论基础理论，并创立了贝叶斯统计理论. 对于统计决策函数、统计推断、统计估算等也做出了贡献. 他死后，理查德·普莱斯于 1763 年将他的著作《机会问题的解法》寄给了英国皇家学会，对于现代概率论和数理统计产生了重要的影响. 贝叶斯所采用的许多术语被沿用至今，贝叶斯思想和方法对概率统计的发展产生了深远的影响.

点评：贝叶斯，业余数学家，能达到这样的高度也是令人佩服的. 人家成果不多，但仅仅一个简单的贝叶斯公式就能名垂青史，因为这开创了一个学派.

3. 伯努利家族

伯努利家族 3 代人中产生了 8 位科学家，出类拔萃的至少有 3 位；而在他们一代又一代的众多子孙中，至少有一半相继成为杰出人物. 伯努利家族的后裔有不少于 120 位被人们系统地追溯过，他们在数学、科学、技术、工程乃至法律、管理、文学、艺术等方面享有名望，有的甚至声名显赫. 最不可思议的是这个家族中有两代人，他们中的大多数数学家，并非有意选择数学为职业，然而却忘情地沉溺于数学之中，有人调侃他们就像酒鬼碰到了烈酒.

（1）**雅各布·伯努利**：1654 年 12 月 27 日，雅各布·伯努利生于巴塞尔，1671 年，毕业于巴塞尔大学，获艺术硕士学位. 这里的艺术指“自由艺术”，包括算术、几何学、天文学、数理音乐和文法、修辞、雄辩术共 7 大门类. 遵照父亲的愿望，他于 1676 年又取得了神学硕士学位. 然而，他也违背父亲的意愿，自学了数学和天文学. 1676 年，他到日内瓦做家庭教师. 从 1677 年起，他开始在那里写内容丰富的《沉思录》. 雅各布对数学最重大的贡献是在概率论研究方面，他从 1685 年起发表的关于赌博游戏中输赢次数问题的论文，后来写成了巨著《猜度术》. 这本书在他死后 8 年，即 1713 年才得以出版. 许多数学成果与雅各布的名字相联系. 例如悬链线问题（1690 年），曲率半径公式（1694 年），“伯努利双纽线”（1694 年），“伯努利微分方程”（1695 年），“等周问题”（1700 年）等. 最为人们津津乐道的轶事之一，是雅各布醉心于研究对数螺线，这项研究从 1691 年就开始了. 他发现，对数螺线经过各种变换后仍然是对数螺线. 他惊叹这种曲线的神奇，竟在遗嘱里要求后人将对数螺线刻在自己的墓碑上，并附以颂词“**纵然变化，依然故我**”，用以象征死后永生不朽.

（2）**约翰·伯努利**：雅各布·伯努利的弟弟，比哥哥雅各布小 13 岁. 1667 年 8 月 6 日生于巴塞尔，1748 年 1 月 1 日卒于巴塞尔，享年 81 岁. 约翰于 1685 年获巴塞尔大学艺术硕士学位，这点同他的哥哥雅各布一样. 他们的父亲老尼古拉要大儿子雅各布学法律，要小儿子约翰从事家庭管理事务，但约翰在雅各布的带领下进行反抗，去学习医学和古典文学. 约翰于 1690 年获医学硕士学位，1694 年又获得博士学位. 但他发现他骨子里的兴趣是数学. 他一直向雅各布学习数学，并颇有造诣. 1695 年，28 岁的约翰取得了他的第一个学术职位——荷兰格罗宁根大学数学教授. 10 年后的 1705 年，约翰接替去世的雅各布任巴塞尔大学数学教授. 同他的哥哥一样，他也当选为巴黎科学院外籍院士和柏林科学协会会员. 1712、1724 和 1725

年，他还分别当选为英国皇家学会、意大利波伦亚科学院和彼得堡科学院的外籍院士.

约翰的数学成果比雅各布还要多. 例如解决悬链线问题(1691 年),提出洛必达法则(1694 年)、最速降线（ 1696 年 ）和测地线问题（ 1697 年 ），给出求积分的变量替换法（ 1699 年 ），研究弦振动问题（ 1727 年 ），出版《积分学教程》(1742 年) 等.

约翰与他同时代的 110 位学者有通信联系，进行学术讨论的信件约有 2500 封，其中许多已成为珍贵的科学史文献. 例如同他的哥哥雅各布以及莱布尼茨、惠更斯等人关于悬链线、最速降线（ 即旋轮线 ）和等周问题的通信讨论，虽然争论不断，特别是约翰和雅各布的互相指责，也常使兄弟之间造成不快，但争论无疑会促进科学的发展，如最速降线问题就导致了变分法的诞生.

约翰的另一大功绩是培养了一大批出色的数学家，其中包括 18 世纪最著名的数学家欧拉、瑞士数学家克莱姆、法国数学家洛必达，以及他自己的儿子丹尼尔和侄子尼古拉二世等.

（ 3 ）**丹尼尔 · 伯努利**（ 1700—1782 ）：瑞士物理学家、数学家、医学家. 1700 年 2 月 8 日生于荷兰格罗宁根，是著名的伯努利家族中最杰出的一位. 他是数学家约翰 · 伯努利的次子，和他的父辈一样，违背家长要他经商的愿望，坚持学医，他曾在海得尔贝格、斯脱思堡和巴塞尔等大学学习哲学、伦理学、医学. 1716 年获艺术硕士学位；1721 年又获医学博士学位. 他曾申请解剖学和植物学教授职位，但未成功. 丹尼尔受父兄影响，一直很喜欢数学. 1724 年，他在威尼斯旅途中发表《数学练习》，引起学术界关注，并被邀请到圣彼得堡科学院工作. 同年，他还用变量分离法解决了微分方程中的里卡提方程. 1725 年，25 岁的丹尼尔受聘为圣彼得堡的数学教授. 1727 年，20 岁的欧拉到圣彼得堡成为丹尼尔的助手. 然而，丹尼尔认为圣彼得堡的生活比较粗鄙，以至于 8 年以后的 1733 年，他找机会返回了巴塞尔，终于在那儿成为解剖学和植物学教授，最后又成为物理学教授.

1734 年，丹尼尔荣获巴黎科学院奖金，以后又 10 次获得该奖金. 在伯努利家族中，丹尼尔是涉及科学领域较多的人. 他出版了经典著作《流体动力学》(1738 年)；研究弹性弦的横向振动问题，提出声音在空气中的传播规律(1762 年). 他的论著还涉及天文学(1734 年)、地球引力(1728 年)、湖汐(1740 年)、磁学(1743、1746 年)，振动理论(1747 年)、船体航行的稳定(1753、1757 年)和生理学(1721、1728 年)等. 丹尼尔的博学成为伯努利家族的代表. 丹尼尔于 1747 年当选为柏林科学院院士，1748 年当选巴黎科学院院士，1750 年当选英国皇家学会会员. 他一生获得过多项荣誉称号.

点评：伯努利，整个家族的辉煌，这是多么的令人羡慕！也许我们只是一个普通人物，根据谈不上家族事业，但是，你要努力么.

习 题 1

1. 写出下列随机试验的样本空间 Ω.

（1）某厂出厂的电视数；

（2）往线段$[0,1]$上任意投一点.

2. 设样本空间$\Omega=\{0,1,2,\cdots,9\}$，事件$A=\{2,3,4\}$，$B=\{3,4,5\}$，$C=\{4,5,6\}$，求$\overline{\overline{A}\cap\overline{B}}$，$\overline{A\cap\overline{(B\cap C)}}$.

3. 选择题.

（1）设A,B为两个事件，且$A\neq\varnothing, B\neq\varnothing$，则$(A+B)(\overline{A}+\overline{B})$表示（　　）.

（A）必然事件　　（B）不可能事件

（C）A,B不能同时发生　　（D）A,B中恰有一个发生

（2）设A,B为两个事件，则（　　）.

（A）$P(A\cup B)\geqslant P(A)+P(B)$　　（B）$P(A-B)\geqslant P(A)-P(B)$

（C）$P(AB)\geqslant P(A)P(B)$　　（D）$P(A\mid B)\geqslant \dfrac{P(A)}{P(B)}, P(B)>0$

（3）（2003 数 4）对于任意二事件A,B，（　　）.

（A）若$AB\neq\varnothing$，则A,B一定独立　　（B）若$AB\neq\varnothing$，则A,B有可能独立

（C）若$AB=\varnothing$，则A,B一定独立　　（D）若$AB=\varnothing$，则A,B一定不独立

（4）设A,B,C是三个相互独立的事件，且$0<P(C)<1$，$P(AC)>0$，则在下列给定的四对事件中不相互独立的是（　　）.

（A）$\overline{A+B}$与C　　（B）$\overline{AC}$与$\overline{C}$

（C）$\overline{A-B}$与C　　（D）$\overline{AB}$与$\overline{C}$

4. 填空题.

（1）设样本空间为$\Omega=[0,2]$，事件$A=(0.5,1], B=[0.25,1.5)$，则$\overline{A}B=$__________.

（2）（1990 数 1）设随机事件A,B及其和事件的概率分别为 0.4, 0.3 和 0.6，若$\overline{B}$表示B的对立事件，那么积事件$A\overline{B}$的概率$P(A\overline{B})=$__________.

（3）在$(0,1)$中随机取两个数，则事件“两数之和小于 6/5”的概率为__________.

（4）在某城市中共发行三种报纸：甲、乙、丙. 在这个城市的居民中，订甲种报纸的有45%，订乙种报纸的有 35%，订丙种报纸的有 30%，同时订甲、乙两种报纸的有 10%，同时订甲、丙两种报纸的有 8%，同时订乙、丙两种报纸的有 5%，同时订三种报纸的有 3%，至少订一种报纸的百分比为__________.

（5）已知$P(A)=P(B)=P(C)=1/4$，$P(AC)=P(BC)=1/16$，$P(AB)=0$，则事件A,B,C全不发生的概率__________.

（6）钥匙掉了，掉在宿舍、教室、路上的概率分别是 40%, 35%和 25%，而在上述三个地方被找到的概率分别为 0.8, 0.3 和 0.1，则找到钥匙的概率为__________.

（7）三个人独立地破译一个密码，他们能译出的概率分别是 0.2, 1/3, 0.25，则密码被破译的概率__________.

（8）（2012 数 1, 3）设 A,B,C 是随机事件，A 与 C 互不相容，$P(AB)=\frac{1}{2}$，$P(C)=\frac{1}{3}$，则 $P(AB\mid\bar{C})=$__________.

（9）（2005 数 1）从数 1, 2, 3, 4 中任取一个数，记为 X，再从 $1,2,\cdots,X$ 中任取一个数，记为 Y，则 $P\{Y=2\}=$__________.

（10）进行一系列独立重复试验，若每次试验成功的概率为 p，则在成功 n 次之前已经失败了 m 次的概率为__________.

5. 已知 $P(A)=1/4$，$P(B\mid A)=1/3$，$P(A\mid B)=1/2$，求 $P(A\cup B)$.

6. 设 A,B 为两事件，$P(A)=P(B)=1/3$，$P(A\mid B)=1/6$，求 $P(\bar{A}\mid\bar{B})$.

7. 若事件 A,B 相互独立且两个事件仅 A 发生或仅 B 发生的概率都是 $\frac{1}{4}$，求 $P(A),P(B)$.

8. 抛一枚硬币 5 次，求既出现正面又出现反面的概率.

9. 在房间里有 10 个人，分别佩戴从 1 号到 10 号的纪念章，任选三人记录其纪念章的号码.

（1）求最小号码为 5 的概率；

（2）求最大号码为 5 的概率.

10. 从 5 双不同的鞋子中任取 4 只，问这 4 只鞋子中至少有两只配成一双的概率是多少？

11. 把 10 本书任意放在书架上，求其中指定的三本书放在一起的概率.

12. （生日问题）n 个人的生日全不相同的概率 p_n 是多少？

13. n 个人随机地围一圆桌，求甲、乙两人相邻而坐的概率.

14. 将 2 个红球和 1 个白球随机放入甲乙丙 3 个盒子中，则乙盒中至少有 1 个红球的概率是多少？

15. 在 1 ~ 2 000 的整数中随机地取一个数，问取到的整数既不能被 6 整数，又不能被 8 整除的概率是多少？

16. 假设地铁列车每 5 分钟一列，求每个乘客到达候车厅后等车时间不超过 3 分钟的概率 p.

17. 用主观方法确定：中国大学生考试作弊的概率是多少？试给出解决方案.

18. 设猎人在猎物 100 米处对猎物打第一枪，命中猎物的概率为 0.5. 若第一枪未命中，则猎人继续打第二枪，此时猎物与猎人的距离已为 150 米. 若第二枪未命中，则猎人继续打第三枪，此时猎物与猎人的距离已为 200 米. 若第三枪还未命中，则猎物逃逸. 假如猎人命中猎物的概率与距离成反比，试求猎物被击中的概率.

19. 根据以往资料表明，某一 3 口之家，患某种传染病的概率有以下规律：

$$P\{\text{孩子得病}\}=0.6，\ P\{\text{母亲得病}|\text{孩子得病}\}=0.5，$$

$$P\{\text{父亲得病}|\text{母亲及孩子得病}\}=0.4，$$

求母亲及孩子得病但父亲未得病的概率.

20. 将两种信息分别编码为 0 和 1 传送出去，接收站收到时，0 被误收作 1 的概率为 0.02，而 2 被误收作 0 的概率为 0.01. 信息 0 和 1 传送的频繁程度为 2∶1. 若接受站收到的信息是 0，问原发信息是 0 的概率是多少？

21. 病人的主人外出，委托邻居浇水，设已知如果不浇水，树死去的概率为 0.8，若浇水则树死去的概率为 0.15，有 0.9 的把握确定邻居会记得浇水.

（1）求主人回来，树还活着的概率；

（2）若主人回来树已死去，求邻居忘记浇水的概率.

22. 两台车床加工同样的零件，第一台出现不合格品的概率是 0.03，第二台出现不合格品的概率为 0.06，加工出来的零件放在一起，并且已知第一台加工的零件比第二台加工的零件数多一倍.

（1）求任取一个零件是合格品的概率；

（2）如果取出的零件是不合格品，求它是第二台车床加工的概率.

23. （1998 数 3）设有来自三个地区的各 10 名、15 名和 25 名考生的报名表，其中女生的报名表分别为 3 份、7 份和 5 份. 随机地取一个地区的报名表，从众先后任意抽出两份.

（1）求先抽到的一份是女生表的概率 p；

（2）已知后抽到的一份是男生表，求先抽到的一份是女生表的概率 q.

24. 学生在做一道有 4 个选项的单项选择题，如果他不知道问题的正确答案，就作随机猜测. 现从卷面上看，题是答对了，试在以下情况下求学生确实知道正确答案的概率.

（1）学生知道正确答案和胡乱猜测的概率都是 0.5.

（2）学生知道正确答案的概率为 0.2.

2 随机变量及其分布

随机变量是近代概率论中描述随机现象的重要方法. 随机变量的引入使随机事件有了数量标识，进而可用函数来刻画与研究随机事件，同时将微积分中关于函数的导数、积分、级数等方面的知识用于一些概率与分布的数字特征的计算.

本章主要学习随机变量，重点介绍一些常见的概率分布，并研究随机变量函数的分布. 本章内容是概率论中最基本和最重要的.

2.1 随机变量及其分布

为全面研究随机试验的结果，揭示客观存在的统计规律性，我们必须将随机试验的结果与实数对应起来，即必须把随机试验的结果数量化，这也是随机变量引入的原因. 随机变量的引入使得对随机现象的处理更简单与直接，也更统一而有力，更便于进行定量的数学处理.

2. 1. 1 随机变量

我们研究随机现象，首先要研究随机现象的表现或状态. 随机试验的结果就是随机事件，而随机试验的结果常表示为数量 X，称为随机变量. 例如，射击命中环数，掷骰子出现的点数，其共同点就是：X 是随机事件到实数的函数，即试验的随机事件与实数轴上某些点的集合相关联.

定义 2.1.1 定义在样本空间 $\Omega=\{\omega\}$ 到实数集上的一个实值单值函数 $X(\omega)$ 称为**随机变量**，若对 $\forall x\in\mathbf{R}$，$\{\omega\mid X(\omega)\leqslant x\}$ 都是随机事件，即

$$\{\omega\mid X(\omega)\leqslant x\}\in\mathcal{F}\ ,\quad \forall x\in\mathbf{R}\ .$$

随机变量就是 $X(\omega):\Omega\to\mathbf{R}$ 的函数，在不必强调 ω 时，常省去 ω，简记为 X，常用大写字母 X,Y,Z 等表示，用小写字母 x,y,z 等表示它的取值. 随机变量的取值随试验的结果而定，在试验之前不能预知它取什么值，但它的取值有一定的概率，这显示了随机变量与普通函数有着本质的差异. 随机变量在概率与统计中应用广泛，如果说微积分是研究变量的数学，那么概率与统计就是研究随机变量的数学. 有了随机变量，就可通过随机变量将各个事件联系起来，进而去研究随机试验的全部结果. 一般地，若 B 是某些实数组成的集合，即 $B\subset\mathbf{R}$，则 $\{X\in B\}$ 表示随机事件 $\{\omega\mid X(\omega)\in B\}$.

例 2.1.1 利用随机变量表示随机事件.

（1）记 X 表示掷一颗骰子出现的点数，则 X 的所有可能取值为 $\{1,2,3,4,5,6\}$，是一个离散随机变量. 事件 $A=$ “点数小于 3” 可以表示为 $A=\{X<3\}$；

（2）记 T 表示某种电器的使用寿命，则 T 的所有可能取值为 $[0,+\infty)$，是一个连续随机变量. 事件 $B=$ “使用寿命在 4 年与 5 年之间” 可以表示为 $B=\{4\leqslant T\leqslant 5\}$；

如果随机变量 X 生成的任意随机事件都与 Y 生成的任意随机事件相互独立，即随机变量 X,Y 对应的随机试验相互独立，则称**随机变量 X,Y 相互独立**. 后面，我们会利用分布函数给出随机变量独立的严格定义.

2.1.2 概率分布

1）分布函数

为掌握 X 的统计规律，只需掌握 X 取各值的概率，因此可以引入概率分布来描述随机变量的统计规律，但概率分布难以表示，我们根据概率的累加特性，引入分布函数 F 来描述随机变量的统计规律.

定义 2.1.2 设 X 为随机变量，x 为任意实数，称函数

$$F(x)=P\{X\leqslant x\}$$

为 X 的**分布函数**，且称 X 服从 $F(x)$，记为 $X\sim F(x)$.

例 2.1.2 向半径为 r 的圆内随机投一点，记 X 为此点到圆心的距离，试求 X 的分布函数 $F(x)$，并求 $P\left(X\leqslant\dfrac{1}{2}r\right)$.

解 显然 X 的取值范围为 $[0,r]$，由几何概率可知

$$F(x)=P\{X\leqslant x\}=\begin{cases}0, & x<0\\ \dfrac{\pi x^2}{\pi r^2}=\dfrac{x^2}{r^2}, & 0\leqslant x<r\\ 1, & x\geqslant r\end{cases},$$

从而

$$P\left(X\leqslant\frac{1}{2}r\right)=\frac{\left(\frac{1}{2}r\right)^2}{r^2}=\frac{1}{4}.$$

定理 2.1.1 分布函数 $F(x)$ 具有如下性质：

（1）**单调性**：$F(x)$ 是单调不减函数，即若任意 $x_1<x_2$，则 $F(x_1)\leqslant F(x_2)$；

（2）**有界性**：$F(-\infty)=\lim\limits_{x\to-\infty}F(x)=0,\ F(+\infty)=\lim\limits_{x\to+\infty}F(x)=1$；

（3）**右连续性**：$F(x)$ 是右连续函数，即 $\forall x\in\mathbf{R},\ F(x+0)=F(x)$.

证明 由于严格证明需要较深的数学知识，我们只给出解释供读者参考.

（1）设 $x_1\leqslant x_2$，故 $\{X\leqslant x_1\}\subseteq\{X\leqslant x_2\}$，由概率的单调性可知

$$F(x_1)=P(X\leqslant x_1)\leqslant P(X\leqslant x_2)=F(x_2).$$

（2）由于 $X\in\mathbf{R}=(-\infty,+\infty)$，所以

$$F(-\infty)=P(X\leqslant-\infty)=0,\quad F(+\infty)=P(X\leqslant+\infty)=1.$$

（3）由概率的连续性可得

$$\lim_{\Delta x\to 0+}[F(x+\Delta x)-F(x)]=\lim_{\Delta x\to 0+}P(x<X\leqslant x+\Delta x)=P(x<X\leqslant \lim_{\Delta x\to 0+}(x+\Delta x))$$
$$=P(x<X\leqslant x)=P(\varnothing)=0.$$

并且，我们还可以证明：如果函数 $F(x)$ 满足上述三条性质，则必存在概率空间 $(\Omega,\mathcal{F},P)$ 及其上的一个随机变量 X，使得 X 的分布函数为 $F(x)$．从而，这三条性质就是判断某个函数是否为分布函数的充要条件.

有了随机变量 X 的分布函数，那么关于 X 的各种事件的概率都可以用分布函数表示，即分布函数可以描述随机变量的统计规律．对于任意 $\forall a,b\in\mathbf{R}$，有

（1）随机变量 X 取值不超过 a 的概率可以表示为 $F(a)$，即 $P(X\leqslant a)=F(a)$.

（2）分布函数只在随机变量以正概率取值的点处发生跳跃性间断，其跳跃度正是随机变量取此值的概率，即 $P(X=a)=F(a)-F(a-)$.

（3）$P(a<X\leqslant b)=F(b)-F(a)$；

特别地，当 $F(x)$ 在 a 点连续时，有 $F(a-)=F(a)$，即 $P(X=a)=0$.

例 2.1.3　设 $F(x)=\dfrac{1}{\pi}\left[\arctan x+\dfrac{\pi}{2}\right],x\in\mathbf{R}$，它在实数域上是连续、单调严格递增的函数，且 $F(-\infty)=0,\ F(+\infty)=1$，由于此 $F(x)$ 满足分布函数的三个基本性质，故 $F(x)$ 是一个分布函数，称这个分布函数为**柯西分布函数**.

若 X 服从柯西分布，则

$$P(-1<X\leqslant 1)=F(1)-F(-1)=\frac{1}{\pi}[\arctan 1-\arctan(-1)]=\frac{1}{2}.$$

2）分布列

定义 2.1.3　若随机变量 X 只可能取有限或可列个值，则称 X 为**离散型随机变量**．如果离散型随机变量 X 的所有可能取值为 $x_1,\cdots,x_n,\cdots$，则称 X 取 x_i 的概率为

$$p_i=p(x_i)=P(X=x_i),i=1,2,\cdots,$$

并称为 X 的**概率分布列**，简称**分布列**，记作 $X\sim\{p_i\}$.

分布列也可表示为

$$\begin{pmatrix} x_1 & \cdots & x_n & \cdots \\ p_1 & \cdots & p_n & \cdots \end{pmatrix},$$

或表示为**概率分布表**：

X	x_1	x_2	$\cdots$	x_n	$\cdots$
P	p_1	p_2	$\cdots$	p_n	$\cdots$

离散型随机变量 X 的分布函数为

$$F(x)=\sum_{x_i\leqslant x}P\{X=x_i\}=\sum_{x_i\leqslant x}p(x_i),$$

它在 $x=x_i$ 处有跳跃，跳跃值为 $p_i=P\{X=x_i\}$. 由于它的图形是阶梯函数，难于表达，故常用概率分布列来描述.

分布列具有如下性质：

（1）**非负性**： $p_i \geqslant 0, i=1,2,\cdots$；

（2）**正则性**： $\sum\limits_{i=1}^{+\infty} p_i = 1$，也称为**归一性**.

以上两条基本性质也是判断某个数列是否为分布列的充要条件.

如果随机变量 X,Y 的分布函数一样，则称为 X,Y **同分布**，但这并不意味着 $X=Y$，反之成立，即如果 $X=Y$，则 X,Y 一定同分布.

思考：假设随机变量 $X \sim \begin{pmatrix} -1 & 1 \\ 0.5 & 0.5 \end{pmatrix}$，$Y \sim \begin{pmatrix} -1 & 1 \\ 0.5 & 0.5 \end{pmatrix}$，请问 $X=Y$ 一定成立么？

例 2.1.4 设随机变量

$$X \sim \begin{pmatrix} -1 & 2 & 3 \\ \dfrac{1}{4} & \dfrac{1}{2} & \dfrac{1}{4} \end{pmatrix},$$

求 X 的分布函数，并求 $P(X \leqslant 1)$，$P(0.5 < X \leqslant 3)$.

解 由概率的有限可加性可知

$$F(x)=\begin{cases} 0, & x<-1 \\ P(X=-1), & -1 \leqslant x < 2 \\ P(X=-1)+P(X=2), & 2 \leqslant x < 3 \\ 1, & x \geqslant 3 \end{cases}$$

$$=\begin{cases} 0, & x<-1 \\ \dfrac{1}{4}, & -1 \leqslant x < 2 \\ \dfrac{3}{4}, & 2 \leqslant x < 3 \\ 1, & x \geqslant 3 \end{cases}$$

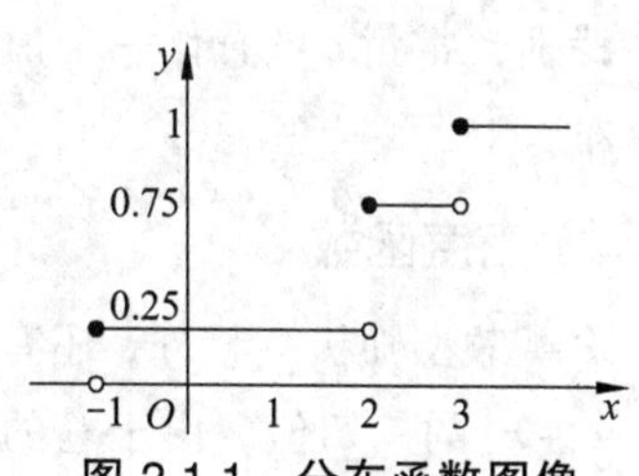

图 2.1.1 分布函数图像

分布函数图像见图 2.1.1.

$$P(X \leqslant 1) = P(X=-1) = \frac{1}{4},$$

$$P(0.5 < X \leqslant 3) = P(X=2) + P(X=3) = \frac{3}{4}.$$

思考：给出离散随机变量的分布函数，如何求出它的分布列？

提示：离散随机变量的取值一定为其分布函数的间断点，在间断点取值的概率为分布函数在此点左右极限之差，$P(X=x_i)=F(x_i)-F(x_i-)$.

例 2.1.5　一部电梯在一周内发生故障的次数

$$X \sim \begin{pmatrix} 0 & 1 & 2 & 3 \\ 0.1 & 0.25 & 0.35 & \alpha \end{pmatrix},$$

（1）确定 α 的值.

（2）求正好发生两次故障的概率.

（3）求故障次数多于一次的概率.

解（1）由于 $0.1+0.25+0.23+\alpha=1$，所以 $\alpha=0.3$.

（2）$P(X=2)=0.35$.

（3）$P(X>1)=0.35+0.3=0.65$.

例 2.1.6　已知离散随机变量 X 的概率分布描述如下：

$$\begin{pmatrix} -1 & 0 & 1 & 2 & 3 \\ 0.16 & \dfrac{a}{10} & a^2 & \dfrac{a}{5} & 0.3 \end{pmatrix},$$

试求出 X 的分布列.

解　根据分布列的性质，必有

$$a \geqslant 0 \text{ 与 } 0.16+\frac{a}{10}+a^2+\frac{a}{5}+0.3=1,$$

即

$$a^2+0.3a-0.54=0.$$

故解得 $a_1=0.6$，$a_2=-0.9$（舍去）. 于是，X 的分布列为

$$X \sim \begin{pmatrix} -1 & 0 & 1 & 2 & 3 \\ 0.16 & 0.06 & 0.36 & 0.12 & 0.3 \end{pmatrix}.$$

特别，常量 c 可看作一个值的随机变量，即 $P(X=c)=1$，这个分布常称为**单点分布**或**退化分布**.

3）密度函数

除离散型随机变量外，还有一类重要的随机变量，这种随机变量 X 可以取某个区间 $[a,b]$ 或 $(-\infty,+\infty)$ 的一切值. 由于它的所有可能取值无法像离散型随机变量那样一一排列，因而也就不能用离散型随机变量的分布列来描述它的概率分布. 虽然刻画这种随机变量的概率分布可以用分布函数，但在理论上和实践中更常用的方法是用概率密度.

定义 2.1.4　设随机变量 X 的分布函数为 $F(x)$，如果存在一个非负函数 $f(x)$，使得对于 $\forall x \in \mathbf{R}$，有 $F(x)=\int_{-\infty}^{x} f(t)\mathrm{d}t$，则称 X 为**连续型随机变量**，$f(x)$ 称为 X 的**概率密度函数**，简称**密度函数**.

因为 $F(x)$ 是非减函数，导数非负，又 $F(\infty)=1$，所以

（1）非负性：$f(x) \geqslant 0, \forall x \in \mathbf{R}$；

（2）正则性：$\int_{-\infty}^{+\infty} f(x)\mathrm{d}x = 1$.

以上两条基本性质也是判断某个函数是否为密度函数的充要条件.

定理 2.1.2　如果连续随机变量 X 的分布函数为 $F(x)$，密度函数为 $f(x)$，则

（1）$F(x)$ 是连续函数，如果 $f(x)$ 在点 x 连续，则有 $F'(x) = f(x)$.

（2）对于任意实数 $x_1 \leqslant x_2$，$P(x_1 < X \leqslant x_2) = F(x_2) - F(x_1) = \int_{x_1}^{x_2} f(x)\mathrm{d}x$.

连续型随机变量的分布函数一定是连续函数，但不能错误地认为：分布函数连续的随机变量就是连续型随机变量，另外，它的密度函数也不一定连续. 由于在若干点改变密度函数 $f(x)$ 的函数值不影响其积分值，从而不影响 $F(x)$ 的值，因此我们不必特意考虑密度函数在个别点上的值. 于是，当计算连续型随机变量在某一区间上取值的概率时，区间端点对概率无影响.

密度函数一词来源于物理，设 x 为 $f(x)$ 的连续点，任意 $\Delta x > 0$，

$$\frac{P(x < X \leqslant x + \Delta x)}{\Delta x} = \frac{F(x+\Delta x) - F(x)}{\Delta x}$$

称为 X 在区间 $[x, x+\Delta x]$ 上的**概率的平均密度**. 而在 x 点处的密度为

$$\lim_{\Delta x \to 0} \frac{P(x < X \leqslant x + \Delta x)}{\Delta x} = \lim_{\Delta x \to 0} \frac{F(x+\Delta x) - F(x)}{\Delta x} = F'(x) = f(x),$$

由此可知，称 $f(x)$ 为 x 的概率密度函数是有道理的.

如果密度函数 $f(x)$ 关于 x 连续，那么根据微积分基本性质，我们至少还有：

$$P(x < X \leqslant x + \Delta x) = f(x)\Delta x + o(\Delta x)，\text{当 } \Delta x \to 0 \text{ 时},$$

其中 $o(\Delta x)$ 表示 Δx 的高阶无穷小. 令 $\Delta x \to 0$，可得连续型随机变量 X 落入微小区间 $(x, x+\mathrm{d}x]$ 的概率

$$P(x < X \leqslant x + \mathrm{d}x) = f(x)\mathrm{d}x,$$

称为**连续型随机变量 X 的概率元**. 它与离散型随机变量分布列中 p_i 的作用类似. 今后我们会经常用到概率元，在很多场合，它可以简化证明，这有助于我们对概率论本质的理解. 例如，虽然 $P(X = x) = 0$，但可表示为 $P(X = x) = f(x)\mathrm{d}x$，可见密度函数并不是随机变量在这一点取值的概率，但它可以衡量随机变量在这一点取值的概率大小.

例 2.1.7　设随机变量 X 具有概率密度

$$f(x) = \begin{cases} Kx, & 0 \leqslant x < 3 \\ 2 - \dfrac{x}{2}, & 3 \leqslant x \leqslant 4, \\ 0, & \text{其他} \end{cases}$$

（1）试确定常数 K；(2) 求 $F(x)$；(3) 求 $P(1 < X \leqslant 3.5)$.

解　（1）由于 $\int_{-\infty}^{+\infty} f(x)\mathrm{d}x = 1$，即

$$\int_{-\infty}^{+\infty} f(x)\mathrm{d}x = \int_0^3 Kx\mathrm{d}x + \int_3^4 \left(2-\frac{x}{2}\right)\mathrm{d}x = 1,$$

解得 $K=\frac{1}{6}$. 于是 X 的概率密度

$$f(x)=\begin{cases}\frac{x}{6}, & 0 \leqslant x < 3 \\ 2-\frac{x}{2}, & 3 \leqslant x \leqslant 4 \\ 0, & 其他\end{cases}.$$

（2）由定义 $F(x)=\int_{-\infty}^{x} f(t)\mathrm{d}t$，有

$$F(x)=\begin{cases}0, & x<0 \\ \int_0^x \frac{t}{6}\mathrm{d}t, & 0 \leqslant x < 3 \\ \int_0^3 \frac{t}{6}\mathrm{d}t + \int_3^x \left(2-\frac{t}{2}\right)\mathrm{d}t, & 3 \leqslant x < 4 \\ 1, & x \geqslant 4\end{cases} = \begin{cases}0, & x<0 \\ \frac{x^2}{12}, & 0 \leqslant x < 3 \\ -3+2x-\frac{x^2}{4}, & 3 \leqslant x < 4 \\ 1, & x \geqslant 4\end{cases}.$$

（3）$P(1 < X \leqslant 3.5) = F(3.5) - F(1) = \frac{41}{48}$.

分段函数在定义域的不同区间有着不同的表达式，因此对分段函数进行积分时，一定要注意积分区域上的被积函数是哪一个.

例 2.1.8　设连续型随机变量 X 的分布函数为

$$F(x)=\begin{cases}0, & x<0 \\ Ax^2, & 0 \leqslant x < 1 \\ 1, & x \geqslant 1\end{cases},$$

求（1）系数 A；（2）$P(0.3<X<0.7)$；（3）密度函数 $f(x)$.

解　（1）由 $F(x)$ 的连续性，有

$$\lim_{x\to 1-0} F(x) = \lim_{x\to 1-0} Ax^2 = A = F(1) = 1,$$

故 $A=1$.

（2）$P(0.3<X<0.7) = F(0.7)-F(0.3) = 0.7^2 - 0.3^2 = 0.4$.

（3）$f(x)=F'(x)=\begin{cases}2x, 0 \leqslant x < 1 \\ 0, 其他\end{cases}$.

除了离散和连续型随机变量外，还有既非离散也非连续的随机变量. 例如，函数

$$F(x)=\begin{cases}0, & x<0\\ \dfrac{1+x}{3}, & 0\leqslant x<2\\ 1, & x\geqslant 2\end{cases}$$

的确是一个分布函数，但它既不是阶梯函数，又不是连续函数，所以它既不是离散的又不是连续的，而是一类新的分布．本节不研究此类分布，只是让大家知道山外有山，人外有人，我们需要不断学习与研究，变得更有智慧，知而获知，智达高远，也要有自知之明，绝不干能力之外之事．

2.1.3 随机变量函数的分布

在实际中，我们常对随机变量的函数更感兴趣，例如，在有些试验中，某些随机变量我们不能直接测量，但它可以表示为能直接测量变量的函数．比如，圆的面积不能直接测量，但我们可以测量圆的半径为 r，其面积表示为 πr^2，其中 r 为随机变量．设 $y=g(x)$ 是定义在 $\mathbf{R}$ 上的实值函数，X 是一随机变量，那么 $Y=g(X)$ 也是一个随机变量．我们要研究的是：已知 X 的分布，如何求出 Y 的分布．

1）离散随机变量函数的分布

离散随机变量的分布比较容易求出，设 X 为离散随机变量，其分布列为

X	x_1	x_2	$\cdots$	x_n	$\cdots$
P	p_1	p_2	$\cdots$	p_n	$\cdots$

则 $Y=g(X)$ 也是一个离散随机变量，它的分布列可简单表示为

Y	$g(x_1)$	$g(x_2)$	$\cdots$	$g(x_n)$	$\cdots$
P	p_1	p_2	$\cdots$	p_n	$\cdots$

当函数值 $g(x_1)$，…，$g(x_n)$，…中某些值相等时，则把那些相等的值分别合并，并把对应的概率相加．

例 2.1.9 已知随机变量

$$X\sim\begin{pmatrix}-2 & -1 & 0 & 1 & 2\\ 0.2 & 0.1 & 0.1 & 0.3 & 0.3\end{pmatrix},$$

求 $Y=X^2$ 的分布列．

解 首先对每个 x_i 计算 x_i^2，同时保证对应概率不变，再将相等的值合并得 Y 的分布列，即

$$Y\sim\begin{pmatrix}4 & 1 & 0 & 4 & 1\\ 0.2 & 0.1 & 0.1 & 0.3 & 0.3\end{pmatrix}\Rightarrow Y\sim\begin{pmatrix}0 & 1 & 4\\ 0.1 & 0.4 & 0.5\end{pmatrix}.$$

2）连续随机变量函数的分布

例 2.1.10　设随机变量 X 具有密度函数 $f_X(x)=\begin{cases}\dfrac{x}{8}, & 0<x<4\\ 0, & 其他\end{cases}$，求随机变量 $Y=2X+8$ 的密度函数.

解　先求 Y 的分布函数

$$F_Y(y)=P(Y\leqslant y)=P(2X+8\leqslant y)=P\left(X\leqslant\frac{y-8}{2}\right)=F_X\left(\frac{y-8}{2}\right).$$

对其求导可得密度函数

$$f_Y(y)=f_X\left(\frac{y-8}{2}\right)\frac{1}{2}=\begin{cases}\dfrac{1}{16}\dfrac{y-8}{2}, & 0<\dfrac{y-8}{2}<4\\ 0, & 其他\end{cases}=\begin{cases}\dfrac{y-8}{32}, & 8<y<16\\ 0, & 其他\end{cases}.$$

例 2.1.11　设 $X\sim N(0,1)$，试求 $Y=X^2$ 的分布函数 $F_Y(y)$ 和密度函数 $f_Y(y)$.

解　由于 $Y=X^2\geqslant 0$，故

当 $y<0$ 时，$F_Y(y)=0$，从而 $f_Y(y)=0$；

当 $y\geqslant 0$ 时，有

$$F_Y(y)=P(Y\leqslant y)=P(X^2\leqslant y)=P(-\sqrt{y}\leqslant X\leqslant\sqrt{y})=2\Phi(\sqrt{y})-1,$$

故

$$F_Y(y)=\begin{cases}0, & y<0\\ 2\Phi(\sqrt{y})-1, & y\geqslant 0\end{cases},$$

求导可得 $f_Y(y)=\begin{cases}0, & y<0\\ \dfrac{1}{\sqrt{2\pi}}y^{-\frac{1}{2}}\mathrm{e}^{-\frac{y}{2}}, & y\geqslant 0\end{cases}$.

例 2.1.12（2013 数 1）　设随机变量 X 的概率密度为

$$f(x)=\begin{cases}\dfrac{1}{9}x^2, & 0<x<3\\ 0, & 其他\end{cases},$$

令随机变量 $Y=\begin{cases}2, & X\leqslant 1\\ X, & 1<X<2\\ 1, & X\geqslant 2\end{cases}$，求（1）$Y$ 的分布函数；（2）概率 $P\{X\leqslant Y\}$.

解　（1）Y 的分布函数 $F_Y(y)=P\{Y\leqslant y\}$.

当 $y<1$ 时，$F_Y(y)=0$；

当 $y\geqslant 2$ 时，$F_Y(y)=1$；

当 $1\leqslant y<2$ 时，

$$F_Y(y)=P\{Y=1\}+P\{1<X\leqslant y\}=P\{X\geqslant 2\}+P\{1<X\leqslant y\}$$
$$=\frac{1}{9}\int_2^3 x^2\mathrm{d}x+\frac{1}{9}\int_1^y x^2\mathrm{d}x=\frac{2}{3}+\frac{1}{27}y^3.$$

故 Y 的分布函数为

$$F_Y(y)=\begin{cases}0, & y<1\\ \dfrac{2}{3}+\dfrac{1}{27}y^3, & 1\leqslant y<2\\ 1, & y\geqslant 2\end{cases}.$$

（2）$P\{X\leqslant Y\}=P\{X\leqslant 1\}+P\{1<X<2\}=P(X<2)=\frac{1}{9}\int_0^2 x^2\mathrm{d}x=\frac{8}{27}.$

在求连续型随机变量函数 $Y=g(X)$ 的密度函数时，往往不需要求出 $F_Y(y)$ 的具体表达式，应用复合函数求导公式可能更简洁，应特别注意.

$$\frac{\mathrm{d}}{\mathrm{d}x}\int_{f(x)}^{g(x)}h(t,x)\mathrm{d}t=h(g(x),x)g'(x)-h(f(x),x)f'(x)+\int_{f(x)}^{g(x)}\frac{\partial h(t,x)}{\partial t}\mathrm{d}t.$$

2.2 常见离散型随机变量

随机变量千千万万，但常用的并不多，主要有离散分布和连续分布，本节介绍常用的离散分布，下节介绍常用的连续分布．注意，每个随机变量都有一个分布，但不同的随机变量可以有相同的分布.

2.2.1 二项分布

实际问题中，有许多试验与掷硬币试验类似，且有共同的性质，它们只包含两个结果．例如，市场调查中考虑的产品的喜好、社会学家感兴趣的“农民是否脱贫”，这些例子都可以用二项分布描述.

定义 2.2.1 如果记 X 为 n 重 Bernoulli 试验序列中事件 A 成功的次数，$P(A)=p$，则 X 的可能取值为 $0,1,\cdots,n$，分布列为

$$p_k=P(X=k)=\mathrm{C}_n^k p^k q^{n-k},\quad k=0,1,\cdots,n$$

其中 $q=1-p$，这个分布称为**二项分布**，记为 $X\sim B(n,p)$ 或 $X\sim b(n,p)$.

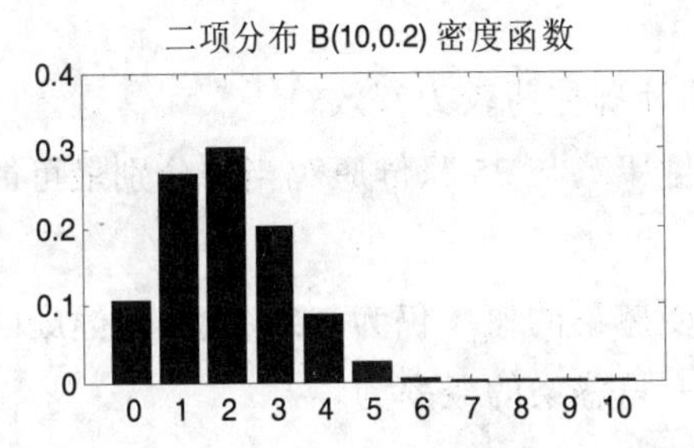

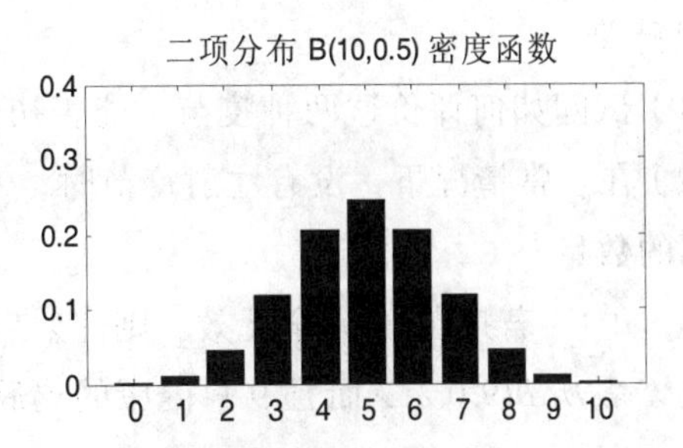

图 2.2.1 二项分布密度函数图像

实现程序：

```
n=10;
p1=0.2;
p2=0.5;
k=0:1:10;
P1=binopdf(k,n,p1);
P2=binopdf(k,n,p2);
subplot(1,2,1),bar(k,P1),xlim([-1,11]),title('二项分布 B(10,0.2)密度函数')
subplot(1,2,2),bar(k,P2),xlim([-1,11]),title('二项分布 B(10,0.5)密度函数')
```

二项分布是一种常用的离散分布，比如，

（1）检查 100 个产品，不合格的个数 $X \sim B(100, p)$，其中 p 为不合格率；

（2）某家庭共生育 4 个孩子，4 个孩子中女孩的个数 $X \sim B(4, 0.5)$.

若记二项分布 $B(n,p)$ 的通项为 $B(k;n,p) = \mathrm{C}_n^k p^k q^{n-k}$，$k = 0,1,\cdots,n$，则有

$$\frac{B(k;n,p)}{B(k-1;n,p)} = \frac{\mathrm{C}_n^k p^k q^{n-k}}{\mathrm{C}_n^{k-1} p^{k-1} q^{n-k+1}} = \frac{(n-k+1)p}{kq} = 1 + \frac{(n+1)p-k}{kq},$$

故当 $k < (n+1)p$ 时，$B(k;n,p)$ 大于前一项，即随着 k 的增加而上升；

当 $k > (n+1)p$ 时，$B(k;n,p)$ 随着 k 的增加而下降；

当 $(n+1)p = k$ 为正整数时，两项相等，此时该两项同为最大值.

总之，二项分布 $B(n,p)$ 中最可能出现次数 $k = [(n+1)p]$. 若 $(n+1)p$ 为正整数，则最可能出现的次数为 $(n+1)p$ 或 $(n+1)p-1$.

当 $n=1$ 时，二项分布称为**两点分布**（**0–1 分布**），分布列为

$$p_k = p^k q^{1-k}, k = 0,1.$$

两点分布主要用来描述一次 Bernoulli 试验中事件 A 成功的次数，也称为 Bernoulli **分布**. 很多随机现象的样本空间 Ω 常一分为二，记为 $A, \overline{A}$，由此形成 Bernoulli 试验，故二项分布在实际中具有广泛应用.

例 2.2.1（**药效试验**）　设某种鸡在正常情况下感染某种传染病的概率为 0.2，现发明两种疫苗，疫苗 A 注射给 9 只健康的鸡后无一只感染，疫苗 B 注射给 25 只健康的鸡后仅一只感染.

（1）试问如何评价这两种疫苗，能否初步估计哪种药较为有效？

（2）在正常情况下，没有注射疫苗时，9 只健康鸡与 25 只健康鸡当中分别最可能受到感染的鸡的数量？

解　（1）若疫苗 A 完全无效，则注射后鸡受感染的概率仍为 0.2，故 9 只健康的鸡中感染个数 X 服从 $B(9, 0.2)$. 而且 9 只健康的鸡后无一只感染的概率为

$$P(X=0) = 0.8^9 = 0.134\,2.$$

同理，若疫苗 B 完全无效，则注射后鸡受感染的概率仍为 0.2，故 25 只健康的鸡注射后仅一只感染的概率为

$$0.8^{25}+C_{25}^{1}0.2^{1}0.8^{24}=0.027\,4\,.$$

因为 $0.0274<0.1342$ 且都很小，因此可初步认为两种药都有效，疫苗 B 更有效.

（2）对于 9 只健康鸡，最可能有 1 或 2 只鸡感染.

对于 25 只健康鸡，最可能感染的只数为 $[(25+1)0.2]=[5.2]=5$.

本例主要运用了小概率事件原理，如果小概率事件发生，就认为原假设不成立，这也是假设检验的思想雏形.

例 2.2.2 设有 80 台同类型设备，各台工作是相互独立的，发生故障的概率为 0.01，且一台设备的故障能由一人处理. 考虑两种配备维修工人的方法：一是由 4 人维护，每人负责 20 台；二是由三人共同维护 80 台. 试比较这两种维修方案的优缺点.

解 按第一种方法，以 X 表示一人维护 20 台设备同一时刻发生故障的台数，则 $X\sim B(20,0.01)$，则

$$P(X\geqslant 2)=1-\sum_{k=0}^{1}P(X=k)=0.0169\,.$$

以 A_i 表示事件“第 i 人维护 20 台设备发生故障不能及时维修”，则 $P(A_i)=P(X\geqslant 2)$，则 80 台设备发生故障不能及时维修的概率为

$$P\left(\bigcup_{i=1}^{4}A_i\right)=\sum_{i=1}^{4}P(A_i)=4P(X\geqslant 2)=4\times 0.016\,9=0.067\,6\,.$$

按第二种方法，以 Y 表示 4 人维护 80 台设备同一时刻发生故障的台数，则 $Y\sim B(80,0.01)$，则 80 台设备发生故障不能及时维修的概率为

$$P(Y\geqslant 4)=1-\sum_{k=0}^{3}C_{80}^{k}0.01^{k}0.99^{80-k}=0.008\,7\,.$$

MATLAB 程序：

```
n=80; p=0.01; a=3; z=0;
for k=0:1:a
    b=nchoosek(n,k)*p^k*(1-p)^(n-k);
    z=z+b;
end
1 – z      %利用二项分布分布列直接计算
1 – binocdf(a,n,p)      %调用二项分布分布函数计算
```

我们发现，按第二种方法，在减少劳动力的情况下，工作效率得到了显著提高，即老板可以雇佣相同或更少的人，取得更好的效果.

这个例子说明，科学的概率分析常常有助于讨论实际生活中更为有效的调配人力、物力资源等问题. 因此读者在学习时，不仅仅要学会课本上的理论，更重要的是理论联系实际，解决实际问题.

2.2.2 泊松分布

定义 2.2.2 泊松分布 X 以全体自然数为一切可能值，分布律为

$$p_k = P(X=k) = \frac{\lambda^k e^{-\lambda}}{k!}, \quad k = 0,1,\cdots,$$

其中参数 $\lambda > 0$，记为 $X \sim P(\lambda)$.

泊松分布是法国数学家 Poisson 于 1837 年首次提出的，主要用来表示“稀少”事件发生的个数. 例如，一本书中印刷错字个数，地球表面某个固定区域捕捉到宇宙粒子的个数等都服从泊松分布.

思考：泊松分布的样本空间是什么，样本点是什么？

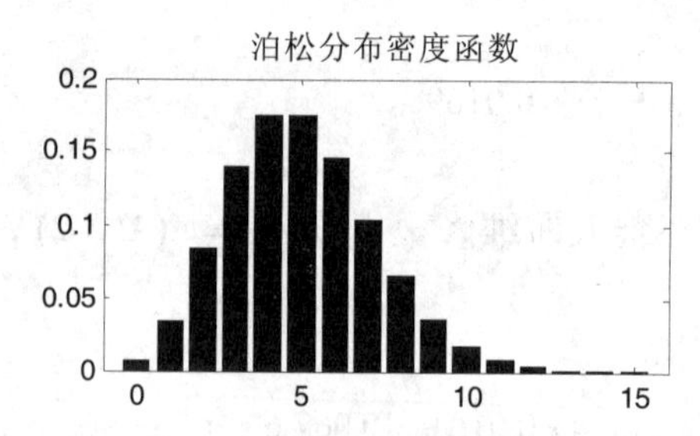

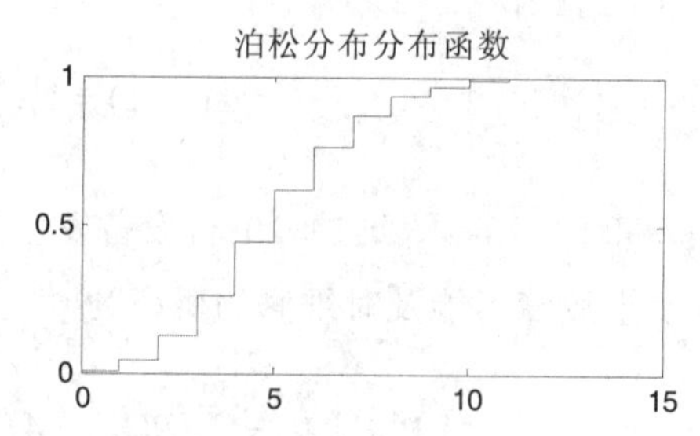

图 2.2.2 泊松分布 $P(5)$ 的概率密度函数和分布函数

实现程序：

```
x=0:1:15;
p=poisspdf(x,5);
cp=poisscdf(x,5);
subplot(1,2,1),bar(x,p),xlim([-1,16]),title('泊松分布密度函数')
subplot(1,2,2),stairs(x,cp),title('泊松分布分布函数')
```

若 $X \sim P(\lambda)$，记 $P(k;\lambda) = P(X=k)$，则

$$\frac{P(k;\lambda)}{P(k-1;\lambda)} = \frac{\lambda}{k},$$

可见（1）当 $k < \lambda$ 时，分布列 $P(k-1;\lambda) < P(k;\lambda)$；

（2）当 $k > \lambda$ 时，分布列 $P(k-1;\lambda) > P(k;\lambda)$；

（3）当 λ 为整数时，分布列 $P(k-1;\lambda) = P(k;\lambda)$.

故当 $k = [\lambda]$，分布列达到最大值，即泊松分布最可能出现的次数为 $[\lambda]$，但当 $\lambda = [\lambda]$ 时，即 λ 为整数，则有两个最可能出现的次数 $\lambda, \lambda-1$.

在 $B(n,p)$ 中，当 n 较大时，计算量是很大的，如果在 p 较小时使用以下的泊松定理近似计算可以大大减少计算量.

定理 2.2.1（泊松定理） 在 n 重伯努利试验中，记事件 A 在一次试验中发生的概率为 p_n（与试验次数 n 有关），如果当 $n\to\infty$ 时，有 $np_n\to\lambda$，则

$$\lim_{n\to\infty}\mathrm{C}_n^k p_n^k(1-p_n)^{n-k}=\frac{\lambda^k}{k!}\mathrm{e}^{-\lambda}.$$

证明* 记 $np_n=\lambda_n$，我们可得

$$\begin{aligned}\mathrm{C}_n^k p_n^k(1-p_n)^{n-k}&=\frac{n(n-1)\cdots(n-k+1)}{k!}\left(\frac{\lambda_n}{n}\right)^k\left(1-\frac{\lambda_n}{n}\right)^{n-k}\\&=\frac{\lambda_n^k}{k!}\left(1-\frac{1}{n}\right)\cdots\left(1-\frac{k-1}{n}\right)\left(1-\frac{\lambda_n}{n}\right)^{n-k}.\end{aligned}$$

对固定的 k，我们有

$$\lim_{n\to\infty}\lambda_n=\lambda,\quad \lim_{n\to\infty}\left(1-\frac{\lambda_n}{n}\right)^{n-k}=\mathrm{e}^{-\lambda},\quad \lim_{n\to\infty}\left(1-\frac{1}{n}\right)\cdots\left(1-\frac{k-1}{n}\right)=1,$$

故 $\lim\limits_{n\to\infty}\mathrm{C}_n^k p_n^k(1-p_n)^{n-k}=\dfrac{\lambda^k}{k!}\mathrm{e}^{-\lambda}$ 对任意的 $k=0,1,2,\cdots$ 成立.

由于泊松定理是在 $np_n\to\lambda$ 条件下获得的，故在计算二项分布 $B(n,p)$，当 n 很大，p 很小时，$B(n,p)$ 可用 $P(np)$ 来近似，即

$$\mathrm{C}_n^k p^k(1-p)^{n-k}\approx\frac{\lambda^k}{k!}\mathrm{e}^{-\lambda},\ k=0,1,2,\cdots.$$

一般地，当 $n\geqslant 20$，$p\leqslant 0.05$ 时，用 $\dfrac{\lambda^k}{k!}\mathrm{e}^{-\lambda}$ 来近似 $\mathrm{C}_n^k p^k(1-p)^{n-k}$ 的效果就很好.

例 2.2.3 有 10 000 名同年龄段且同社会阶层的人参加了某保险公司的一项人寿保险，假定投保人寿命分布同分布，且概率分布互不影响. 每个投保人在每年年初需缴纳 200 元保费，而在这一年内若投保人死亡，则受益人可从保险公司获得 100 000 元的赔偿费. 据生命分布表知这类人死亡的概率为 0.001. 试求保险公司在这项业务上：

（1）亏本的概率；

（2）至少获利 500 000 的概率.

解 设 10 000 投保人在这一年内的死亡人数为 X，则 $X\sim B(10000,0.001)$. 保险公司在这项业务上一年的总收入为 $200\times10000=2000000$（元）. 因为 $n=10000$ 很大，$p=0.001$，所以用 $\lambda=np=10$ 的泊松分布进行近似计算.

（1）保险公司在这项业务上亏本等价于 $\{X>20\}$，故

$$P(X>20)=1-P(X\leqslant 20)=1-\sum_{i=0}^{20}\mathrm{C}_{10000}^i 0.001^i 0.999^{10000-i}$$

$$=1-\sum_{i=0}^{20}\frac{10^i}{i!}\mathrm{e}^{-10}=1-0.998=0.002.$$

1 – binocdf(20,10000,0.001)=0.0016，

1 – poisscdf(20,10)=0.0016.

（2）至少获利 500 000 等价于 $\{X\leqslant 15\}$，所以

$$P(X\leqslant 15)\approx\sum_{i=0}^{15}\frac{10^i}{i!}\mathrm{e}^{-10}=0.951.$$

由此可见，保险公司在这项业务上至少获利 500 000 元的可能性很大.

事实上，我们可以求出精确解 $1-\sum_{i=0}^{20}\mathrm{C}_{10000}^{i}0.001^{i}0.999^{10000-i}$，但计算量太大且很难算出，即使采用计算机也有计算误差，但可以通过泊松求出近似解，它的精确度完全可以满足决策的需求. 记住，我们只需要适合我们的，而不是不惜成本地追求最佳效果，决策其实就是在理想和成本之间找到一个折中.

例 2.2.4 某商店出售某种商品，由历史记录分析表明，月销售量（件）$X\sim P(8)$，问在月初进货时，需多少库存，才能有 90%的把握可以满足顾客的需求？

解 满足要求的最小库存是使式 $P(X\leqslant n)\geqslant 0.90$ 成立的最小正整数 n. 这类不等式直接求解是很困难的，我们只能查表或借助计算机软件.

因为 poissinv(0.9,8)=12，但泊松分布是离散随机变量，故 12 最可能满足要求，又因为 poisscdf(12,8)=0.9362，poisscdf(11,8)=0.8881，即

$$P(X\leqslant 12)=0.936\,2\geqslant 0.90,\quad P(X\leqslant 11)=0.888\,1<0.90.$$

所以月初进货 12 件时，有 93.62%的把握满足顾客的要求.

2.2.3 几何分布

定义 2.2.3* 在 Bernoulli 试验序列中，每次试验事件 A 成功的概率为 p，如果 X 为恰好出现 r 次成功所需试验次数，则 X 的所有可能取值为 $r,r+1,r+2,\cdots$，其分布律为

$$p_k=P(X=k)=\mathrm{C}_{k-1}^{r-1}p^r(1-p)^{k-r},\ k=r,r+1,\cdots,\ 0<p<1,$$

则称 X 服从参数为 (r,p) 的**负二项分布**，也称为**巴斯卡分布**，记为 $NB(r,p)$.

当 $r=1$ 时，负二项分布为**几何分布**，记为 $X\sim Ge(p)$，其分布列为

$$p_k=P(X=k)=p(1-p)^{k-1},\ k=1,2,\cdots,0<p<1.$$

实际中有不少变量服从几何分布，例如，某家庭首次生出女孩所需的试验次数；某产品不合格率为 0.05，则首次查到不合格品的检查次数 $X\sim Ge(0.05)$.

定理 2.2.2（**几何分布的无记忆性**）设 $X \sim Ge(p)$，则对任意正整数 m,n 有

$$P(X > m+n \mid X > m) = P(X > n).$$

证明 因为

$$P(X > n) = \sum_{k=n+1}^{+\infty} (1-p)^{k-1} p = (1-p)^n,$$

所以对任意正整数 m,n 有

$$P(X > m+n \mid X > m) = \frac{P(X > m+n, X > m)}{P(X > m)} = \frac{(1-p)^{m+n}}{(1-p)^m} = (1-p)^n = P(X > n).$$

这就证明了

$$P(X > m+n \mid X > m) = P(X > n).$$

可见，在前 m 次试验中 A 没出现的条件下，则在接下去的 n 次试验中，A 仍未出现的概率只与 n 有关，而与以前的 m 次试验无关，似乎忘记了前 m 次试验结果，这就是无记忆性. 几何分布是离散随机变量中唯一一个没有记忆的分布，具有无记忆性的根本原因在于每次试验中事件 A 发生的概率 p 不随试验次数而改变.

例 2.2.5 设有某求职人员，在求职过程中每次求职成功的概率为 0.4，试问该人员要求职多少次，才能有 0.95 的把握获得一次就业机会?

解 设 X 表示该人员首次成功所需要的求职次数，则 $X \sim Ge(0.4)$. 设所需求职为 n 次，才有 0.95 的把握获得一次就业机会，则

$$P(X \leqslant n) > 0.95.$$

因为 geoinv(0.95,0.4)=5，所以 5 最可能满足要求，又因为 geocdf(5,0.4)=0.9533，geocdf(4,0.4)=0.9222，即

$$P(X \leqslant 5) = 0.9533 \geqslant 0.95, \quad P(X \leqslant 4) = 0.9222 < 0.95$$

所以该人员要求职 5 次，才能有 0.95 的把握获得一次就业机会.

2.2.4 超几何分布

从一个有限总体中进行不放回抽样常会遇到超几何分布.

定义 2.2.4 设有 N 个产品，其中有 M 个不合格品，若从中不放回地随机抽取 n 个，则其中含有不合格品的个数 X 服从参数为 $N, M, n \leqslant N$ 的**超几何分布**，记为 $X \sim h(n, N, M)$，分布列为

$$p_k = P(X = k) = \frac{\mathrm{C}_M^k \mathrm{C}_{N-M}^{n-k}}{\mathrm{C}_N^n}, \quad k = 1, 2, \cdots, r,$$

其中 $r = \min\{M, n\}$，$M \leqslant N, n \leqslant N$，$n, N, M$ 均为正整数.

当 $n \ll N$，即抽样的个数 n 远远小于总数 N，每次抽取后，总体中不合格率 $p=\dfrac{M}{N}$ 改变很小，所以不放回抽样可近似看作放回抽样，即可认为抽样是独立试验，这时超几何分布可用二项分布近似

$$\frac{C_M^k C_{N-M}^{n-k}}{C_N^n} \approx C_n^k p^k (1-p)^{n-k}，其中\ p=\frac{M}{N}，$$

但 N 不是很大时，这两种分布就有明显差别.

例 2.2.6　假设一批产品共有 100 件，其中 10 件是不合格品. 根据验收规则，从中任取 5 件产品进行质量检验，假如 5 件中无不合格品，则这批产品接收，否则就要重新对这批产品逐个检验.

（1）求出 5 件中不合格品数 X 的分布列；

（2）需要对这批产品进行逐个检验的概率是多少？

解（1）X 的分布列为

$$P(X=k)=\frac{C_{10}^k C_{90}^{5-k}}{C_{100}^5},\quad k=0,1,2,3,4,5.$$

（2）“需要对这批产品进行逐个检验”意味着“$X \geqslant 1$”，因此所求概率为

$$P(X \geqslant 1)=1-P(X=0)=1-\frac{C_{90}^5}{C_{100}^5}=0.416\,2.$$

例 2.2.7*　假定有 10 只股票，其中有 3 只购买后可以获利，另外 7 只购买后将会亏损. 如果你打算从 10 只股票中选择 4 只购买，但你并不知道哪 3 只是获利的，哪 7 只是亏损的. 试求：

（1）所有 3 只能获利的股票都被你选中的概率是多大？

（2）3 只可获利的股票中有 2 只被你选中的概率是多大？

解　本例中，总体元素个数 $N=10$，其中不合格品（获利股票）的次数 $M=3$，样本量 $n=4$. 设 X 为选中 4 只股票中获利股票的只数，则 $X \sim h(4,10,3)$.

（1）$P(X=3)=\dfrac{C_3^3 C_{10-3}^{4-3}}{C_{10}^4}=\dfrac{1\times 7}{210}=\dfrac{1}{30}$，

hygepdf(3,10,3,4)=0.0333.

（2）$P(X \geqslant 2)=P(X=2)+P(X=3)=\dfrac{1}{30}+\dfrac{3}{10}=\dfrac{1}{3}$,

1 – hygecdf(1,10,3,4)= 0.3333.

超几何分布是一种常用的离散分布，它在抽样理论中占有重要地位. 由于社会调查是不放回抽样，所以超几何分布在社会统计学中很有用.

2.3 常见连续型随机变量

2.3.1 正态分布

高斯在 1809 年研究误差理论时首先用正态分布刻画误差的分布. 其实棣莫弗早在 1733 年左右就由二项分布的逼近推导出正态分布密度函数的表达式，不幸的是棣莫弗的工作被人遗忘，加之高斯的工作对后世影响极大，所以正态分布也称为高斯分布.

定义 2.3.1 若随机变量 X 的密度函数为

$$f(x)=\frac{1}{\sqrt{2\pi}\sigma}\exp\left\{-\frac{(x-\mu)^2}{2\sigma^2}\right\},x\in\mathbf{R},$$

则称 X 服从正态分布，记作 $X\sim N(\mu,\sigma^2)$，其中参数 $\mu\in\mathbf{R}$，$\sigma>0$.

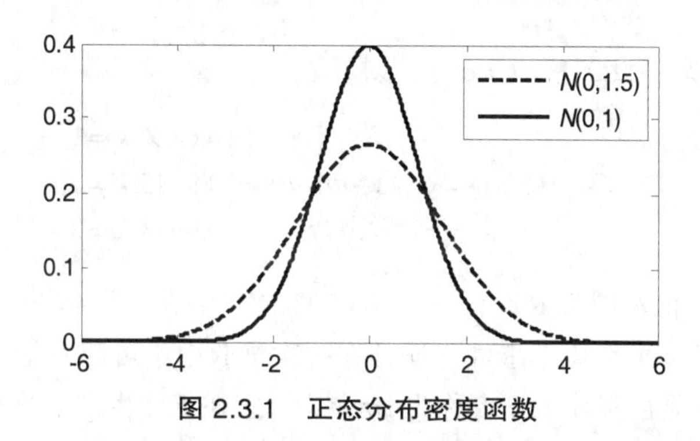

图 2.3.1 正态分布密度函数

实现程序：

```
x= - 6:0.01:6;
y1=normpdf(x,0,1.5);
y2=normpdf(x,0,1);
plot(x,y1,'--k','LineWidth',1.5);
hold on
plot(x,y2,'--k', 'LineWidth',1.5);
hold off
legend('{\itN}(0,1.5)','{\itN}(0,1)')
```

称 $\mu=0,\ \sigma=1$ 时的正态分布 $N(0,1)$ 为标准正态分布，通常记为 U，密度函数记为 $\varphi(u)$，分布函数记为 $\Phi(u)$，即

$$\varphi(u)=\frac{1}{\sqrt{2\pi}}\exp\left\{-\frac{u^2}{2}\right\},u\in\mathbf{R}.$$

由于 $N(0,1)$ 的分布函数不含任何未知参数，故 $\Phi(u)=P(U\leqslant u)$ 完全可以算出，

（1）$\Phi(-u)=1-\Phi(u)$，$P(U>u)=1-\Phi(u)$；

（2）$P(a<U<b)=\Phi(b)-\Phi(a)$，$P(|U|<c)=2\Phi(c)-1$.

由于正态分布密度函数的原函数很难表达，为应用方便，编制了标准正态分布函数 $\Phi(u)$ 的函数值表，一般正态分布 $N(\mu,\sigma^2)$ 可通过变量替换化为 $N(0,1)$.

定理 2.3.1 若 $X\sim N(\mu,\sigma^2)$，则 $U=\dfrac{X-\mu}{\sigma}\sim N(0,1)$，称为**正态分布的标准化**.

证明 设 X 和 U 的分布函数分别为 $F_X(x)$ 和 $F_U(u)$，则由分布函数定义可知

$$F_U(u)=P(U\leqslant u)=P\left(\frac{X-\mu}{\sigma}\leqslant u\right)=P(X\leqslant \mu+\sigma u)=F_X(\mu+\sigma u).$$

由于正态分布函数是严格单调递增的且处处可导，因此 U 的密度函数为

$$f_U(u)=\frac{\mathrm{d}}{\mathrm{d}u}F_X(\mu+\sigma u)=f_X(\mu+\sigma u)\sigma=\frac{1}{\sqrt{2\pi}}\exp\left\{-\frac{u^2}{2}\right\}.$$

故结论成立.

正态分布的 3σ 原则：设 $X\sim N(\mu,\sigma^2)$，则

$$P(|X-\mu|<k\sigma)=\Phi(k)-\Phi(-k)=\begin{cases}0.6826, k=1\\0.9545, k=2\\0.9973, k=3\end{cases}.$$

尽管正态分布的取值范围为 $\mathbf{R}$，但它的 99.73%的值落在 $(\mu-3\sigma,\mu+3\sigma)$ 内，仅有 0.27%的值落在其外面. 这是一个小概率事件，通常在一次试验中不可能发生，一旦发生就认为质量发生了异常. 这个性质被实际工作者称为 3σ 原则，它在工业生产上具有重要应用，统计质量管理上的控制图和一些产品的质量指数都是根据 3σ 原则制定的.

在 20 世纪中叶之前，人们一直沿用休哈特博士的经济控制理论，以 3σ 法则控制产品质量. 当时认为以 $\pm 3\sigma$ 的控制界限来控制产品质量是最经济、最合理的控制手段，其对生产设备的精度要求并不苛刻，能为降低生产成本提供方便. 实施"$\pm 3\sigma$"质量控制，当生产过程处于稳定状态时，产品过程质量的合格率为 99.73%，即出现不合格的概率仅在千分之三左右，这在当时是一个很高的质量水平. 但随着社会生产力的发展，科技的进步，管理水平的提高，这一质量控制在现在许多情况下还是不够的.

当今风靡全球的 6σ 质量管理标准也是在正态分布原理基础上建立的. 当上、下公差不变时，6σ 标准就意味着产品的合格率达到 99.9999998%，即

$$P(|X-\mu|<6\sigma)=\Phi(6)-\Phi(-6)=0.999\,999\,998,$$

其特性值落在 $(\mu-6\sigma,\mu+6\sigma)$ 外的概率仅为十亿分之二.

由于种种随机因素的影响，任何流程在实际运行中都会偏离目标值或期望值的情况，通常将这种偏移称为**漂移**. 通常考虑 1.5σ 漂移时，6σ 质量水准下的不合格率仅为百万分之 3.4，即在某生产流程或服务系统中有 100 万个出现缺陷的机会，而 6σ 质量水准下出现的缺陷不到 4 个.

例 2.3.1 某单位招聘 155 人，标准是综合考试成绩从高分到低分依次录取. 现有 526 人

报名应聘，假定考试成绩 $X \sim N(\mu,\sigma^2)$，已知 90 分以上 12 人，60 分以下 83 人，某应试者成绩为 78 分，问此人能否被录取？

解 由两个已知条件可确定出未知参数 μ,σ.

$$P(X \leqslant 90) = 1 - P(X > 90) = 1 - \frac{12}{526} = 0.9772, \quad P\left(\frac{X-\mu}{\sigma} \leqslant \frac{90-\mu}{\sigma}\right) = 0.9772,$$

$$P(X \leqslant 60) = \frac{83}{526} \approx 0.1588, \quad P\left(\frac{X-\mu}{\sigma} \leqslant \frac{60-\mu}{\sigma}\right) = 0.158\,8.$$

由标准正态分布表查表或运用 MATLAB 得

normінv(0.9772,0,1)=1.9991，norminv(0.1588,0,1)=－0.9994.

所以

$$\frac{90-\mu}{\sigma} = 2.0, \quad \frac{60-\mu}{\sigma} = -1.0,$$

解得 $\sigma = 10, \mu = 70$.

某人成绩 78 分，能否被录用，主要考察录用率 $\frac{155}{526} = 0.2947$，这样可从两个角度分析此事：

（1）如果 $P(X > 78) < 0.2947$，则该人录取.

$$P(X > 78) = 1 - P(X \leqslant 78) = 1 - P\left(\frac{X-70}{10} \leqslant 0.8\right)$$
$$= 1 - \Phi(0.8) = 0.2119 < 0.2947.$$

1－normcdf(78,70,10)=0.2119.

所以该人可被录取.

（2）如果 $P(X > x) = 0.2947$，算出录用分数下限，从而明确此人能否被录取.

$$P(X > x) = 1 - P(X \leqslant x) = 1 - P\left(\frac{X-70}{10} \leqslant \frac{x-70}{10}\right) = 1 - \Phi\left(\frac{x-70}{10}\right) = 0.2947.$$

$$\frac{x-70}{10} \approx 0.54,$$

则 $x = 75$. 所以故录取下限为 75 分，而该人得分为 78 分，所以该人可被录取.

在自然现象和社会现象中，大量随机变量都服从或近似服从正态分布，例如，一个地区成年男子的身高、测量某零件长度的误差、海洋波浪的高度等都服从正态分布. 在概率统计中，正态分布起着特别重要的作用. 在后面的中心极限定理中，我们会进一步说明正态分布的重要性.

2.3.2 均匀分布

定义 2.3.2 若随机变量 X 的密度函数为

$$f(x)=\begin{cases}\dfrac{1}{b-a}, & a<x<b\\ 0, & 其他\end{cases},$$

则称 X 服从区间 (a,b) 上的**均匀分布**，记作 $X\sim U(a,b)$.

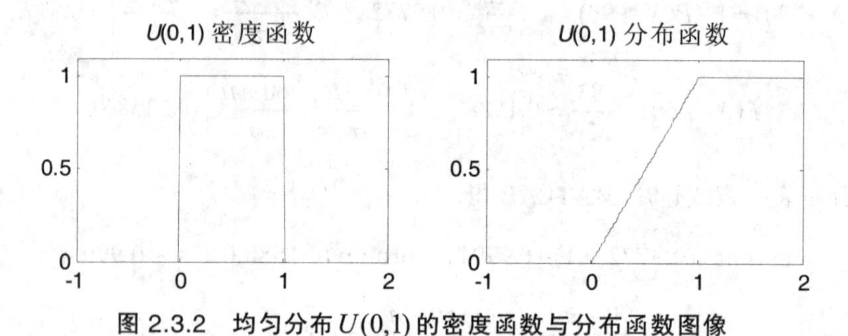

图 2.3.2 均匀分布 $U(0,1)$ 的密度函数与分布函数图像

实现程序:

```
x=[-1:0.01:2];
a=0;
b=1;
y1=unifpdf(x,a,b);
y2=unifcdf(x,a,b);
subplot(1,2,1),plot(x,y1);
axis([ - 1,2,0,1.1]);
title('{\itU}(0,1) 密度函数')
subplot(1,2,2),plot(x,y2);
axis([ - 1,2,0,1.1]);
title('{\itU}(0,1) 分布函数')
```

均匀分布的背景可视为随机点 X 落在区间 (a,b) 上的位置. 定点计算中的舍入误差，可作为最常见的均匀分布随机变量的例子. 假如在运算中，数据都只保留到小数点后第五位，而紧随其后的这位数字按四舍五入处理. 如以 x 表示真值，$\hat{x}$ 表示经过四舍五入处理后的值，则误差 $\varepsilon=x-\hat{x}$ 一般可假定是 $[-0.5\times10^{-5},0.5\times10^{-5}]$ 上均匀分布的随机变量. 有了这个假定，就可对经过大量运算后的数据进行误差分析，这种误差分析在数字计算解题时是常要用到的. 均匀分布在随机模拟中也具有重要应用，常被用来对各种分布进行数值仿真，这在日后的学习中会慢慢体会.

例 2.3.2 设随机变量 $X\sim U(0,10)$，现对 X 进行 4 次独立观察，试求至少 3 次观测值大于 5 的概率.

解 设随机变量 Y 是 4 次独立观察中取值大于 5 的次数，则 $Y\sim B(4,p)$，其中

$$p=P(X>5)=\int_5^{10}\frac{1}{10}\mathrm{d}x=0.5，\ 1-\mathrm{unifcdf}(5,0,10)=0.5.$$

于是

$$P(Y \ge 3) = \sum_{i=3}^{4} C_4^i p^i (1-p)^i = \frac{5}{16}，\ 1 - \text{binocdf}(2,4,0.5)=0.3125.$$

例 2.3.3　设随机变量 $X \sim U(0,5)$，求一元二次方程

$$4t^2 + 4Xt + X + 2 = 0，$$

（1）有两个不同的实根的概率 p；（2）有重根的概率 q.

解　因为 $X \sim U(0,5)$，一元二次方程的判别式为

$$\Delta = 16X^2 - 16X - 32 = 16(X-2)(X+1).$$

（1）方程有不同实根的充要条件是 $\Delta > 0$，即 $X > 2$，所以

$$p = P(X > 2) = \int_2^5 \frac{1}{5} \mathrm{d}x = \frac{3}{5}.$$

（2）方程有重根的充要条件是 $\Delta = 0$，即 $X = 2$，所以

$$q = P(X = 2) = 0.$$

练习：设 $X \sim U(0,1)$，则 $1 - X \sim U(0,1)$，这在随机模拟中是非常有用的.

2.3.3　指数分布

定义 2.3.3　若随机变量 X 的密度函数

$$f(x) = \begin{cases} \lambda \mathrm{e}^{-\lambda x}, & x \geqslant 0 \\ 0, & x < 0 \end{cases},$$

则称 X 服从指数分布，记作 $X \sim \mathrm{Exp}(\lambda)$，其中参数 $\lambda > 0$.

显然，指数分布的分布函数 $F(x) = \begin{cases} 1 - \mathrm{e}^{-\lambda x}, & x \geqslant 0 \\ 0, & x < 0 \end{cases}$.

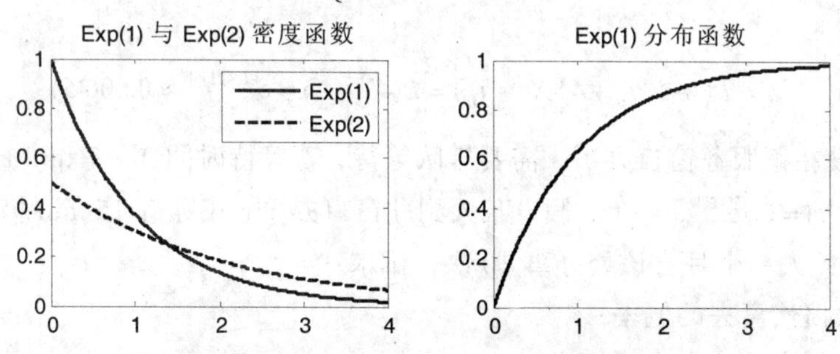

图 2.3.3　指数分布密度函数与分布函数图像

实现程序：

```
x=0:0.01:4;
lambda1=1;
```

```
lambda2=2;
y1=exppdf(x,lambda1);
y2=exppdf(x,lambda2);
F=expcdf(x,lambda1);
subplot(1,2,1);
plot(x,y1,x,y2,'--k','LineWidth',1.5);
legend('Exp(1)','Exp(2)') ;
title('Exp(1) 与 Exp(2) 密度函数')
subplot(1,2,2);
plot(x,F,'k','LineWidth',1.5);
title('Exp(1) 分布函数')
```

定理 2.3.1（指数分布的无记忆性）　如果 $X \sim \text{Exp}(\lambda)$，则对任意 $s,t>0$，有

$$P(X>s+t \mid X>s)=P(X>t).$$

证明　因为 $X \sim \text{Exp}(\lambda)$，所以

$$P(X>s)=\mathrm{e}^{-\lambda s}.$$

由条件概率的定义可知对任意 $s,t>0$，有

$$P(X>s+t \mid X>s)=\frac{P(X>s+t, X>s)}{P(X>s)}=\frac{P(X>s+t)}{P(X>s)}=\frac{\mathrm{e}^{-\lambda(s+t)}}{\mathrm{e}^{-\lambda s}}=\mathrm{e}^{-\lambda t}=P(X>t).$$

进一步可以证明：指数分布是连续随机变量唯一一个无记忆的随机变量.

因为指数分布只能取非负值且具有无记忆性，常用来表示在连续使用过程中没有明显消耗产品的寿命，比如电阻、电容、保险丝等，它在可靠性理论与排队论中有着广泛的应用.

例 2.3.4　假设钻头的有效使用时间（单位：年）服从参数为 0.125 的指数分布. 现在某人买了一个旧钻头，试求钻头还能使用 4 年以上的概率 a.

解　设钻头使用年限为 X，已知 $X \sim \text{Exp}(0.125)$. 假设钻头已经使用了 T_0 年，由指数分布的无后效性可得

$$a=P(X \geqslant T_0+4 \mid X \geqslant T_0)=P(X \geqslant 4)=\mathrm{e}^{-0.125\times 4} \approx 0.6065.$$

例 2.3.5　设在某服务窗口办事，需要排队等待，若等待时间 $X \sim \text{Exp}(0.1)$（单位：min），其密度函数为 $f(t)=0.1\mathrm{e}^{-0.1t}$，$t>0$. 假设某人到此窗口办事，在等待 15 min 仍未得到服务，他就愤然离去. 若此人一个月去该处办事 10 次，试求：

（1）有两次愤然离去的概率；

（2）最多有两次愤然离去的概率.

解　他在任一次排队等待服务时，愤然离去的概率

$$p=P(X>15)=\int_{15}^{\infty} 0.1\mathrm{e}^{-0.1t}\mathrm{d}t=-\mathrm{e}^{-0.1t}\Big|_{15}^{\infty}=\mathrm{e}^{-1.5} \approx 0.2231,$$

$$1-\text{expcdf}(15,10)=0.2231.$$

故在 10 次排队中愤然离去的次数 $Y\sim B(10,p)$，于是所求概率分别为：

（1）$P(Y=2)=\mathrm{C}_{10}^{2}p^{2}(1-p)^{8}\approx 0.2973$，

binopdf(2,10,0.2231)=0.2973.

（2）$P(Y\leqslant 2)=\sum\limits_{i=0}^{2}\mathrm{C}_{10}^{i}p^{i}(1-p)^{10-i}\approx 0.6074$，

binocdf(2,10,0.2231)=0.6074.

小 结

直接利用随机变量描述随机现象是概率统计的一个重要手段，最主要的是掌握它的统计规律，例如分布函数，分布列，密度函数. 本章给出了日常生活中常见的概率分布，其中负二项分布作为了解，但它的特例几何分布要求掌握. 在计算随机变量函数的分布时，我们并不需要太多的定理，只需熟练利用分布函数、密度函数的定义以及隐函数求导即可.

本章重点是分布函数（含分布列，密度函数）的概念和计算，常见分布和随机变量函数的分布，它们也是研究生入学考试的重点，具体考试要求是：

（1）理解随机变量与分布函数的概念和性质，会计算与随机变量相联系的事件的概率.

（2）理解离散型随机变量及其概率分布的概念，掌握 0-1 分布、二项分布、几何分布、超几何分布、泊松分布及其应用.

（3）了解泊松定理的结论和应用条件，会用泊松分布近似表示二项分布.

（4）理解连续型随机变量及其概率密度的概念，掌握均匀分布、正态分布、指数分布及其应用.

（5）会求一维随机变量函数的分布.

人物简介

1. 泊松 (1781—1840)

法国数学家，1781 年 6 月生于法国皮蒂维耶，1840 年 4 月卒于法国索镇. 1798 年入巴黎综合工科学校深造，其数学才能受到拉格朗日和拉普拉斯的注意，毕业时因毕业论文优秀而被指定为讲师，1806 年任该校教授. 1809 年任巴黎理学院力学教授，1812 年当选为巴黎科学院院士. 泊松的科学生涯开始于微分方程研究及其在摆的运动和声学理论中的应用. 他工作的特色是应用数学方法研究各类力学和物理问题，并由此得到数学上的发现. 他还是 19 世纪概率统计领域里的卓越人物. 他改进了概率论的运用方法，特别是用于统计方面的方法，建立了描述随机现象的一种概率分布——泊松分布. 他推广了“大数定律”，并导出了在概率论与数理方程中有重要应用的泊松积分.

作为数学教师，泊松不是一般的成功，就如他早年成功担任理工学院的讲员时所预示的那样. 作为科学工作者，他的成就罕有匹敌，一生共发表 300 多篇论著，最著名的著作有《力学教程》（二卷）和《判断的概率研究》，其中有些是完整的论述，很多是处理纯数学、应用数学、数学物理、和理论力学的最艰深的问题的备忘录. 有句通常归于他名下的话：“人生只有两样美好的事情：发现数学和教数学.”

点评：泊松，概率论中经常听说的名词，例如，泊松分布，泊松过程，所以学习概率的人肯定对泊松不陌生. 因为我熟悉，所以我重视.

2. 棣莫弗(1667—1754)

棣莫弗是分析三角和概率论的先驱，1667 年 5 月生于法国维特里：勒弗朗索瓦，1754 年 11 月卒于伦敦. 原来是法国加尔文派教徒，在新旧教斗争中被投入监狱，获释后于 1685 年移居伦敦，抵达伦敦后，棣莫弗立刻发现了许多优秀的科学著作，于是如饥似渴地学习. 一个偶然的机会，他读到牛顿刚刚出版的《自然哲学的数学原理》，深深地被这部著作吸引了. 后来，他曾回忆起自己是如何学习牛顿的这部巨著的：他靠做家庭教师糊口，必须给许多家庭的孩子上课，因此时间很紧，于是就将这部巨著拆开，当他教完一家的孩子后去另一家的路上，赶紧阅读几页，不久便把这部书学完了. 这样，棣莫弗很快就有了充实的学术基础，并开始进行学术研究.

1692 年，棣莫弗拜会了英国皇家学会秘书哈雷，哈雷将棣莫弗的第一篇数学论文“论牛顿的流数原理”在英国皇家学会上宣读，引起了学术界的注意. 1697 年，由于哈雷的努力，棣莫弗当选为英国皇家学会会员. 1718 年出版《机遇论》，这是概率论早期专著之一. 在这部著作中，他首次定义了独立事件的乘法定理，给出了二项分布的公式，并讨论了许多投掷骰子和其他赌博问题，对概率论的发展做出了重大推进. 书中提出了概率乘法法则，以及“正态分布”“正态分布律”等概念，得到了棣莫弗-拉普拉斯极限定理的特例. 另外，他于 1730 年出版了概率著作《分析杂录》，此书最早使用了概率积分. 他还于 1725 年出版专门著作，把概率论应用于保险事业上.

棣莫弗终生未婚. 尽管他在学术研究方面颇有成就，但却贫困潦倒. 自到英国伦敦直至晚年，他一直做数学方面的家庭教师. 他不时撰写文章，还参与研究确定保险年金的实际问题，但获得的收入却极其微薄，只能勉强糊口. 他经常抱怨说，周而复始地从一家到另一家给孩子们讲课，单调乏味地奔波于雇主之间，纯粹是浪费时间. 为此，他曾做了许多努力，试图改变自己的处境，但无济于事. 棣莫弗在 87 岁时患上了嗜眠症，每天睡觉长达 20 小时，当达到 24 小时长睡不起时，他便在贫寒中离开了人世.

点评：棣莫弗对正态分布（高斯分布）做出了那么大的贡献，但因为高斯太出名，以至于埋没了他的存在. 棣莫弗是悲哀的，终身贫困潦倒，虽然自己做了许多努力，试图改变自己的处境，可无济于事，这不正是很多人的真实写照么，虽然他们很努力，却一无所有！但棣莫弗也是幸运的，学术颇有建树，名垂青史！

努力，才可能成功，不努力，一定不会成功！

习题 2

1. 选择题.

（1）设随机变量 X 的分布函数为 $F(x)$，密度函数 $f(-x)=f(x)$，有 $F(-a)=$（　　）.

（A）$F(a)$　　（B）$0.5-F(a)$　　（C）$2F(a)-1$　　（D）$1-F(a)$

（2）（2010 数 1,3）设随机变量 X 的分布函数 $F(x)=\begin{cases}0, & x<0\\ 0.5, & 0\leqslant x<1\\ 1-\mathrm{e}^{-x}, & x\geqslant 1\end{cases}$，则 $P\{X=1\}=$（　　）.

（A）0　　（B）0.5　　（C）$0.5-\mathrm{e}^{-1}$　　（D）$1-\mathrm{e}^{-1}$

（3）（2011 数 1，3）设 $F_1(x),F_2(x)$ 是两个分布函数，其对应的概率密度 $f_1(x),f_2(x)$ 是连续函数，则必为概率密度的是（　　）

（A）$f_1(x)f_2(x)$　　（B）$2f_2(x)F_1(x)$

（C）$f_1(x)F_2(x)$　　（D）$f_1(x)F_2(x)+f_2(x)F_1(x)$

（4）（2010 数 1,3）设 $f_1(x)$ 是标准正态分布的概率密度，$f_2(x)$ 为 $[-1,3]$ 上的均匀分布的概率密度，若 $f(x)=\begin{cases}af_1(x), x\leqslant 0\\ bf_2(x), x>0\end{cases}$，$a>0,b>0$ 为概率密度，则 a,b 应满足（　　）.

（A）$2a+3b=4$　　（B）$3a+2b=4$

（C）$a+b=1$　　（D）$a+b=2$

（5）（2013 数 1,3）设 X_1,X_2,X_3 为随机变量，且 $X_1\sim N(0,1)$，$X_2\sim N(0,2^2)$，$X_3\sim N(5,3^2)$，$p_i=P\{-2\leqslant X_i\leqslant 2\}, i=1,2,3$，则（　　）.

（A）$p_1>p_2>p_3$　　（B）$p_2>p_1>p_3$

（C）$p_3>p_1>p_2$　　（D）$p_1>p_3>p_2$

（6）（2006 数 1,3）设随机变量 X 服从正态分布 $N(\mu_1,\sigma_1^2)$，Y 服从正态分布 $N(\mu_2,\sigma_2^2)$，且 $P\{|X-\mu_1|<1\}>P\{|Y-\mu_2|<1\}$，则（　　）.

（A）$\sigma_1<\sigma_2$　　（B）$\sigma_1>\sigma_2$　　（C）$\mu_1<\mu_2$　　（D）$\mu_1>\mu_2$

（7）（2004 数 1,3）设随机变量 X 服从正态分布 $N(0,1)$，对于给定的 α，$0<\alpha<1$，数 u_α 满足且 $P\{X>u_\alpha\}=\alpha$，若 $P\{|X|<x\}=\alpha$，则 x 等于（　　）.

（A）$u_{\frac{\alpha}{2}}$　　（B）$u_{1-\frac{\alpha}{2}}$　　（C）$u_{\frac{1-\alpha}{2}}$　　（D）$u_{1-\alpha}$

（8）设随机变量 $X\sim N(\mu,\sigma^2)$，则随 σ 增大，$P(|X-\mu|<\sigma)$（　　）.

（A）单调增大　　（B）单调减小　　（C）保持不变　　（D）增减不定

（9）设随机变量 X 的分布函数为 $F(x)$，则 $Y=3X+1$ 的分布函数为（　　）.

（A）$\frac{1}{3}F(y)-\frac{1}{3}$　　（B）$F(3y+1)$　　（C）$3F(y)+1$　　（D）$F\left(\frac{1}{3}y-\frac{1}{3}\right)$

（10）设随机变量 X 服从参数为 $\lambda=3$ 的指数分布，则 $Y=1-\mathrm{e}^{-3X}$ 服从(　　).

（A）$U(0,1)$　　（B）指数分布　　（C）$P(3)$　　（D）正态分布

2. 填空题.

（1）掷 99 次均匀硬币，正面最可能出现的次数为________.

（2）若 $X \sim P(9.9)$，则 X 最可能发生的次数为________.

（3）（2013 数 1）设随机变量 Y 服从参数为 1 的指数分布，a 为常数且大于 0，则 $P\{Y \leqslant a+1 \mid Y > a\} =$________.

（4）设 X 服从泊松分布，且已知 $P(X=1)=P(X=2)$，则 $P(X=4)=$________.

（5）在 $(0,1)$ 上任取一点 X，则概率 $P\left(X^2-\dfrac{3}{4}X+\dfrac{1}{8} \geqslant 0\right)=$________.

（6）设随机变量 X 的密度函数 $f(x)=\dfrac{a}{\pi(1+x^2)}$，则 $a=$________.

（7）设随机变量 X 的密度函数 $f(x)=\dfrac{1}{2}\mathrm{e}^{-|x|},\ x \in \mathbf{R}$，则分布函数 $F(x)=$________.

（8）设随机变量 X 的分布函数 $F(x)=\begin{cases}0, & x<0 \\ x^3, & 0 \leqslant x<1 \\ 1, & x \geqslant 1\end{cases}$，则概率密度 $f(x)=$________.

3. 考虑为期一年的一张保险单，若投保人在投保后一年内因意外死亡，则公司赔付 20 万元，若投保人因其他原因死亡，则公司赔付 5 万元，若投保人在投保期末生存，则保险公司无需支付任何费用. 若投保人在一年内意外死亡的概率为 0.000 2，因其他原因死亡的概率为 0.001，求公司的赔付额的分布律.

4. 将一颗骰子抛两次，以 X 表示两次中得到的小的点数，试求 X 的分布律.

5. 设在 15 只同类型的零件中有 2 只是次品，在其中任取 3 次，每次任取 1 只，作不放回抽样，以 X 表示取出次品的只数，求 X 的分布律.

6. 某人家中在时间 t 小时内接到电话的次数 X 服从参数 $2t$ 的泊松分布.

（1）若他外出计划用 10 分钟，问在此期间电话铃响一次的概率是多少？

（2）若他希望外出时没有电话的概率至少为 0.5，问他外出应控制最长时间是多少？

7. 在区间 $[0,a]$ 中任意抛掷一点，以 X 表示这个点的坐标，设这点落在 $[0,a]$ 中任意小区间内的概率与这个小区间的长度成正比，试求 X 的分布函数.

8. 设随机变量 X 的密度函数为

$$f(x)=\begin{cases}A\cos x, & |x| \leqslant \pi/2 \\ 0, & |x|>\pi/2\end{cases},$$

试求（1）系数 A；（2）X 落在区间 $(0,\pi/4)$ 的概率；（3）X 的分布函数.

9. 设随机变量 X 具有概率密度

$$f(x)=\begin{cases}K\mathrm{e}^{-3x}, & x>0 \\ 0, & x \leqslant 0\end{cases},$$

（1）试确定常数 K；（2）求 $P(X>0.1)$；（3）求 $F(x)$.

10. 设连续随机变量 X 的分布函数为

$$F(x)=\begin{cases}0, & x<0\\ Ax^2, & 0\leqslant x<1\\ 1, & x\geqslant 1\end{cases},$$

试求（1）系数 A；（2）X 落在区间 $(0.3,0.7)$ 内的概率；（3）X 的密度函数.

11. 设随机变量 X 密度函数为 $f(x)=\begin{cases}2x, & 0<x<1\\ 0, & 其他\end{cases}$，以 Y 表示对 X 的 3 次独立重复观察中事件 $\{X\leqslant 0.5\}$ 出现的次数，试求 $P(Y=2)$.

12. 设某单位招聘员工，共有 10 000 人报考，假设考试成绩服从正态分布，且已知 90 分以上 359 人，60 分以下 1 151 人. 按考试成绩从高分到低分依次录取 2 500 人，试问被录取者中最低分是多少？

3 多维随机变量及其分布

在实际问题中，对每个样本点 ω 只用一个随机变量去描述往往是不够的，某些随机试验的结果需要同时用两个或两个以上的随机变量来刻画，这就需要研究多维随机变量，即随机向量. 例如，要研究儿童生长发育情况时，仅研究儿童的身高 X_1 或仅研究儿童的体重 X_2 都是片面的，有必要把 X_1,X_2 作为一个整体来考虑，即讨论它们总体变化的统计规律性，研究 X_1 与 X_2 之间的关系.

本章主要介绍二维随机变量及其分布，而三维或更多维的情况是可以类推的，同时给出随机变量之间的独立性.

3.1 二维随机变量及其分布

多维随机变量也称为**随机向量**，本书主要研究二维随机变量，二维以上的情况可以类似类推.

3.1.1 二维随机变量

定义 3.1.1 设 $(\Omega,\mathcal{F},P)$ 为一概率空间，(X,Y) 是定义在 $\Omega=\{\omega\}$ 上的 2 元实值函数，对任意 $x,y\in\mathbf{R}$，都有

$$\{\omega: X(\omega)\leqslant x, Y(\omega)\leqslant y\}\in\mathcal{F},$$

则称 (X,Y) 为**二维随机变量**.

$F(x,y)=P(X\leqslant x,Y\leqslant y)$ 称为二维随机变量的**联合分布函数**.

其实，若 X_1,X_2 是一维随机变量，则 $X=(X_1,X_2)$ 就是二维随机变量. 由此定义可知，函数值 $F(x,y)$ 是随机点 X,Y 落入 $(-\infty,x]\times(-\infty,y]$ 内的概率.

分布函数 $F(x,y)=P(X\leqslant x,Y\leqslant y)$ 具有以下基本性质：

（1）$F(x,y)$ 是变量 x,y 的不减函数；

（2）$0\leqslant F(x,y)\leqslant 1$，且 $F(-\infty,y)=F(x,-\infty)=F(-\infty,-\infty)=0$，$F(+\infty,+\infty)=1$；

（3）$F(x,y)$ 是变量 x,y 的右连续函数；

（4）对于任意 $x_1<x_2$，$y_1<y_2$，下述不等式成立：

$$F(x_2,y_2)-F(x_2,y_1)+F(x_1,y_1)-F(x_1,y_2)\geqslant 0.$$

还可证明，具有上述四条性质的二元函数 $F(x,y)$ 一定是某个二维随机变量的分布函数. 性质（4）是二维场合特有的，也是合理的，不能由前三条性质推出，必须单独列出，注意仅满足前三条性质的函数可能不是分布函数.

扩展阅读*：设 $(\Omega,\mathcal{F},P)$ 为一概率空间，$X(\cdot)=(X_1,\cdots,X_n)$ 是定义在 $\Omega=\{\omega\}$ 上的 n 元实值函数，如果对 $\forall x=(x_1,\cdots,x_n)\in\mathbf{R}^n$，有

$$\{\omega \mid X_1(\omega)\leqslant x_1,\cdots,X_n(\omega)\leqslant x_n\}\in\mathcal{F},$$

则称 $X(\cdot)=(X_1,\cdots,X_n)$ 为 n 维随机向量，也称为 n 维随机变量. 显然，当 $n=2$ 时，X 称为二维随机向量. n 维随机向量就是由 n 个一维随机变量构成的向量组.

3.1.2 概率分布

联合分布函数含有丰富的信息，我们的目的是将这些信息从联合分布中挖掘出来. 下面先讨论每个变量的分布，即边际分布.

假设二维随机向量 (X,Y) 具有联合分布 $F(x,y)$，则随机变量 X,Y 都有各自的分布函数，不妨将它们记为 $F_X(x),F_Y(y)$，依次称为二维随机向量 (X,Y) 关于 X 和关于 Y 的**边际分布函数**. 边际分布也称为**边缘分布**.

顾名思义，边际分布就是二维随机向量 (X,Y) 边的分布，即 X,Y 的分布函数，边际分布函数可以由联合分布函数确定. 事实上，

$$F_X(x)=P(X\leqslant x)=P(X\leqslant x,Y\leqslant+\infty)=F(x,+\infty),$$

即
$$F_X(x)=F(x,+\infty).$$

同理可得
$$F_Y(y)=F(+\infty,y).$$

定义 3.1.2 如果二维随机变量 (X,Y) 只取有限个或可列个数对 (x_i,y_j)，则称 (X,Y) 为二维离散随机变量，称

$$p_{ij}=P(X=x_i,Y=y_j),\ i,j=1,2,\cdots$$

为 (X,Y) 的**联合分布列**，也可以用如下表格形式记联合分布列.

X \ Y	y_1	y_2	$\cdots$	y_j	$\cdots$
x_1	p_{11}	p_{12}	$\cdots$	p_{1j}	$\cdots$
x_2	p_{21}	p_{22}	$\cdots$	p_{2j}	$\cdots$
$\vdots$	$\vdots$	$\vdots$	$\ddots$	$\vdots$	$\ddots$
x_i	p_{i1}	p_{i2}	$\cdots$	p_{ij}	$\cdots$
$\vdots$	$\vdots$	$\vdots$	$\ddots$	$\vdots$	$\ddots$

联合分布列的基本性质：

（1）**非负性**：$p_{ij} \geqslant 0$；

（2）**正则性**：$\sum_{i=1}^{+\infty}\sum_{j=1}^{+\infty} p_{ij} = 1$.

对于离散型随机变量 X，边际分布为

$$F_X(x) = F(x,+\infty) = \sum_{x_i \leqslant x}\sum_{j=1}^{+\infty} p_{ij}\text{，}\quad F_Y(y) = F(+\infty, y) = \sum_{y_j \leqslant y}\sum_{i=1}^{+\infty} p_{ij}\ .$$

离散随机变量 X 的分布列为

$$P(X = x_i) = P(X = x_i, Y \leqslant +\infty) = \sum_{j=1}^{+\infty} P(X = x_i, Y = y_j) = \sum_{j=1}^{+\infty} p_{ij} = p_{i\cdot}\text{，}\quad i = 1,2,\cdots.$$

同理可得离散随机变量 Y 的分布列为

$$P(Y = y_j) = \sum_{i=1}^{+\infty} p_{ij} = p_{\cdot j}\text{，}\quad j = 1,2,\cdots.$$

分别称 $p_{i\cdot}, i = 1,2,\cdots$,和 $p_{\cdot j}, j = 1,2,\cdots$,为 (X,Y) 关于 X,Y 的**边际分布列**.

求二维离散随机变量的联合分布列，关键是写出它的可能取值及其发生概率.

例 3.1.1 设随机变量 X 在 1, 2, 3, 4 四个整数中等可能地取一个值，另一个随机变量 Y 在 $1 \sim X$ 中等可能地取一个整数值. 试求

（1）(X,Y) 的联合分布列；

（2）X,Y 的边际分布列；

解 （1）由乘法公式容易求得 (X,Y) 的联合分布列.

$\{X = i, Y = j\}$ 的取值是 $i = 1,2,3,4$，j 取不大于 i 的正整数，且

$$P(X = i, Y = j) = P(Y = j \mid X = i)P(X = i) = \frac{1}{i} \times \frac{1}{4}\text{，}\quad i = 1,2,3,4,\ j \leqslant i\text{，}$$

于是 (X,Y) 的联合分布列为

X \ Y	1	2	3	4
1	$\frac{1}{4}$	0	0	0
2	$\frac{1}{8}$	$\frac{1}{8}$	0	0
3	$\frac{1}{12}$	$\frac{1}{12}$	$\frac{1}{12}$	0
4	$\frac{1}{16}$	$\frac{1}{16}$	$\frac{1}{16}$	$\frac{1}{16}$

（2）将联合分布列的行和与列和分别求出，可得 X 与 Y 的边际分布列分别为

$$X \sim \begin{pmatrix} 1 & 2 & 3 & 4 \\ \frac{1}{4} & \frac{1}{4} & \frac{1}{4} & \frac{1}{4} \end{pmatrix}, \quad Y \sim \begin{pmatrix} 1 & 2 & 3 & 4 \\ \frac{25}{48} & \frac{13}{48} & \frac{7}{48} & \frac{1}{16} \end{pmatrix}.$$

定义 3.1.3 如果存在二元非负函数 $f(x,y)$，使得二维随机变量 (X,Y) 的分布函数 $F(x,y)=\int_{-\infty}^{x}\int_{-\infty}^{y} f(u,v)\mathrm{d}v\mathrm{d}u$，则称 (X,Y) 为二维连续型随机变量，称 $f(x,y)$ 为 (X,Y) 的联合密度函数.

联合密度函数满足的基本性质：

（1）**非负性**：$f(x,y)\geqslant 0$；

（2）**正则性**：$\int_{-\infty}^{+\infty}\int_{-\infty}^{+\infty} f(x,y)\mathrm{d}x\mathrm{d}y=1$；

（3）设 G 为平面 xOy 上的区域，点 (X,Y) 落在区域 G 的概率为

$$P((X,Y)\in G)=\iint_G f(x,y)\mathrm{d}x\mathrm{d}y;$$

（4）若 $f(x,y)$ 在点 (x,y) 连续，则有 $\frac{\partial^2 F(x,y)}{\partial x\partial y}=f(x,y)$.

满足性质（1）（2）的函数一定是某随机变量的密度函数，这也是我们判断函数是否是密度函数的原则.

对于连续型随机变量，边际分布为

$$F_X(x)=F(x,+\infty)=\int_{-\infty}^{x}\int_{-\infty}^{+\infty} f(u,v)\mathrm{d}v\mathrm{d}u, \quad F_Y(y)=F(+\infty,y)=\int_{-\infty}^{+\infty}\int_{-\infty}^{y} f(u,v)\mathrm{d}v\mathrm{d}u.$$

对分布函数进行求导可得其密度函数，故

$$f_X(x)=\int_{-\infty}^{+\infty} f(x,v)\mathrm{d}v, \quad f_Y(y)=\int_{-\infty}^{+\infty} f(u,y)\mathrm{d}u.$$

分别称 $f_X(x), f_Y(y)$ 为 (X,Y) 关于 X, Y 的**边际密度函数**.

很多初学者也许对 $F_X(x)$ 关于 x 求导不甚理解，感觉无从下手. 事实上，我们可以令 $g(u)=\int_{-\infty}^{+\infty} f(u,v)\mathrm{d}v$，则

$$F_X(x)=\int_{-\infty}^{x}\int_{-\infty}^{+\infty} f(u,v)\mathrm{d}v\mathrm{d}u=\int_{-\infty}^{x} g(u)\mathrm{d}u.$$

对 x 求导可得

$$f_X(x)=g(x)=\int_{-\infty}^{+\infty} f(x,v)\mathrm{d}v.$$

运用微元思想，我们可将离散与连续随机变量的很多结论统一起来.

$$f_Y(y)\mathrm{d}y=P(Y=y)=P(Y=y,X\leqslant+\infty)=\sum_x P(Y=y,X=x)=\sum_x f(x,y)\mathrm{d}x\mathrm{d}y,$$

$$f_Y(y)=\sum_x f(x,y)\mathrm{d}x=\int_{-\infty}^{+\infty} f(x,y)\mathrm{d}x.$$

在关于二维连续型随机向量的计算中，经常涉及二重积分，我们一定要注意积分区域的确定. 二重定积分的关键在于确定积分上下界，一般步骤如下：

（1）首先画出定义域及随机向量落在的区域，两者的交就是积分区域；

（2）将积分区域分为几块，使得每块可以被 4 条线围住，且 4 条线中至少有两条水平线或垂线，二重定积分最外层积分一定是水平线到水平线或垂线到垂线，即数字到数字.

例 3.1.2 设 (X,Y) 的联合密度函数为

$$f(x,y)=\begin{cases}6\mathrm{e}^{-2x-3y}, & x>0,\ y>0\\ 0, & \text{其他}\end{cases},$$

试求（1）$P(X<1,Y>1)$；（2）$P(X>Y)$；

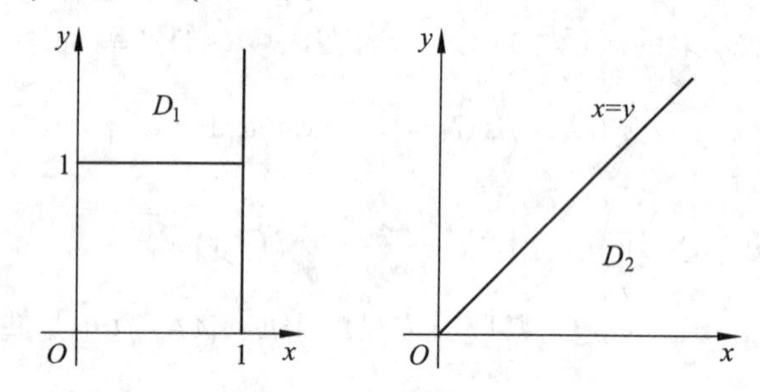

图 3.1.1 $f(x,y)$ 的非零区域与有关事件的交集部分

解（1）积分区域见图 3.1.1 左中 D_1.

$$P(X<1,Y>1)=\int_1^{+\infty}\int_0^1 6\mathrm{e}^{-2x-3y}\mathrm{d}x\mathrm{d}y=\mathrm{e}^{-3}-\mathrm{e}^{-5}.$$

（2）积分区域如图 3.1.1 右中 D_2.

$$P(X>Y)=\int_0^{+\infty}\int_0^x 6\mathrm{e}^{-2x-3y}\mathrm{d}y\mathrm{d}x=\int_0^{+\infty}-2\mathrm{e}^{-2x-3y}\Big|_0^x\mathrm{d}x$$

$$=\int_0^{+\infty}(-2\mathrm{e}^{-5x}+2\mathrm{e}^{-2x})\mathrm{d}x=\left(\frac{2}{5}\mathrm{e}^{-5x}-\mathrm{e}^{-2x}\right)\Bigg|_0^{+\infty}=\frac{3}{5}.$$

也可计算如下：

$$P(X>Y)=\int_0^{+\infty}\int_y^{+\infty}6\mathrm{e}^{-2x-3y}\mathrm{d}x\mathrm{d}y=\frac{3}{5}.$$

注意：对于二重积分，当积分区域具体给出时，建议微元与前面的积分区域对应. 比如上例中，由于 $\int_0^{+\infty}\int_0^x 6\mathrm{e}^{-2x-3y}\mathrm{d}y\mathrm{d}x$ 表示先积 y，变化范围为 $0\to x$，再积 x，变化范围为 $0\to+\infty$，所以微元表示为 $\mathrm{d}y\mathrm{d}x$，而不是 $\mathrm{d}x\mathrm{d}y$.

例 3.1.3 设随机变量 X,Y 的联合密度函数为

$$f(x,y)=\begin{cases}6, & x^2\leqslant y\leqslant x\\ 0, & \text{其他}\end{cases},$$

求边际密度函数 $f_X(x), f_Y(y)$.

解 画出密度函数的定义域如图 3.1.2.

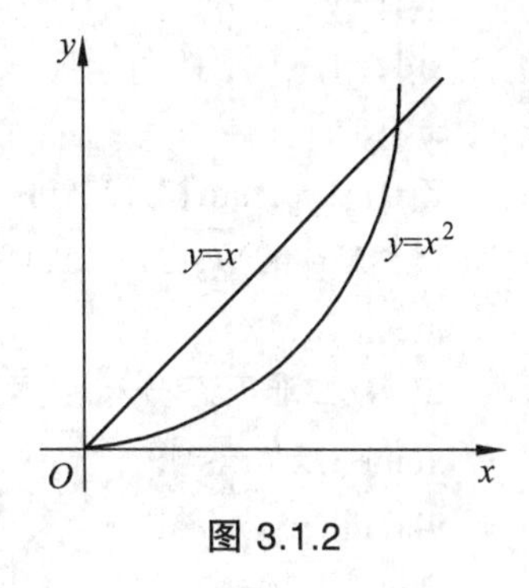

图 3.1.2

在求边际密度 $f_X(x)$ 时，x 可看作固定的常数，积分变量为 y，变化范围为 $x^2 \to x$，故

$$f_X(x) = \int_{-\infty}^{+\infty} f(x,y)\mathrm{d}y$$

$$= \begin{cases} \int_{x^2}^{x} 6\mathrm{d}y = 6(x - x^2), 0 \leqslant x \leqslant 1 \\ 0, \qquad\qquad 其他 \end{cases}.$$

同理可得

$$f_Y(y) = \int_{-\infty}^{+\infty} f(x,y)\mathrm{d}x = \begin{cases} \int_{y}^{\sqrt{y}} 6\mathrm{d}x = 6(\sqrt{y} - y), 0 \leqslant y \leqslant 1 \\ 0, \qquad\qquad 其他 \end{cases}.$$

如果二维随机变量 (X,Y) 的联合密度函数为

$$f(x,y) = \frac{1}{2\pi\sigma_1\sigma_2\sqrt{1-\rho^2}} \exp\left\{-\frac{1}{2(1-\rho^2)}\left[\frac{(x-\mu_1)^2}{\sigma_1^2} - 2\rho\frac{(x-\mu_1)(y-\mu_2)}{\sigma_1\sigma_2} + \frac{(y-\mu_2)^2}{\sigma_2^2}\right]\right\}, x, y \in \mathbf{R},$$

则称 (X,Y) 服从**二元正态分布**，记为 $(X,Y) \sim N(\mu_1, \mu_2, \sigma_1^2, \sigma_2^2, \rho)$，其中 5 个参数的取值范围为 $\mu_1, \mu_2 \in \mathbf{R}, \sigma_1, \sigma_2 > 0, -1 \leqslant \rho \leqslant 1$.

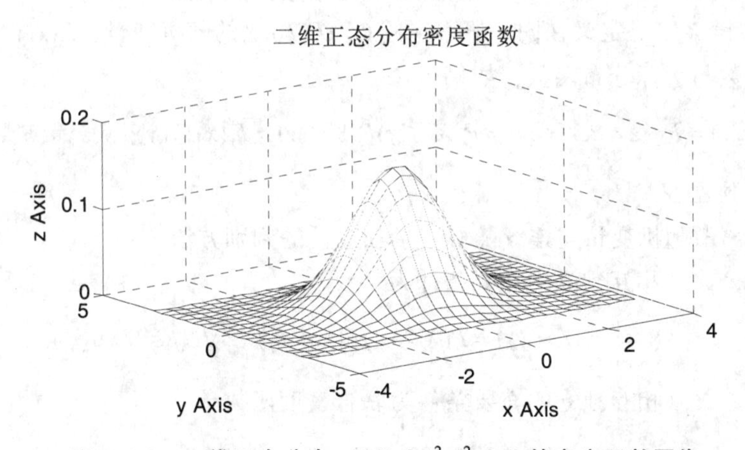

图 3.1.3 二维正态分布 $N(0,0,1^2,1^2,0.1)$ 的密度函数图像

实现程序：

```
x= – 4:0.3:4;
y= – 3:0.3:3;
[X,Y]=meshgrid(x,y);
u1=0;
u2=0;
```

```
std1=1;
std2=1;
a=0.1;
Z=1/(2*pi*std1*std2*(1 - a^2)^0.5)*exp( - (1/(2*(1 - a^2)))*((X - u1).^2/std1^2 - 2*a.*(X-u1).*(Y - u2)/(std1*std2)+(Y - u2).^2/std2^2));
mesh(X,Y,Z)
title('二维正态分布密度函数')
xlabel('x Axis');
ylabel('y Axis');
zlabel('z Axis');
```

经验证，二维正态分布的两个边际分布都是一维正态分布，即

$$X \sim N(\mu_1,\sigma_1^2)\text{，}\ Y \sim N(\mu_2,\sigma_2^2)\text{，}$$

并不依赖参数 ρ，可见对于给定的 $\mu_1,\mu_2,\sigma_1^2,\sigma_2^2$，不同的 ρ 对应着不同的二维正态分布，然而它们的边际分布却都一样. 这一事实表明，单由关于 X 和关于 Y 的边际分布，一般来说是不能确定随机变量 X,Y 的联合分布的.

3.2 随机变量间的独立性

借助于事件的独立性概念，可以很自然地引进随机变量的独立性.

定义 3.2.1　设 X,Y 是定义在同一概率空间 $(\Omega,\mathcal{F},P)$ 上的随机变量，$F(x,y)$ 与 $F_1(x),F_2(y)$ 为其联合分布函数与边际分布函数，如果

$$F(x,y)=P(X\leqslant x,Y\leqslant y)=P(X\leqslant x)P(Y\leqslant y)=F_1(x)F_2(y),\ \forall x,y\in\mathbf{R}\text{，}$$

则称 X,Y 是**相互独立**的.

由此可导出离散随机变量与连续随机变量独立性的判别方法.

在离散场合，X,Y 相互独立的充要条件为

$$P(X=x_i,Y=y_j)=P(X=x_i)P(Y=y_j)\text{，}\ \forall i,j\in\mathbf{N}\text{；}$$

在连续场合，X,Y 相互独立的充要条件为联合密度函数

$$f(x,y)=f_X(x)f_Y(y)\text{，}\ \forall x,y\in\mathbf{R}.$$

定理 3.2.1　设 $X_1,\cdots,X_n,\cdots$ 是随机变量序列，如果其中任何有限个随机变量都是相互独立，则称 $\{X_n,n\geqslant 1\}$ 是**独立随机变量序列**.

独立随机变量序列是极限理论研究的内容.

例 3.2.1　设 (X,Y) 的联合密度函数为

$$f(x,y)=\begin{cases}8xy, 0\leqslant x\leqslant y\leqslant 1\\ 0,\quad 其他\end{cases}\text{，}$$

问 X,Y 是否相互独立.

解 为判断 X,Y 是否相互独立，只需看边际密度函数的乘积是否等于联合密度函数. 先求边际密度函数.

首先画出联合密度函数的定义域，如图 3.2.1.

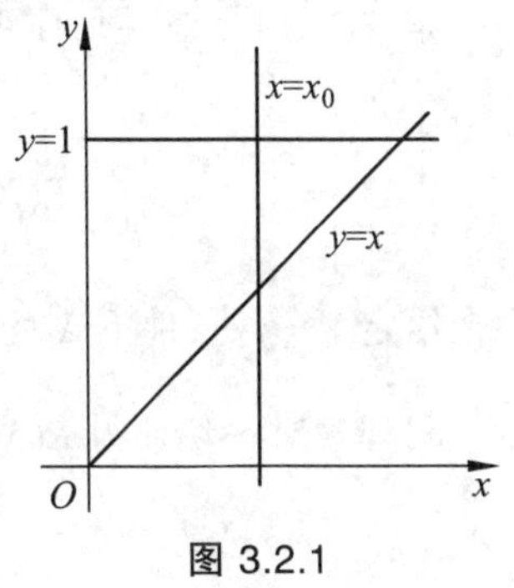

图 3.2.1

当 $x<0$，或 $x>1$ 时，$f_X(x)=0$；

当 $0\leqslant x\leqslant 1$ 时，先让 $x=x_0$ 固定，其中 $0\leqslant x_0\leqslant 1$，在直线 $x=x_0$ 上，y 的变化范围为 $x\to 1$，故我们有

$$f_X(x)=\int_x^1 8xy\mathrm{d}y=8x\left(\frac{1}{2}-\frac{x^2}{2}\right)=4x(1-x^2).$$

同样，当 $y<0$，或 $y>1$ 时，$f_Y(y)=0$；

当 $0\leqslant y\leqslant 1$ 时，有

$$f_Y(y)=\int_0^y 8xy\mathrm{d}x=4y^3.$$

显然，$f(x,y)\neq f_X(x)f_Y(y)$，所以 X,Y 不独立.

例 3.2.2 设随机变量 X,Y 独立同分布于 $\begin{pmatrix}-1 & 1\\ 0.5 & 0.5\end{pmatrix}$，试求 $P(X=Y)$.

解 利用独立性可得

$$\begin{aligned}P(X=Y)&=P(X=Y=-1)+P(X=Y=1)\\&=P(X=-1)P(Y=-1)+P(X=1)P(Y=1)\\&=0.5\times 0.5+0.5\times 0.5=0.5.\end{aligned}$$

我们可以证明：如果 $(X,Y)\sim N(\mu_1,\mu_2,\sigma_1^2,\sigma_2^2,\rho)$，则 X 与 Y 独立 $\Leftrightarrow$ $\rho=0$.

实际上，随机变量 X,Y 之间的关系多种多样，大致可以分为三种：

（1）函数关系：一个变量的取值完全决定另一变量的取值；

（2）相互独立：一个变量的行为不影响另一个变量的概率分布；

（3）统计相依关系：变量之间有明显的关系，但是并非函数关系，如人的身高和体重、广告费和销售额，……，这类关系称为**统计相依关系**或**相关关系**.

3.3 条件分布*

对于多个事件，我们曾经讨论了它们的条件概率，基于此，对于多个随机变量便可以讨论它们的条件分布. 对于二维随机变量 (X,Y)，所谓随机变量 X 的条件分布，就是在 $Y=y$ 的条件下 X 的分布函数. 比如，记 X 为人的体重，Y 为人的身高，则 X 与 Y 一般有相依关系. 现在如果限定 $Y=172$（cm），在这个条件下体重 X 的分布显然与 X 的无条件分布有很大不同.

如果二维离散随机变量 (X,Y) 的联合分布列为

$$p_{ij}=P(X=x_i,Y=y_j),\ \ i,j=1,2,\cdots,$$

仿照条件概率的定义，我们很容易地给出离散随机变量的条件分布列.

定义 3.3.1　对一切使得 $P(Y=y_j)=\sum_{i=1}^{+\infty}p_{ij}=p_{\cdot j}>0$ 的 y_j，称

$$p_{i|j}=P(X=x_i\,|\,Y=y_j)=\frac{P(X=x_i,Y=y_j)}{P(Y=y_j)}=\frac{p_{ij}}{p_{\cdot j}},\ \ i=1,2,\cdots$$

为在给定 $Y=y_j$ 条件下 X 的条件分布列.

同理，对一切使得 $P(X=x_i)=\sum_{j=1}^{+\infty}p_{ij}=p_{i\cdot}>0$ 的 x_i，称

$$p_{j|i}=P(Y=y_j\,|\,X=x_i)=\frac{P(X=x_i,Y=y_j)}{P(X=x_i)}=\frac{p_{ij}}{p_{i\cdot}},\ \ j=1,2,\cdots$$

为在给定 $X=x_i$ 条件下 Y 的条件分布列.

有了条件分布列，我们就可以定义离散随机变量的条件分布.

定义 3.3.2　在给定 $Y=y_j$ 条件下 X 的条件分布函数为

$$F(x\,|\,y_j)=F(X\leqslant x\,|\,Y=y_j)=\sum_{x_i\leqslant x}P(X=x_i\,|\,Y=y_j)=\sum_{x_i\leqslant x}p_{i|j}\ ;$$

在给定 $X=x_i$ 条件下 Y 的条件分布函数为

$$F(y\,|\,x_i)=\sum_{y_j\leqslant y}P(Y=y_j\,|\,X=x_i)=\sum_{y_j\leqslant y}p_{j|i}\ .$$

对于连续型随机变量，由于对于任意 x,y，

$$P(X=x)=P(Y=y)=P(X=x,Y=y)=0\ ,$$

但我们又可表示为微元形式：

$$P(X=x)=f_X(x)\mathrm{d}x\ ,\ \ P(Y=y)=f_Y(y)\mathrm{d}y\ ,\ \ P(X=x,Y=y)=f(x,y)\mathrm{d}x\mathrm{d}y\ ,$$

这样就可以直接利用条件概率公式引入条件分布函数和条件密度函数.

对于一切 $f_Y(y)>0$ 的 y，在给定 $Y=y$ 条件下，X 的条件分布函数定义为

$$\begin{aligned}F(x\,|\,y)&=P(X\leqslant x\,|\,Y=y)=\sum_{u\leqslant x}P(X=u\,|\,Y=y)\\&=\sum_{u\leqslant x}\frac{P(X=u,Y=y)}{P(Y=y)}=\sum_{u\leqslant x}\frac{f(u,y)\mathrm{d}u\mathrm{d}y}{f_Y(y)\mathrm{d}y}=\sum_{u\leqslant x}\frac{f(u,y)\mathrm{d}u}{f_Y(y)}=\int_{-\infty}^{x}\frac{f(u,y)}{f_Y(y)}\mathrm{d}u\ .\end{aligned}$$

求导可得条件密度为

$$f(x\,|\,y)=\frac{f(x,y)}{f_Y(y)}\ .$$

事实上，也可推导如下：

$$f(x|y)\mathrm{d}x = P(X=x|Y=y) = \frac{P(X=x,Y=y)}{P(Y=y)} = \frac{f(x,y)\mathrm{d}x\mathrm{d}y}{f_Y(y)\mathrm{d}y},$$

即
$$f(x|y) = \frac{f(x,y)}{f_Y(y)}.$$

$$f_Y(y)\mathrm{d}y = P(Y=y) = \sum_x P(Y=y|X=x)P(X=x) = \sum_x f(y|x)\mathrm{d}y f_X(x)\mathrm{d}x,$$

即
$$f_Y(y) = \int_{-\infty}^{+\infty} f(y|x) f_X(x)\mathrm{d}x.$$

下面给出连续随机变量场合的全概率公式和贝叶斯公式.

全概率公式： $f_Y(y) = \int_{-\infty}^{+\infty} f(y|x) f_X(x)\mathrm{d}x$，$f_X(x) = \int_{-\infty}^{+\infty} f(x|y) f_Y(y)\mathrm{d}y$.

贝叶斯公式： $f(x|y) = \dfrac{f(x,y)}{f_Y(y)}$，$f(y|x) = \dfrac{f(x,y)}{f_X(x)}$.

例 3.3.1　假设随机变量 (X,Y) 的联合概率分布为

$$(X,Y) \sim \begin{pmatrix} (0,1) & (0,2) & (1,1) & (1,2) & (2,1) \\ 0.15 & 0.25 & 0.10 & 0.20 & 0.30 \end{pmatrix},$$

（1）分别求 X,Y 的概率分布.

（2）求 Y 关于 X 的条件概率分布.

解　显然 X 的所有可能取值为 0,1,2，而 Y 的所有可能取值为 1,2.

（1）先求 X 的概率分布.

$$P(X=0) = P(X=0,Y=1) + P(X=0,Y=2) = 0.15 + 0.25 = 0.4,$$

$$P(X=1) = P(X=1,Y=1) + P(X=1,Y=2) = 0.10 + 0.20 = 0.3,$$

$$P(X=2) = P(X=2,Y=1) = 0.3,$$

所以

$$X \sim \begin{pmatrix} 0 & 1 & 2 \\ 0.4 & 0.3 & 0.3 \end{pmatrix}.$$

类似可求得

$$Y \sim \begin{pmatrix} 1 & 2 \\ 0.55 & 0.45 \end{pmatrix}.$$

（2）Y 关于 $X=0$ 的条件概率分布.

$$P(Y=1|X=0) = \frac{P(X=0,Y=1)}{P(X=0)} = \frac{0.15}{0.40} = \frac{3}{8},$$

$$P(Y=2|X=0) = \frac{P(X=0,Y=2)}{P(X=0)} = \frac{0.25}{0.40} = \frac{5}{8}.$$

类似可求得 Y 关于 $X=1$ 的条件概率分布为

$$P(Y=1 \mid X=1)=\frac{1}{3}, \quad P(Y=2 \mid X=1)=\frac{2}{3}.$$

Y 关于 $X=2$ 的条件概率分布为

$$P(Y=1 \mid X=2)=1, \quad P(Y=2 \mid X=2)=0.$$

例 3.3.2 设 G 是平面上的有界区域，其面积为 A．若二维随机变量 (X,Y) 具有概率密度

$$f(x,y)=\begin{cases}\frac{1}{A}, (x,y)\in G \\ 0, \text{其他}\end{cases},$$

则称 (X,Y) **在 G 上服从均匀分布**．现令 G 为圆域 $x^2+y^2\leqslant 1$，求条件密度 $f_{X|Y}(x\mid y)$．

解 由假设可知，(X,Y) 的概率密度为

$$f(x,y)=\begin{cases}\frac{1}{\pi}, x^2+y^2\leqslant 1 \\ 0, \text{其他}\end{cases},$$

且边际密度

$$f_Y(y)=\int_{-\infty}^{+\infty} f(x,y)\mathrm{d}x=\begin{cases}\int_{-\sqrt{1-y^2}}^{\sqrt{1-y^2}}\frac{1}{\pi}\mathrm{d}x, -1\leqslant y\leqslant 1 \\ 0, \qquad \text{其他}\end{cases}=\begin{cases}\frac{2}{\pi}\sqrt{1-y^2}, -1\leqslant y\leqslant 1 \\ 0, \qquad \text{其他}\end{cases}.$$

于是，当 $-1<y<1$ 时，有

$$f_{X|Y}(x\mid y)=\begin{cases}\frac{1/\pi}{2\sqrt{1-y^2}/\pi}=\frac{1}{2\sqrt{1-y^2}}, -\sqrt{1-y^2}\leqslant x\leqslant\sqrt{1-y^2} \\ 0, \qquad \text{其他}\end{cases}.$$

例 3.3.3 设数 X 在区间 $(0,1)$ 上随机取值，当观察到 $X=x, 0<x<1$ 时，Y 在区间 $(x,1)$ 上随机取值，求 Y 的密度函数 $f_Y(y)$．

解 由题意可知 X 的密度函数为

$$f_X(x)=\begin{cases}1, 0<x<1 \\ 0, \text{其他}\end{cases}.$$

对于任意给定的 x, $0<x<1$，在 $X=x$ 条件下，Y 的密度函数为

$$f_{Y|X}(y\mid x)=\begin{cases}\frac{1}{1-x}, x<y<1 \\ 0, \quad \text{其他}\end{cases},$$

于是得到 Y 的密度函数

$$f_Y(y)=\int_{-\infty}^{+\infty} f(y\mid x)f_X(x)\mathrm{d}x=\begin{cases}\int_0^y \dfrac{1}{1-x}\mathrm{d}x=-\ln(1-y), & 0<y<1\\ 0, & \text{其他}\end{cases}.$$

3.4　多维随机变量函数的分布

设 $(X_1,\cdots,X_n)$ 是 n 维离散随机变量，则 $Y=g(X_1,\cdots,X_n)$ 是一维离散随机变量．当 $(X_1,\cdots,X_n)$ 所有可能取值较少时，可将 Y 的取值一一列出，然后再合并整理就可得结果．它的做法实质上和一维一样．如果 $(X_1,\cdots,X_n)$ 所有可能取值为不可列多时，我们就不能一一列出，就需找其他方法了．

例 3.4.1（泊松分布的可加性）　设 $X\sim P(\lambda_1)$，$Y\sim P(\lambda_2)$，且相互独立，证明 $Z=X+Y\sim P(\lambda_1+\lambda_2)$．

证明　$Z=X+Y$ 所有可能取值为 0, 1, 2,$\cdots$等所有非负整数，而事件 $\{Z=k\}$ 是诸多互不相容事件 $\{X=i,Y=k-i\},i=0,1,\cdots,k$ 的并，所以

$$P(Z=k)=P(X+Y=k)=\sum_{i=0}^{k}P(X=i,Y=k-i)=\sum_{i=0}^{k}P(X=i)P(Y=k-i).$$

这个概率等式称为**离散场合的卷积公式**．利用此公式可得

$$P(Z=k)=\sum_{i=0}^{k}\frac{\lambda_1^i}{i!}\mathrm{e}^{-\lambda_1}\frac{\lambda_2^{k-i}}{(k-i)!}\mathrm{e}^{-\lambda_2}=\frac{(\lambda_1+\lambda_2)^k}{k!}\mathrm{e}^{-(\lambda_1+\lambda_2)}\sum_{i=0}^{k}\frac{k!}{i!(k-i)!}\left(\frac{\lambda_1}{\lambda_1+\lambda_2}\right)^i\left(\frac{\lambda_2}{\lambda_1+\lambda_2}\right)^{k-i}$$
$$=\frac{(\lambda_1+\lambda_2)^k}{k!}\mathrm{e}^{-(\lambda_1+\lambda_2)},$$

即 $Z=X+Y\sim P(\lambda_1+\lambda_2)$．

思考：$X-Y$ 为什么不是泊松分布？

以后我们称性质“同一类分布的独立随机变量的和的分布仍属于此类分布”为此类分布的**可加性**．二项分布、负二项分布也具有可加性，读者可自行证明．

事实上，用条件概率的定义和泊松分布的可加性，对任意 $k=0,1,\cdots,n$，有

$$P(X=k\mid Z=n)=\frac{P(X=k,Z=n)}{P(Z=n)}=\frac{P(X=k)P(Y=n-k)}{P(Z=n)}$$
$$=\frac{\dfrac{\lambda_1^k}{k!}\mathrm{e}^{-\lambda_1}\dfrac{\lambda_2^{n-k}}{(n-k)!}\mathrm{e}^{-\lambda_2}}{\dfrac{(\lambda_1+\lambda_2)^n}{n!}\mathrm{e}^{-(\lambda_1+\lambda_2)}}=\frac{n!}{k!(n-k!)}\left(\frac{\lambda_1}{\lambda_1+\lambda_2}\right)^k\left(1-\frac{\lambda_1}{\lambda_1+\lambda_2}\right)^{n-k},$$

即在 $Z=n$ 的条件下，X 服从参数为 $\left(n,\dfrac{\lambda_1}{\lambda_1+\lambda_2}\right)$ 的二项分布．

例 3.4.2（最大值与最小值分布）　设随机变量 $X_1,\cdots,X_n$ 相互独立且 $X_i\sim F_i(x)$，若 $X_{(n)}=\max(X_1,\cdots,X_n)$，$X_{(1)}=\min(X_1,\cdots,X_n)$，试求 $X_{(n)},X_{(1)}$ 的分布．

解 由分布函数定义有

$$F_{X_{(n)}}(x)=P(X_{(n)}\leqslant x)=P(\max(X_1,\cdots,X_n)\leqslant x)$$

$$=P(X_1\leqslant x)\cdots P(X_n\leqslant x)=\prod_{i=1}^{n}F_i(x),$$

$$F_{X_{(1)}}(x)=P(X_{(1)}\leqslant x)=1-P(\min(X_1,\cdots,X_n)>x)$$

$$=1-P(X_1>x)\cdots P(X_n>x)=1-\prod_{i=1}^{n}[1-F_i(x)].$$

如果 $X_1,\cdots,X_n$ 独立同分布于 $F(x)$，则有

$$F_{X_{(n)}}(x)=[F(x)]^n,\quad F_{X_{(1)}}(x)=1-[1-F(x)]^n.$$

求导可得密度函数为

$$f_{X_{(n)}}(x)=nf(x)[F(x)]^{n-1},\quad f_{X_{(1)}}(x)=nf(x)[1-F(x)]^{n-1}.$$

例 3.4.3 设 X,Y 是两个相互独立的连续型随机变量，其密度函数分别为 $f_X(x),f_Y(y)$，则 $Z=X+Y$ 的密度函数为 $f_Z(z)=\int_{-\infty}^{+\infty}f_X(z-y)f_Y(y)\mathrm{d}y$，称为**连续场合的卷积公式**.

证明 先画出积分区域，如图 3.4.1.

$Z=X+Y$ 的分布函数为

$$F_Z(z)=P(X+Y\leqslant z)=\iint\limits_{x+y\leqslant z}f_X(x)f_Y(y)\mathrm{d}x\mathrm{d}y$$

$$=\int_{-\infty}^{+\infty}\int_{-\infty}^{z-y}f_X(x)f_Y(y)\mathrm{d}x\mathrm{d}y.$$

对上式两端求导可得结论成立.

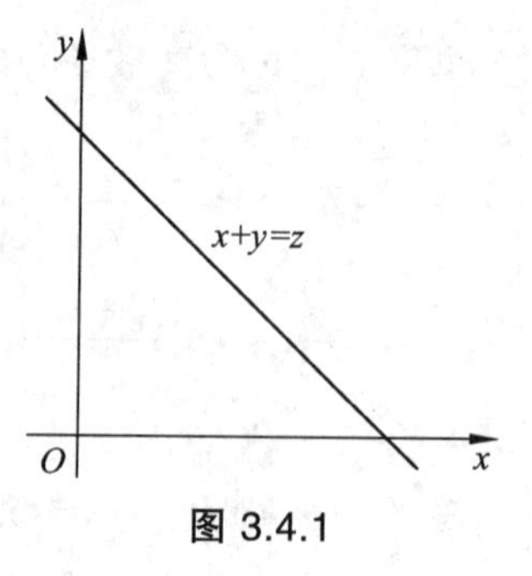

图 3.4.1

一般地，设 X,Y 相互独立且 $X\sim N(\mu_1,\sigma_1^2)$，$Y\sim N(\mu_2,\sigma_2^2)$，经计算可得

$$X+Y\sim N(\mu_1+\mu_2,\sigma_1^2+\sigma_2^2).$$

更一般地，可以证明：**有限个相互独立正态随机变量的线性组合仍服从正态分布**.

一个离散型与一个连续型随机变量函数的分布问题，需利用全概率公式对事件进行分解才能得到结果.

例 3.4.4（2003 数 3） 设随机变量 X 与 Y 相互独立，其中 $X\sim\begin{pmatrix}1&2\\0.3&0.7\end{pmatrix}$，而 Y 的密度函数为 $f(y)$，求随机变量 $U=X+Y$ 的概率密度 $g(u)$.

解 设 Y 的分布函数为 $F(y)$，则由全概率公式可知，$U=X+Y$ 的分布函数为

$$G(u)=P(U=X+Y\leqslant u)=0.3P(X+Y\leqslant u\mid X=1)+0.7P(X+Y\leqslant u\mid X=2)$$
$$=0.3P(Y\leqslant u-1\mid X=1)+0.7P(Y\leqslant u-2\mid X=2).$$

由于 X 与 Y 相互独立，可见

$$G(u)=0.3P(Y\leqslant u-1)+0.7P(Y\leqslant u-2)=0.3F(u-1)+0.7F(u-2).$$

由此可得 U 的密度函数为

$$g(u)=0.3f(u-1)+0.7f(u-2).$$

例 3.4.5（2008 数 1, 3, 4） 设随机变量 X,Y 相互独立，X 的概率分布为 $P\{X=i\}=\dfrac{1}{3},i=-1,0,1$，$Y$ 的概率密度为 $f_Y(y)=\begin{cases}1, & 0\leqslant y<1\\ 0, & \text{其他}\end{cases}$，记 $Z=X+Y$，试求

（1）$P\left\{Z\leqslant\dfrac{1}{2}\mid X=0\right\}$；

（2）Z 的概率密度 $f_Z(z)$.

解（1）由于 X,Y 相互独立，于是

$$P\left\{Z\leqslant\frac{1}{2}\middle|X=0\right\}=P\left\{X+Y\leqslant\frac{1}{2}\middle|X=0\right\}=P\left\{Y\leqslant\frac{1}{2}\right\}=\frac{1}{2}.$$

（2）先求 Z 的分布函数. 由于 $\{X=-1\},\{X=0\},\{X=1\}$ 构成样本空间的一个分割，因此由全概率公式可得

$$F_Z(z)=P\{X+Y\leqslant z\}=\sum_{i=-1}^{1}P\{X+Y\leqslant z\mid X=i\}=\frac{1}{3}\sum_{i=-1}^{1}P\{Y\leqslant z-i\}$$
$$=\frac{1}{3}[F_Y(z+1)+F_Y(z)+F_Y(z-1)].$$

于是 Z 的概率密度

$$f_Z(z)=F_Z'(z)=\frac{1}{3}[f_Y(z+1)+f_Y(z)+f_Y(z-1)]=\begin{cases}\dfrac{1}{3}, & -1\leqslant z<2\\ 0, & \text{其他}\end{cases}.$$

小 结

多维随机变量不仅是一维随机变量在数学上的自然推广，更是实际应用的需要，学习时，读者要注意比较二者的异同. 这一章概念与公式比较多，难度也明显提高，如果专业要求比较低，则这部分内容可作为了解内容. 但是，难度大并不代表不重要，这恰恰是研究生入学考试的重点，读者应多从直观意义上去理解数学定义与公式，加上多做几个练习题，是完全可以掌握好的.

本章的重点是二维离散型的联合分布律，二维连续型的边缘密度、条件密度、区域取值概率以及二维随机变量函数的分布，具体考试要求是：

（1）理解随机向量的概念，理解随机向量分布的概念及其性质. 理解二维离散型随机变量的概率分布、边缘分布和条件分布，理解二维连续型随机变量的概率密度、边缘密度和条件密度，会求二维随机变量相关事件的概率.

（2）理解随机变量的独立性以及不相关（下一章学）的概念，掌握随机变量相互独立的条件.

（3）掌握二维均匀分布，了解二维正态分布的概率密度，理解其中参数的概率意义.

（4）会求两个随机变量简单函数的分布，会求多个相互独立随机变量简单函数的分布.

习 题 3

1. 选择题.

（1）设随机变量 X,Y 独立且 $X\sim\begin{pmatrix}0 & 1\\ 1/3 & 2/3\end{pmatrix}$，$Y\sim\begin{pmatrix}0 & 1\\ 1/3 & 2/3\end{pmatrix}$，则成立（　　）.

（A）$P(X=Y)=\dfrac{2}{3}$　　（B）$P(X=Y)=1$

（C）$P(X=Y)=\dfrac{1}{2}$　　（D）$P(X=Y)=\dfrac{5}{9}$

（2）设随机变量 X,Y 有相同的概率分布，$X\sim\begin{pmatrix}-1 & 0 & 1\\ 0.25 & 0.5 & 0.25\end{pmatrix}$，且 $P(XY=0)=1$，则 $P(X\neq Y)=$（　　）.

（A）0　　（B）0.25　　（C）0.5　　（D）1

（3）设随机变量 X,Y 相互独立，且 $X\sim N(0,1)$，$Y\sim B(n,p),0<p<1$，则 $X+Y$ 的分布函数（　　）.

（A）连续函数　　（B）恰有 $n+1$ 间断点

（C）恰有 1 个间断点　　（D）无穷间断点

（4）设随机变量 X,Y 相互独立，都服从 $U(0,1)$，则（　　）是某区间上均匀分布.

（A）$X-Y$　　（B）X^2　　（C）$X+Y$　　（D）$2X$

（5）设随机变量 X,Y 的联合概率分布是圆 $x^2+y^2\leqslant r^2$ 上的均匀分布，则有均匀分布的是（　　）.

（A）随机变量 X　　（B）$X+Y$

（C）随机变量 Y　　（D）Y 关于 $X=1$ 的条件分布

2. 填空题.

（1）（1999 数 1）设随机变量 X 和 Y 相互独立，下表给出了二维随机变量 (X,Y) 的联合分布律及关于 X 和关于 Y 的边缘分布列中的部分数值，试将其余数值填入表中空白处.

X \ Y	y_1	y_2	y_3	$p_{i\cdot}$
x_1		$\frac{1}{8}$		
x_2	$\frac{1}{8}$			
$p_{\cdot j}$	$\frac{1}{6}$			1

（2）若 (X,Y) 的联合密度为 $f(x,y)=A\mathrm{e}^{-(2x+y)},x>0,y>0$，则常数 $A=$________，

$P(X \leqslant 2, Y \leqslant 1) =$________.

（3）设随机变量 X,Y 相互独立，均服从 $U[1,3]$，记 $A = \{X \leqslant a\}$，$B = \{Y > a\}$ 且 $P(A \cup B) = \dfrac{7}{9}$，则 $a =$________.

（4）设随机变量 X,Y 相互独立且同分布，其中 $X \sim \begin{pmatrix} 0 & 1 \\ 0.5 & 0.5 \end{pmatrix}$，则 $Z = \max(X,Y)$ 的分布律为________.

3. 设随机变量 (X,Y) 密度函数为 $f(x,y) = \begin{cases} k\mathrm{e}^{-(3x+4y)}, & 0 < x, 0 < y \\ 0, & 其他 \end{cases}$，试求（1）常数 k；（2）(X,Y) 联合分布函数 $F(x,y)$；（3）$P(0 < X \leqslant 1, 0 < Y \leqslant 2)$；

4. 设二维随机变量 (X,Y) 联合密度函数为

$$f(x,y) = \begin{cases} 3x, 0 < x < 1, 0 < y < x \\ 0, \ 其他 \end{cases},$$

试求（1）边际密度函数 $f_X(x), f_Y(y)$；（2）X,Y 是否相互独立？（3）条件密度函数 $f(y|x)$.

5. 设二维随机变量 (X,Y) 联合密度函数为 $f(x,y) = \begin{cases} 1, |x| < y, 0 < y < 1 \\ 0, \quad 其他 \end{cases}$，试求（1）边际密度函数 $f_X(x), f_Y(y)$；（2）X,Y 是否相互独立？

6. 设二维随机变量 (X,Y) 联合密度函数为 $f(x,y) = \begin{cases} 1, 0 < x < 1, |y| < x \\ 0, 其他 \end{cases}$，求条件密度函数 $f(x|y)$.

7. 已知随机变量 Y 的密度函数 $f_Y(y) = \begin{cases} 5y^4, 0 < y < 1 \\ 0, \ 其他 \end{cases}$，在给定 $Y = y$ 条件下，随机变量 X 的条件密度函数为 $f(x|y) = \begin{cases} \dfrac{3x^2}{y^3}, 0 < x < y < 1 \\ 0, \ 其他 \end{cases}$，求概率 $P(X > 0.5)$.

8. （2007 数 1, 3）设二维随机变量 (X,Y) 密度函数为

$$f(x,y) = \begin{cases} 2 - x - y, 0 < x < 1, 0 < y < 1 \\ 0, \quad 其他 \end{cases},$$

求（1）$P\{X > 2Y\}$；（2）$Z = X + Y$ 的概率密度 $f_Z(z)$.

9.（2006 数 1, 3）设随机变量 X 的密度函数为 $f_X(x) = \begin{cases} 0.5, & -1 < x < 0 \\ 0.25, & 0 \leqslant x < 2 \\ 0, & 其他 \end{cases}$，令 $Y = X^2$，$F(x,y)$ 为二维随机变量 (X,Y) 的分布函数. 求（1）Y 的概率密度 $f_Y(y)$；（2）$F\left(-\dfrac{1}{2}, 4\right)$.

4 随机变量的数字特征

虽然随机变量的分布函数可以完全描述它的分布规律，但要找到其分布函数不是一件容易的事. 另一方面，在实际问题中，为了描述随机变量在某些方面的概率特征，不一定都要求出它的分布函数，往往需要求出描述随机变量概率特征的几个表征值就够了，如平均水平、离散程度等，这就需要引入随机变量的数字特征，它在理论和应用中很重要.

4.1 数学期望

数学期望是最重要的数字特征，其他数字特征都可看作随机变量函数的数学期望，故本节重点讲解数学期望的定义以及随机变量函数的数学期望的计算方法.

4.1.1 数学期望的定义与性质

实际上，随机变量的数学期望就是随机变量取值的整体平均数，换句话说，期望值就是随机试验在同样情况下重复充分多次所得结果的平均值. 由于随机变量的概率分布能够整体反映随机变量取值的概率规律，所以根据概率分布就可以求出数学期望. 下面用一个通俗例子说明随机变量的数学期望与其概率分布是如何联系的.

例 4.1.1 射手一次射击的得分数 X 是一随机变量. 假如该射手进行了 100 次射击，有 5 次命中 5 环，5 次命中 6 环，10 次命中 7 环，10 次命中 8 环，20 次命中 9 环，50 次命中 10，没有脱靶的，则该射手平均命中环数为

$$\begin{aligned}&\frac{1}{100}(10\times50+9\times20+8\times10+7\times10+6\times5+5\times5+0\times0)\\&=10\times\frac{50}{100}+9\times\frac{20}{100}+8\times\frac{10}{100}+7\times\frac{10}{100}+6\times\frac{5}{100}+5\times\frac{5}{100}+0\times\frac{0}{100}\\&=10\times0.5+9\times0.2+8\times0.1+7\times0.1+6\times0.05+5\times0.05+0\times0\\&=8.85\,(\text{环}).\end{aligned}$$

第一行是 100 次射击的整体平均数，第二行是一个加权平均值，其权重就是命中环数的频率. 由于频率会稳定到概率，故频率可认为随机变量取值的概率，所以，第三行是射手击中环数的**理论平均值**，即数学期望. 从概率分布观点看，**数学期望是随机变量 X 的可能取值与对应概率的乘积之和**. 自然，人们希望数学期望是唯一的，这就需要对求和做一定的限制，即绝对收敛.

1）离散型随机变量的定义

定义 4.1.1 设离散型随机变量 X 的分布列为 $P(X=x_i)=p_i$，$i=1,2,\cdots$，若

$$\sum_{i=1}^{\infty}|x_i|p_i < +\infty,$$

则称 $\sum_{i=1}^{\infty}x_i p_i$ 为 X 的**数学期望**，简称**期望**，记为 EX，即 $EX=\sum_{i=1}^{\infty}x_i p_i$.

若 $\sum_{i=1}^{\infty}|x_i|p_i=+\infty$，称 X 的数学期望不存在.

事实上，离散型随机变量 X 的数学期望就是数列 $\{x_i\}$ 以概率 $\{p_i\}$ 为权的加权平均. 因为条件收敛的结果与求和顺序有关，如果无穷级数绝对收敛，则可保证其和不受次序变动的影响，即绝对收敛可以保证数学期望唯一. 注意，期望值并一定等于常识中的"期望"，因为期望值一般与每一次试验的结果都不相等. 例如，掷一枚六面骰子，其点数的期望值是：

$$EX=\sum_{i=1}^{6}\left(\frac{1}{6}\times i\right)=\frac{1+2+3+4+5+6}{6}=3.5.$$

很明显，期望值 3.5 不属于可能结果中的任意一个.

例 4.1.2（**期望值原理**）某人用 10 万元进行为期一年的投资，有两种投资方案：一是购买股票；二是存入银行获取利息. 买股票的收益取决于经济形势，若经济形势好可获利 4 万元，形势中等可获利 1 万元，形势不好要损失 2 万元. 如果存入银行，假设利率为 8%，可得利息 8 000 元，又设经济形势好、中、差的概率分别为 30%，50%，20%. 试问应选择哪一种方案可使投资的效益较大？

解　在经济形势好和中等的情况下，购买股票是合算的，但如果经济形势不好，则采取存银行的方案合算. 然而现实是不知哪种情况会出现，对于很多人，期望收益最大化是合理的，因此可选择两种投资方案中期望获利最大的方案.

购买股票的获利期望 $E_1=4\times0.3+1\times0.5-2\times0.2=1.3$（万元）；

存入银行的获利期望 $E_2=0.8$（万元）.

因为 $E_1>E_2$，所以购买股票的期望收益比存入银行的期望收益大，依据期望收益最大化准则，应采用购买股票的方案.

本题中采用的是期望收益最大化决策准则，由于期望值是在大量的重复试验中可能产生的平均值，因此以期望值为标准的决策方法一般只适用下列几种情况：

（1）概率的出现具有明显的客观性质，而且比较稳定；

（2）决策不是解决一次性问题，而是解决多次重复的问题；

（3）决策的结果不会对决策值带来严重的后果.

如果不符合这些情况，期望值标准就不适用，需要采用其他标准. 以最大可能性为标准的决策方法适用于各种自然状态中其中某一状态的概率明显高于其他方案的概率，而期望值又相差不大的情况. 如果采用最大可能决策准则，由于购买股票以 0.8 的概率获利大于等于 1 万元，这可以认为是大概率事件，在一次试验中可认为一定会发生，故采用购买股票的方案.

例　4.1.3　在一个人数为 N 的人群中普查某种疾病，需要抽验 N 个人的血，如果每个人的血分别检测，需要检测 N 次. 为了减少工作量，一位统计学家提出：按 k 个人一组进行分组，把同组人的血样混合后检验. 如果混合血样呈阴性，说明这 k 人都无此疾病；如果混合血样呈阳性，说明这 k 人中至少一人呈阳性，则对此 k 人分别检验. 假如该疾病的发病率为 p，且得此疾病相互独立. 试问，此种方法是否能减少平均检验次数？

解 令 X 为该人群中每个人需要的验血次数，则

$$X \sim \begin{pmatrix} 1/k & 1+1/k \\ (1-p)^k & 1-(1-p)^k \end{pmatrix}.$$

所以每人平均验血次数为

$$EX = \frac{1}{k}(1-p)^k + \left(1+\frac{1}{k}\right)\left[1-(1-p)^k\right] = 1-(1-p)^k + \frac{1}{k}.$$

由此可知，只要选择 k 使得

$$1-(1-p)^k + \frac{1}{k} < 1,\text{ 或 } (1-p)^k > \frac{1}{k},$$

就可减少验血次数，而且还可以适当选择 k，使其达到最小.

我们还可发现，当发病率 p 越小，则分组检验的效益越大，这也正是美国第二次世界大战期间大量征兵时，对新兵验血所采用减少工作量的措施.

练习：设随机变量 X 的取值为 $x_k = (-1)^k \dfrac{2^k}{k}, k = 1,2,\cdots$，对应的概率为 $p_k = \dfrac{1}{2^k}$，试证明 EX 不存在.

2）连续型随机变量的定义

设 X 为连续型随机变量，其密度函数为 $f(x)$. 由于 X 在点 x 的邻域 $(x, x+\mathrm{d}x)$ 内取值的概率为微元 $\mathrm{d}F(x) = f(x)\mathrm{d}x$，与离散随机变量场合类似，只是将概率 p_i 改为微元 $f(x)\mathrm{d}x$，求和改为求积分即可.

定义 4.1.2 设连续型随机变量 X 的密度函数为 $f(x)$，若

$$\int_{-\infty}^{\infty} |x| f(x)\mathrm{d}x < +\infty,$$

则称 $EX = \int_{-\infty}^{\infty} xf(x)\mathrm{d}x$ 为 X 的数学期望，否则称 X 的数学期望不存在.

由于数学期望由分布决定，它是分布的位置特征，只要两个随机变量同分布，则数学期望总是相等的，所以随机变量的数学期望通常又称为**其概率分布的数学期望**，它反映了随机变量所有可能取值的平均值. 假如把概率看作质量，分布看作某物体的质量分布，那么数学期望就是该物体的重心位置.

例 4.1.4* 由于柯西分布的密度函数为 $f(x) = \dfrac{1}{\pi}\dfrac{1}{1+x^2}, x \in \mathbf{R}$，而积分

$$\int_{-\infty}^{\infty} |x| f(x)\mathrm{d}x = \frac{1}{\pi}\int_{-\infty}^{\infty} |x| \frac{1}{1+x^2}\mathrm{d}x = \frac{1}{\pi}\int_{0}^{\infty} \frac{2x}{1+x^2}\mathrm{d}x = \frac{1}{\pi}\ln(1+x^2)\Big|_0^{\infty} = \infty,$$

故柯西分布的数学期望不存在.

3）数学期望的性质

数学期望 E 本质是一个广义函数（算子），即每给一个随机变量 X，映射到一个实数 EX. 由于期望运算就是数学上的积分运算，故很多积分性质可类似推广到期望上. 由期望定义及积分性质，显然可得：

假设 c 为常数，所提及的数学期望都存在，则

（1）$E(c)=c$.

（2）$E(cX)=cEX$，即常数可提到积分号外面.

（3）$E(X+Y)=EX+EY$，即两个函数和的积分等于积分的和.

（4）若 X,Y 相互独立，则 $E(XY)=E(X)E(Y)$.

证明 不妨设 (X,Y) 为连续随机变量（离散随机变量可以类似证明），其联合密度函数为 $f(x,y)$，由 X,Y 相互独立可知 $f(x,y)=f_X(x)f_Y(y)$，则

$$E(XY)=\int_{-\infty}^{+\infty}\int_{-\infty}^{+\infty}xyf(x,y)\mathrm{d}x\mathrm{d}y=\int_{-\infty}^{+\infty}xf_X(x)\mathrm{d}x\int_{-\infty}^{+\infty}yf_Y(y)\mathrm{d}y=E(X)E(Y).$$

例 4.1.5 掷 20 个骰子，求这 20 个骰子出现的点数之和的数学期望.

解 设 X_i 为第 i 个骰子出现的点数，$i=1,2,\cdots,20$，那么 20 个骰子点数之和

$$X=X_1+X_2+\cdots+X_{20}.$$

易知，X_i 有相同的分布列 $P(X_i=k)=\frac{1}{6},k=1,2,3,4,5,6$，所以

$$EX_i=\frac{1}{6}(1+2+3+4+5+6)=\frac{21}{6},i=1,2,\cdots,20.$$

于是

$$EX=EX_1+EX_2+\cdots+EX_{20}=20\times\frac{21}{6}=70.$$

注意，该例题的解法具有典型性：求解时并没有直接利用 X 的概率分布，而是将随机变量 X 分解成若干个随机变量之和，利用随机变量和的期望公式，把 EX 的计算转化为求若干个随机变量的期望，使计算大为简化. 但是，如果直接求解 X 个概率分布需要非常繁杂的计算，并且由此概率分布求数学期望也并非易事.

4.1.2 随机变量函数的数学期望

我们经常要求随机变量函数的数学期望，这时可通过下面定理实现.

定理 4.1.1 设 Y 是随机变量 X 的函数，即 $Y=g(X)$，其中 g 为连续函数.

（1）如果 X 为离散随机变量，它的分布列为 $P(X=x_i)=p_i\ (i=1,2,\cdots)$，若 $\sum_{x_i}g(x_i)p_i$ 绝对收敛，则有 $EY=E[g(X)]=\sum_{x_i}g(x_i)p_i$.

（2）如果 X 为连续随机变量，密度函数为 $f(x)$，若 $\int_{\mathbf{R}}g(x)f(x)\mathrm{d}x$ 绝对收敛，则有

$EY=E[g(X)]=\int_{\mathbf{R}}g(x)f(x)\mathrm{d}x$.

事实上，数学期望的本质是：**随机变量的取值乘以对应取值概率的总和**，即

$$EX=\sum_{x}xP(X=x)=\begin{cases}\sum_{x_i}x_ip_i, & 若X离散时\\ \int_{\mathbf{R}}xf(x)\mathrm{d}x, & 若X连续时\end{cases}.$$

同理也应有

$$E[g(X)]=\sum_{x}g(x)P(X=x)=\begin{cases}\sum_{x_i}g(x_i)p_i, & 若X离散时\\ \int_{\mathbf{R}}g(x)f(x)\mathrm{d}x, & 若X连续时\end{cases}.$$

定理 4.1.1 还可以推广到两个或两个以上随机变量的函数的情况.

定理 4.1.2　设 Z 是随机变量 X,Y 函数 $Z=g(X,Y)$，其中 g 为连续函数，那么 Z 是一个一维随机变量.

（1）若二维随机变量 (X,Y) 为离散型随机变量，联合分布列为 $P(X=x_i,Y=y_i)=p_{ij}$，$i,j=1,2,\cdots$，则

$$E(Z)=E[g(X,Y)]=\sum_{j=1}^{+\infty}\sum_{i=1}^{+\infty}g(x_i,y_j)p_{ij}.$$

（2）若二维随机变量 (X,Y) 为连续型随机变量，联合密度函数为 $f(x,y)$，则

$$E(Z)=E[g(X,Y)]=\int_{-\infty}^{+\infty}\int_{-\infty}^{+\infty}g(x,y)f(x,y)\mathrm{d}x\mathrm{d}y.$$

多维随机变量的期望与一维随机变量的期望在本质上是一样的，只不过是多重连加和与多重积分.

随机变量函数的数学期望是重中之重，它是本章的理论基础，随机变量的不同数字特征可看作随机变量不同函数的数学期望，望读者重点学习、重点理解.

例 4.1.6　设 $X\sim\begin{pmatrix}1 & 2 & 3\\ 0.1 & 0.7 & 0.2\end{pmatrix}$，求（1）$Y=\dfrac{1}{X}$；（2）$Y=X^2+2$ 的数学期望.

解（1）$EY=E\left(\dfrac{1}{X}\right)=1\times0.1+\dfrac{1}{2}\times0.7+\dfrac{1}{3}\times0.2\approx0.52$.

（2）$EY=E(X^2+2)=(1^2+2)\times0.1+(2^2+2)\times0.7+(3^2+2)\times0.2=6.7$.

例 4.1.7　假定国际市场上每年对我国某种出口商品需求量 X 是随机变量（单位：吨），它服从[2 000, 4 000]上的均匀分布. 如果售出一吨，可获利 3 万元，而积压一吨，需支付保管费及其他各种损失费用 1 万元，问应怎样决策才能使平均收益最大?

解　设每年生产该种商品 t 吨，$2\,000\leqslant t\leqslant 4\,000$，收益 Y 万元，则

$$Y=g(X)=\begin{cases}3t, & X\geqslant t\\ 3X-(t-X), & X<t\end{cases}.$$

因为 $X\sim U(2000,4000)$，密度函数为

$$f(x)=\begin{cases}\dfrac{1}{2000}, & 2000\leqslant x\leqslant 4000\\ 0, & \text{其他}\end{cases},$$

所以

$$\begin{aligned}EY=E[g(X)]&=\int_{-\infty}^{+\infty}g(x)f(x)\mathrm{d}x=\frac{1}{2000}\int_{2000}^{t}(4x-t)\mathrm{d}x+\frac{1}{2000}\int_{t}^{4000}3t\mathrm{d}x\\&=\frac{1}{1000}(-t^2+7000t-4000000)\triangleq h(t).\end{aligned}$$

令 $h'(t)=\dfrac{1}{1000}(-2t+7000)=0$，得 $t=3500$.

经验证 $t=3500$ 为最大值点，即每年生产该种商品 3500 吨时平均收益最大，这时可望获利 8 250（万元）.

有关数字特征的应用题主要是随机变量函数的数学期望，求解这类问题的关键是根据具体问题选取或设定随机变量，并正确建立随机变量之间的函数关系，然后再进行相应的计算. 另外，对于不同课程内容的综合题也应给予适当关注，这能很好地培养读者灵活运用所学知识解决问题的能力.

4.1.3 条件期望*

条件分布的数学期望称为条件数学期望，它的定义如下：

定义 4.1.3 设 (X,Y) 是二维随机变量，$F(x|y),F(y|x)$ 分别是 X 和 Y 的条件分布函数，则条件分布的数学期望（若存在）称为**条件数学期望**，其定义如下：

$$E(X|Y=y)=\int x\mathrm{d}F(x|y)=\begin{cases}\sum\limits_{x}xP(X=x|Y=y), & X,Y\text{离散}\\ \int xf(x|y)\mathrm{d}x, & X,Y\text{连续}\end{cases};$$

$$E(Y|X=x)=\int y\mathrm{d}F(y|x)=\begin{cases}\sum\limits_{y}yP(Y=y|X=x), & X,Y\text{离散}\\ \int yf(y|x)\mathrm{d}y, & X,Y\text{连续}\end{cases}.$$

因为条件数学期望是条件分布的期望，所以它具有数学期望的一切性质.

我们要特别强调的是：$E(X|Y=y)$ 是 y 的函数，对 y 的不同取值，$E(X|Y=y)$ 的取值也在变化. 比如，若 X 表示中国成年人身高，Y 表示中国成年人脚长，则 EX 表示中国成年人的平均身高，而 $E(X|Y=y)$ 表示脚长为 y 的中国成年人身高. 我国公安部门研究获得

$$E(X|Y=y)=6.876y.$$

这个公式对公安部门破案起着重要的作用. 如果 $E(X|Y=y)\triangleq g(y)$，则

$$E(X|Y)=E(X|Y=y)|_{y=Y}=g(y)|_{y=Y}=g(Y),$$

称 $E(X|Y)$ 为 X **在条件** Y **下的条件数学期望**，这也是条件期望运算的重要法则.

特别地，若随机变量 X,Y 的期望存在，则有**全期望公式**

$$EX=E[E(X|Y)]=\int E(X|Y=y)\mathrm{d}F_Y(y)$$
$$=\begin{cases}\sum\limits_y E(X|Y=y)P(Y=y), & \text{若}Y\text{为离散随机变量}\\ \int E(X|Y=y)f(y)\mathrm{d}y, & \text{若}Y\text{为连续随机变量}\end{cases}.$$

全概率公式是全期望公式的特例. 事实上，记 I_B 为事件 B 的示性函数. 易知

$$EI_B=P(B),\quad E(I_B|Y=y)=P(B|Y=y),$$

于是有

$$P(B)=\int P(B|Y=y)\mathrm{d}F_Y(y)=\begin{cases}\sum\limits_y P(B|Y=y)P(Y=y)\\ \int P(B|Y=y)f(y)\mathrm{d}y\end{cases},$$

它们分别对应分布列型及连续型全概率公式.

全期望公式是概率论中较为深刻的一个结论，它在实际中很有用. 譬如，要求在一个取值于很大范围上的指标 X 的均值 $E(X)$，这时可能遇到很多困难. 为此，可以转换一个思路，去找一个与 X 有关的变量 Y，用 Y 的不同取值把大范围划分成若干个小区域，先在小区域上求 X 的均值，这就会得到一个特殊的条件期望. 由于条件期望仍然是随机变量，再对条件期望求期望就得到 X 在整个区域上的平均值. 比如，要求全校学生的平均身高，可以先求出每个班级的平均身高，这就得到一个取值为 n 个点的离散随机变量，每个取值对应的概率就是每个班级所占全校学生的比重，然后再对这个离散随机变量求期望，就得到了全校学生的平均身高. 简言之，条件期望是局部事件上求平均，而数学期望是在整个样本空间上求平均.

例 4.1.8　设某日进入某商店的顾客人数是随机变量 N，X_i 表示第 i 个顾客所花的钱数，$X_1,X_2,\cdots$ 是相互独立同分布的随机变量，且与 N 相互独立，试求该日商店一天营业额的均值.

解　由全概率公式可得

$$E\left(\sum_{i=1}^{N}X_i\right)=E\left(\sum_{i=1}^{N}X_i \mid N=n\right)P(N=n)=E\left(\sum_{i=1}^{n}X_i\right)P(N=n)$$
$$=nE(X_1)P(N=n)=E(N)E(X_1).$$

例 4.1.9　口袋中有编号为 $1,2,\cdots,n$ 的 n 个球，从中任取 1 球. 若取到 1 号球，则得 1 分，且停止摸球；若取到 i 号球，$i\geqslant 2$，且将此球放回，重新摸球，如此下去，试求得平均总分数.

解　记随机变量 X 为得到的总分数，Y 为第一次取到球的号码，则

$$P(Y=1)=P(Y=2)=\cdots=P(Y=n)=\frac{1}{n}.$$

又因为 $E(X|Y=1)=1$，而当 $i\geqslant 2$ 时，$E(X|Y=i)=i+E(X)$，所以

$$E(X)=\sum_{i=1}^{n}E(X|Y=i)P(Y=i)=\frac{1}{n}\left[\sum_{i=1}^{n}i+(n-1)E(X)\right].$$

由此可得

$$E(X)=\frac{n(n+1)}{2}.$$

4.1.4 期望效用准则*

合理的决策不仅取决于对外在环境的不确定的把握，而且取决于决策者对自身价值的结构判断，比如不同的人对待风险的态度是不一样的，因此通过引入效用函数描述决策者的风险态度、偏好和价值结构. 效用是指商品满足人的欲望的能力评价. 有关效用理论的两条著名原理是：

（1）**边际效用递减原理**：个人对商品和财富所追求的满足程度，由其主观价值来衡量. 财富对理性人而言，多多益善且已有财富越多，单位财富的效用越小，这个原理称为边际效用递减原理.

（2）**最大期望效用原理**：在具有风险和不确定的条件下，个人行为的准则是为了获得最大期望效用值，而不是最大期望金额值.

综上所述，我们提出**期望效用准则**：设 S 为由随机变量组成的集合，U 为效用函数组成的集合，若对 $\forall u(x)\in U$，有

$$E[u(X)]\geqslant E[u(Y)],$$

则称**在期望效用准则下 X 占优于 Y**，记为 $X\geqslant_{EU}Y$.

例 4.1.10 某投资者的初始资产为 1，效用函数为 $u(x)=\sqrt{x},x>0$，投资者要把他的资产投到下面两个项目之一：

（1）五年后，财产可能变为 $X\sim\begin{pmatrix}0 & 1 & 5 & 10\\ 0.2 & 0.5 & 0.2 & 0.1\end{pmatrix}$；

（2）存入银行，年利率为 i，

当 i 为何值时，投资者认为两种选择无差异？

解 由期望效用准则，当 $u((1+i)^5)=E(u(X))$ 时，投资者认为两个项目无差异，即

$$\sqrt{(1+i)^5}=1\times 0.5+\sqrt{5}\times 0.2+\sqrt{10}\times 0.1.$$

解得 $i=0.0479$. 因此当利率为 4.79% 时，投资者认为两个项目无差异.

4.2 方　差

数学期望的概念反映了随机变量取值的平均水平，但对于随机变量，仅仅抓住这一个特征还是不够的，我们还需要了解它对于期望值的偏离程度，比如方差.

4.2.1　方差的定义与性质

下面，我们讨论随机变量的取值对于期望值的偏离程度. 首先，考虑 X 的值与数学期望的偏差 $X-EX$，此偏差也是一个随机变量，但

$$E(X-EX)=EX-EX=0,$$

这是因为 $X-EX$ 的值有正有负，取整体平均数时，正负抵消. 为了避免正负抵消，可以考虑绝对误差 $|X-EX|$，由于这个量仍是一个随机变量，具有不确定性，我们可以取它的期望值来刻画偏离程度是合理的，但它不便于计算，因为绝对值本质上是分段函数. 为避开这个困难，另选一个同样可以反映偏离程度的量 $(X-EX)^2$，由此，引入下面定义.

定义 4.2.1　设 X 为一随机变量，若 $E(X-EX)^2$ 存在，则称 $E(X-EX)^2$ 为随机变量 X 的**方差**，记为 DX 或 $\text{var}(X)$，而称 $\sqrt{DX}$ 为**标准差或均方差**.

方差 DX 由分布决定，是分布的散度特征，所以通常也说成是其概率分布的方差，它描述了随机变量偏离平均取值的程度. 若 $D(X)$ 较大，则表示 X 的取值较分散，因此方差是刻画随机变量取值分散程度的量. 标准差与方差功能相似，只是量纲不一样，并且，由于标准差与随机变量 X 具有相同的量纲，故在实际中更常用标准差表示分布的散度.

关于方差的具体计算，常采用以下方法：

（1）若 X 是离散型随机变量，则 $DX=\sum_{i=1}^{\infty}(x_i-EX)^2 p_i$.

（2）若 X 是连续型随机变量，则 $DX=\int_{-\infty}^{+\infty}(x-EX)^2 f(x)\mathrm{d}x$.

（3）$DX=EX^2-(EX)^2$.

证明　运用数学期望的性质可得

$$\begin{aligned}DX&=E(X-EX)^2=E[X^2-2XEX+(EX)^2]\\&=E(X^2)-2EX\cdot EX+(EX)^2=EX^2-(EX)^2.\end{aligned}$$

假设所遇到的方差都存在，则方差具有下列基本性质：

（1）$DX\geqslant 0$，并且 $DX=0\Leftrightarrow X$ 以概率 1 为常数.

特别地，$D(c)=0$，$c\in\mathbf{R}$.

（2）$\forall a\in\mathbf{R}$，$D(aX)=a^2D(X)$.

（3）设 X,Y 是两个随机变量，则有

$$D(X+Y)=D(X)+D(Y)+2E[(X-EX)(Y-EY)].$$

特别当 X,Y 独立时，

$$D(X+Y)=D(X)+D(Y).$$

证明 由方差的定义及数学期望的性质可得

$$D(X+Y)=E[X+Y-E(X+Y)]^2=E[X-EX+Y-EY]^2$$

$$= E[X-EX]^2 + E[Y-EY]^2 + 2E[(X-EX)(Y-EY)]$$
$$= D(X) + D(Y) + 2E[(X-EX)(Y-EY)].$$

当 X,Y 独立时，

$$E[(X-EX)(Y-EY)] = E[XY - XEY - YEX + EXEY]$$
$$= EXEY - EXEY - EYEX + EXEY = 0,$$

即结论成立.

例 4.2.1 从 A, B 两种钢筋中取等量样品检查它们的抗拉强度，指标如下：

$$X \sim \begin{pmatrix} 110 & 120 & 125 & 130 & 135 \\ 0.1 & 0.2 & 0.4 & 0.1 & 0.2 \end{pmatrix},$$

$$Y \sim \begin{pmatrix} 100 & 115 & 125 & 130 & 145 \\ 0.1 & 0.2 & 0.4 & 0.1 & 0.2 \end{pmatrix},$$

其中 X,Y 分别表示 A, B 两种钢筋的抗拉强度，试比较两种钢筋哪一种质量好？

解 我们首先算出两种钢筋的抗拉强度的期望值

$$EX = 110\times0.1 + 120\times0.2 + 125\times0.4 + 130\times0.1 + 135\times0.2 = 125,$$
$$EY = 125,$$

显然它们的期望值相同，采用期望最大化准则已不能分辨，但是

$$DX = \sum_{i=1}^{5}(x_i - EX)^2 = 50 < DY = 165.$$

所以 A 种钢筋质量波动小，即风险小，故 A 较好.

4.2.2 切比雪夫不等式

定义 4.2.2 对于随机变量 X，k 为正整数，如果以下数学期望都存在，我们称

$$\mu_k = E(X^k) = \int x^k \mathrm{d}F(x),\ \forall k \geqslant 1$$

为 X 的 k **阶原点矩**. 称

$$\nu_k = E[(X-EX)^k] = \int (x-EX)^k \mathrm{d}F(x),\ \forall k \geqslant 1$$

为 X **的** k **阶中心矩**.

称 $E(X^kY^l), k,l = 1,2,\cdots$, 为 X 和 Y 的 $k+l$ **阶混合矩**.

称 $E[(X^k - EX^k)(Y^l - EY^l)],\ k,l = 1,2,\cdots$, 为 X 和 Y 的 $k+l$ **阶混合中心矩**.

矩在力学和物理学中，用来描绘质量的分布，例如，一阶矩是重心（质量分布的中心位置）. 矩在概率统计中，用来描绘概率分布，例如，一阶原点矩就是数学期望，二阶中心矩就是方差.

为了保证 k 阶矩存在，需假定 $\int |x|^k \,\mathrm{d}F(x) < \infty$. 由于 $|X|^{k-1} \leqslant |X|^k + 1$，故 k 阶矩存在时，$k-1$ 阶矩也存在，从而低于 k 的各阶矩也存在.

下面给出概率论中一个重要的基本不等式.

定理 4.2.1（切比雪夫不等式） 设随机变量 X 的方差存在，则对 $\forall\varepsilon>0$，有

$$P(|X-EX|\geqslant\varepsilon)\leqslant\frac{\operatorname{var}(X)}{\varepsilon^2}.$$

证明 由于随机变量在某区域的概率等于密度函数在此区域上的积分，所以

$$\begin{aligned}P(|X-EX|\geqslant\varepsilon)&=\int\limits_{|x-EX|\geqslant\varepsilon}\mathrm{d}F(x)\leqslant\int\limits_{|x-EX|\geqslant\varepsilon}\frac{(x-EX)^2}{\varepsilon^2}\mathrm{d}F(x)\\&\leqslant\int_{-\infty}^{+\infty}\frac{(x-EX)^2}{\varepsilon^2}\mathrm{d}F(x)=\frac{\operatorname{var}(X)}{\varepsilon^2}.\end{aligned}$$

在概率论中，事件 $|X-EX|\geqslant\varepsilon$ 称为**大偏差**，其概率称为大偏差发生的概率. 切比雪夫不等式给出了大偏差发生概率的上界，这个上界与方差成正比，方差越大上界也越大. 切比雪夫不等式等价于

$$P(|X-EX|<\varepsilon)\geqslant1-\frac{\operatorname{var}(X)}{\varepsilon^2}.$$

切比雪夫不等式的优点是适应性强，它适用于任何有数学期望和方差的随机变量，并且不需要知道概率分布；其不足之处在于，它给出的估计比较“粗略”. 因此，切比雪夫不等式主要用于一般性研究或证明，不便用于处理精确的估计问题.

我们进一步有：方差为 0 意味着随机变量的取值集中在一点.

例 4.2.2 随机地掷 6 个骰子，利用切比雪夫不等式估计 6 个骰子出现点数之和在 15 点和 27 点之间的概率.

解 设 $X_i,i=1,2,\cdots,6$，为第 i 个骰子出现的点数，则 $X_1,X_2,\cdots,X_6$ 相互独立同分布，且 $X=X_1+X_2+\cdots+X_6$. 又

$$EX_i=(1+2+3+4+5+6)\times\frac{1}{6}=\frac{7}{2},$$

$$EX_i^2=(1^2+2^2+3^2+4^2+5^2+6^2)\times\frac{1}{6}=\frac{91}{6},$$

$$DX_i=EX_i^2-(EX_i)^2=\frac{35}{12},\ i=1,2,\cdots,6,$$

所以

$$EX=\sum_{i=1}^{6}EX_i=21,\quad DX=\sum_{i=1}^{6}DX_i=\frac{35}{2}.$$

由切比雪夫不等式有

$$P\{15<X<27\}=P\{|X-21|<6\}\geqslant1-\frac{DX}{6^2}=\frac{37}{72}.$$

例 4.2.3 假设某电站供电网有 10 000 盏电灯，夜晚每一盏灯开灯的概率为 0.7，并且

每一盏灯开关时间相互独立，试用切比雪夫不等式估计夜晚同时开灯的盏数在 6 800~7 200 的概率.

解　令 X 表示夜晚同时开灯的盏数，则 $X\sim B(n,p)$，其中 $n=10\,000$，$p=0.7$，所以

$$E(X)=np=7000\,,\quad D(X)=np(1-p)=2100\,.$$

由切比雪夫不等式有

$$P\{6800<X<7200\}=P\{|X-7000|<200\}\geqslant 1-\frac{2100}{200^2}=0.9475\,.$$

用切比雪夫不等式估计概率，关键是求出相应随机变量的数学期望、方差，然后再将估计的概率转化为以数学期望为中心的对称区域上的概率. 其实，切比雪夫不等式的估计精度不高，例如在例 4.2.3 中，如果用二项分布直接计算，这个概率近似为 1，它的重要意义在于它的理论价值，它是证明大数定律的重要工具.

4.3　数学期望与方差的计算

本质上，数学期望都是运用定义进行计算，但常见分布的数学期望与方差可直接应用，这可大大简化计算过程. 本节给出了常见分布的数学期望和方差，并探讨了典型的综合应用.

4.3.1　常见分布的数学期望与方差

（1）二项分布 $X\sim B(n,p)$，$q=p-1$.

$$\begin{aligned}EX&=\sum_{k=0}^{n}k\mathrm{C}_n^k p^k q^{n-k}=np\sum_{k=1}^{n}\frac{(n-1)!}{(k-1)![(n-1)-(k-1)]!}p^{k-1}q^{(n-1)-(k-1)}\\&=np(p+q)^{n-1}=np\,,\end{aligned}$$

$$\begin{aligned}E(X^2)&=\sum_{k=0}^{n}k^2\mathrm{C}_n^k p^k q^{n-k}=\sum_{k=0}^{n}k(k-1+1)\mathrm{C}_n^k p^k q^{n-k}\\&=\sum_{k=1}^{n}k(k-1)\mathrm{C}_n^k p^k q^{n-k}+\sum_{k=0}^{n}k\mathrm{C}_n^k p^k q^{n-k}=\sum_{k=1}^{n}k(k-1)\mathrm{C}_n^k p^k q^{n-k}+np\\&=n(n-1)p^2\sum_{k=2}^{n}\mathrm{C}_{n-2}^{k-2}p^{k-2}q^{n-k}+np=n(n-1)p^2+np\,.\end{aligned}$$

故
$$DX=E(X^2)-(EX)^2=n(n-1)p^2+np-(np)^2=npq\,.$$

事实上，令 X_i 表示第 i 次独立试验成功的次数，则 $\{X_i\}$ 相互独立且都服从参数为 p 的 0-1 分布，因此

$$EX_i=p\,,\quad DX_i=pq\,.$$

二项分布 X 可以视为 n 次伯努利试验成功的次数，故 $X=X_1+\cdots+X_n$，因此由数学期望

和方差的性质可得

$$EX = EX_1 + \cdots + EX_n = np,$$

$$DX = DX_1 + \cdots + DX_n = npq.$$

（2）泊松分布 $X \sim P(\lambda)$.

$$EX = \sum_{k=0}^{\infty} k \frac{\lambda^k}{k!} \mathrm{e}^{-\lambda} = \mathrm{e}^{-\lambda} \sum_{k=1}^{\infty} \frac{\lambda^k}{(k-1)!} = \lambda \mathrm{e}^{-\lambda} \sum_{k=1}^{\infty} \frac{\lambda^{k-1}}{(k-1)!} = \lambda \mathrm{e}^{-\lambda} \cdot \mathrm{e}^{\lambda} = \lambda.$$

这说明泊松分布的参数 λ 就是服从泊松分布的随机变量的均值.

$$E(X^2) = \sum_{k=0}^{\infty} k^2 \frac{\lambda^k}{k!} \mathrm{e}^{-\lambda} = \mathrm{e}^{-\lambda} \sum_{k=1}^{\infty} k(k-1+1) \frac{\lambda^k}{k!} = \mathrm{e}^{-\lambda} \lambda^2 \sum_{k=2}^{\infty} \frac{\lambda^{k-2}}{(k-2)!} + \lambda = \lambda^2 + \lambda.$$

则
$$DX = E(X^2) - (EX)^2 = \lambda.$$

（3）几何分布 $X \sim Ge(p)$.

设 $X \sim Ge(p)$，令 $q = 1 - p$，利用逐项微分可得 X 的数学期望为

$$\begin{aligned} EX &= \sum_{k=1}^{\infty} kpq^{k-1} = p \sum_{k=1}^{\infty} \frac{\mathrm{d}q^k}{\mathrm{d}q} = p \frac{\mathrm{d}}{\mathrm{d}q} \left(\sum_{k=1}^{\infty} q^k \right) \\ &= p \frac{\mathrm{d}}{\mathrm{d}q} \left(\sum_{k=0}^{\infty} q^k \right) = p \frac{\mathrm{d}}{\mathrm{d}q} \left(\frac{1}{1-q} \right) = \frac{p}{(1-q)^2} = \frac{1}{p}, \end{aligned}$$

$$\begin{aligned} E(X^2) &= \sum_{k=1}^{\infty} k^2 pq^{k-1} = \sum_{k=1}^{\infty} k(k-1+1) pq^{k-1} + \frac{1}{p} = pq \sum_{k=1}^{\infty} k(k-1) q^{k-2} \frac{\mathrm{d}q^k}{\mathrm{d}q} + \frac{1}{p} \\ &= p \frac{\mathrm{d}^2}{\mathrm{d}q^2} \sum_{k=1}^{\infty} q^k + \frac{1}{p} = pq \frac{2}{(1-q)^3} + \frac{1}{p} = \frac{2q}{p^2} + \frac{1}{p}. \end{aligned}$$

故 $DX = \dfrac{q}{p^2}$.

（4）均匀分布 $X \sim U(a,b)$.

$$EX = \int_a^b x \frac{1}{b-a} \mathrm{d}x = \frac{a+b}{2},$$

$$E(X^2) = \int_a^b x^2 \frac{1}{b-a} \mathrm{d}x = \frac{b^3 - a^3}{3(b-a)} = \frac{a^2 + ab + b^2}{3}.$$

则
$$DX = E(X^2) - (EX)^2 = \frac{a^2 + ab + b^2}{3} - \left(\frac{a+b}{2} \right)^2 = \frac{(b-a)^2}{12}.$$

（5）指数分布 $X \sim \mathrm{Exp}(\lambda)$.

$$EX = \int_0^{+\infty} x \lambda \mathrm{e}^{-\lambda x} \mathrm{d}x = \int_0^{+\infty} x \lambda \mathrm{d}(-\mathrm{e}^{-\lambda x}) = -\mathrm{e}^{-\lambda x} x \Big|_0^{+\infty} + \int_0^{+\infty} \mathrm{e}^{-\lambda x} \mathrm{d}x = \frac{1}{\lambda},$$

$$E(X^2)=\int_0^{+\infty}x^2\cdot\lambda e^{-\lambda x}dx=\int_0^{+\infty}x^2d(-e^{-\lambda x})=\frac{2}{\lambda^2}.$$

故 $DX=\frac{2}{\lambda^2}-\left(\frac{1}{\lambda}\right)^2=\frac{1}{\lambda^2}$.

（6）标准正态分布 $U\sim N(0,1)$

$$EU=\int_{-\infty}^{+\infty}x\frac{1}{\sqrt{2\pi}}e^{-\frac{x^2}{2}}dx=0,$$

$$EU^2=\int_{-\infty}^{+\infty}x^2\frac{1}{\sqrt{2\pi}}e^{-\frac{x^2}{2}}dx=\int_{-\infty}^{+\infty}-\frac{x}{\sqrt{2\pi}}de^{-\frac{x^2}{2}}$$

$$=-\frac{1}{\sqrt{2\pi}}xe^{-\frac{x^2}{2}}\Bigg|_{-\infty}^{+\infty}+\frac{1}{\sqrt{2\pi}}\int_{-\infty}^{+\infty}e^{-\frac{x^2}{2}}dx=\frac{\sqrt{2\pi}}{\sqrt{2\pi}}=1.$$

故 $DU=1$.

令 $X=\mu+\sigma U$，则 $X\sim N(\mu,\sigma^2)$，由期望及方差的性质可知

$$EX=\mu+\sigma EU=\mu,\quad DX=\mu+\sigma^2(DU)=\sigma^2.$$

扩展阅读*：事实上，令 $\int_{-\infty}^{+\infty}e^{-\frac{x^2}{2}}dx=I$，则

$$I^2=\int_{-\infty}^{+\infty}e^{-\frac{x^2}{2}}dx\int_{-\infty}^{+\infty}e^{-\frac{y^2}{2}}dy=\int_{-\infty}^{+\infty}\int_{-\infty}^{+\infty}e^{-\frac{x^2+y^2}{2}}dxdy.$$

作极坐标变换：

$$\begin{cases}x=\rho\cos\theta\\y=\rho\sin\theta\end{cases},\quad 0\leqslant\rho<\infty,0\leqslant\theta<2\pi$$

则

$$I^2=\int_0^{2\pi}\int_0^{+\infty}e^{-\frac{\rho^2}{2}}\rho d\rho d\theta=\int_0^{2\pi}1d\theta=2\pi.$$

故 $I=\sqrt{2\pi}$.

4.3.2　综合应用

例 4.3.1（2002 数 1）　设随机变量 X 的密度函数为

$$f(x)=\begin{cases}\frac{1}{2}\cos\frac{x}{2}, & 0\leqslant x\leqslant\pi\\0, & 其他\end{cases},$$

对 X 独立重复观察 4 次，用 Y 表示观察值大于 $\frac{\pi}{3}$ 的次数，求 Y^2 的数学期望.

解　因为

$$P\left(X>\frac{\pi}{3}\right)=1-P\left(X\leqslant\frac{\pi}{3}\right)=1-\int_0^{\pi}\frac{1}{2}\cos\frac{x}{2}dx=1-\sin\frac{x}{2}\Big|_0^{\pi}=\frac{1}{2},$$

所以 $Y \sim B\left(4,\frac{1}{2}\right)$，从而

$$EY = np = 4\times\frac{1}{2} = 2\,,\quad DY = 4\times\frac{1}{2}\left(1-\frac{1}{2}\right) = 1\,.$$

故 $$E(Y^2) = D(Y) + (EY)^2 = 1 + 2^2 = 5\,.$$

例 4.3.2（2012 数 3） 设随机变量 X 与 Y 相互独立，且都服从参数为 1 的指数分布，记 $U = \max\{X,Y\}$，$V = \min\{X,Y\}$. 求（1）V 的概率密度 $f_V(v)$；（2）$E(U+V)$.

解 （1）由已知得 X 与 Y 的分布函数分别为

$$F_X(x) = \begin{cases} 1-\mathrm{e}^{-x}, & x>0 \\ 0, & x\leqslant 0 \end{cases},\quad F_Y(y) = \begin{cases} 1-\mathrm{e}^{-y}, & y>0 \\ 0, & y\leqslant 0 \end{cases},$$

又 X 与 Y 相互独立，故 V 的分布函数与密度函数分别为

$$F_V(v) = 1-[1-F_X(v)][1-F_Y(v)] = \begin{cases} 1-\mathrm{e}^{-2v}, & v>0 \\ 0, & v\leqslant 0 \end{cases},$$

$$f_V(v) = \begin{cases} 2\mathrm{e}^{-2v}, & v>0 \\ 0, & v\leqslant 0 \end{cases}.$$

（2）因为 $U+V = X+Y$，故

$$E(U+V) = E(X+Y) = EX + EY = 1+1 = 2\,.$$

例 4.3.3（2001 数 4） 设随机变量 X 和 Y 的联合分布在以点 $(0,1),(1,0),(1,1)$ 为顶点的三角区域上服从均匀分布，试求 $U = X+Y$ 的方差 $D(U)$.

解 令三角区域 $G = \{(x,y)\,|\,0\leqslant x<1, 1-x\leqslant y\leqslant 1\}$，显然 G 的面积 $S_G = \frac{1}{2}$. 由均匀分布知 (X,Y) 的联合密度为

$$f(x,y) = \begin{cases} 2, & (x,y)\in G \\ 0, & \text{其他} \end{cases}.$$

则 $$E(X+Y) = \iint\limits_G 2(x+y)\mathrm{d}x\mathrm{d}y = 2\int_0^1\int_{1-x}^1 (x+y)\mathrm{d}x\mathrm{d}y$$

$$= \int_0^1 (x^2-2x)\mathrm{d}x = \left(\frac{1}{3}x^3 + x^2\right)\Big|_0^1 = \frac{4}{3},$$

$$E(X+Y)^2 = \iint\limits_G 2(x+y)^2\mathrm{d}x\mathrm{d}y = 2\int_0^1\int_{1-x}^1 (x+y)^2\mathrm{d}x\mathrm{d}y$$

$$= 2\int_0^1\left(\frac{1}{3}x^3 + x^2 + x\right)\mathrm{d}x = \left(\frac{1}{6}x^4 + \frac{2}{3}x^3 + x^2\right)\Big|_0^1 = \frac{11}{6}\,.$$

因此 $$D(U) = E(X+Y)^2 - [E(X+Y)]^2 = \frac{1}{18}\,.$$

4.4　协方差与相关系数

二维随机变量的联合分布函数不仅包含分量的边际分布，还含有两个分量间相互关联的信息，描述这种相互关联程度的一个特征数就是协方差.

4.4.1　协方差

一般来说，个子高的人体重也重，这种关系在概率论中称为“相关”．下面，我们将说明协方差反映这种相关性.

定义 4.4.1　设 (X,Y) 是一个二维随机变量，若 $E[(X-EX)(Y-EY)]$ 存在，则称其数学期望为 X 与 Y 的**协方差**，记为

$$\text{cov}(X,Y)=E[(X-EX)(Y-EY)].$$

协方差就是 X 的偏差 $X-EX$ 与 Y 的偏差 $Y-EY$ 乘积的数学期望，具有如下基本性质：

（1）$\text{cov}(X,Y)=E[XY]-E(X)E(Y)$，称为协方差的简化公式.

证明　由协方差的定义及期望的性质，可得

$$\begin{aligned}\text{cov}(X,Y)&=E(XY-YEX+EXEY-XEY)\\&=E(XY)-EYEX+EXEY-EXEY=E(XY)-EXEY.\end{aligned}$$

（2）若 X,Y 相互独立，则 $\text{cov}(X,Y)=0$，反之不然.

例 4.4.1　设随机变量 $X\sim N(0,\sigma^2)$，且令 $Y=X^2$，则 X,Y 不独立，但

$$\text{cov}(X,Y)=\text{cov}(X,X^2)=E(X^3)-E(X)E(X^2)=0.$$

这个例子表面：“独立”必导致“不相关”，而“不相关”不一定导致“独立”．独立要求更严，不相关要求弱，因为独立是用概率分布定义的，而不相关只是用矩定义的.

（3）协方差满足交换律：$\text{cov}(X,Y)=\text{cov}(Y,X)$.

（4）$\text{cov}(X,a)=0, a\in\mathbf{R}$.

（5）$\text{cov}(X,X)=\text{var}(X)$.

（6）对任意常数 a,b，有 $\text{cov}(aX,bY)=ab\text{cov}(X,Y)$.

（7）设 X,Y,Z 是任意三个随机变量，则协方差满足分配律，即

$$\text{cov}(X+Y,Z)=\text{cov}(X,Z)+\text{cov}(Y,Z).$$

（8）$\forall a,b\in\mathbf{R}, \text{var}(aX+bY)=a^2\,\text{var}(X)+b^2\,\text{var}(Y)+2ab\text{cov}(X,Y)$.

例 4.4.2（2000 数 3, 4）　设 A,B 是二随机事件，随机变量

$$X=\begin{cases}1, & \text{若 } A \text{ 出现}\\-1, & \text{若 } A \text{ 不出现}\end{cases},\quad Y=\begin{cases}1, & \text{若 } B \text{ 出现}\\-1, & \text{若 } B \text{ 不出现}\end{cases},$$

试证明随机变量 X 和 Y 不相关的充分必要条件是 A 与 B 相互独立.

证明　由题设 $P(A)=P(X=1)$，$P(B)=P(Y=1)$，所以

$$EX = 1\times P(A) - 1\times P(\overline{A}) = 2P(A) - 1 .$$

同理
$$EY = 2P(B) - 1 .$$

由于 XY 只有两个可能值 1 和-1，因此

$$\begin{aligned} P(XY=1) &= P(X=1)P(Y=1) + P(X=-1)P(Y=-1) = P(AB) + P(\overline{A}\overline{B}) \\ &= P(AB) + 1 - P(A) - P(B) + P(AB) = 2P(AB) + 1 - P(A) - P(B) . \end{aligned}$$

$$P(XY=-1) = 1 - P(XY=1) = P(A) + P(B) - 2P(AB) .$$

$$E(XY) = 1\times P(XY=1) - 1\times P(XY=-1) = 4P(AB) - 2P(A) - 2P(B) + 1 .$$

$$\operatorname{cov}(X,Y) = E(XY) - E(X)E(Y) = 4P(AB) - 4P(A)P(B) .$$

可见

$$\operatorname{cov}(X,Y) = 0 \Leftrightarrow P(AB) = P(A)P(B) .$$

即结论得证.

例 4.4.3（2010 数 3）　箱中装有 6 个球，其中红、白、黑球个数分别为 1，2，3 个，现从箱中随机地取出 2 个球，记 X 为取出红球的个数，Y 为取出白球的个数.（1）求随机变量 (X,Y) 的概率分布；（2）求 $\operatorname{cov}(X,Y)$.

解（1）易知 X 的可能取值为 0, 1，Y 的所有可能取值为 0, 1, 2，由古典概型可得

$$P(X=0,Y=0) = \frac{C_3^3}{C_6^2} = \frac{1}{5}，\quad P(X=0,Y=1) = \frac{C_2^1 C_3^3}{C_6^2} = \frac{2}{5}，\quad P(X=0,Y=2) = \frac{C_2^2}{C_6^2} = \frac{1}{15}，$$

$$P(X=1,Y=1) = \frac{C_1^1 C_3^1}{C_6^2} = \frac{1}{5}，\quad P(X=1,Y=1) = \frac{C_1^1 C_2^1}{C_6^2} = \frac{2}{15}，\quad P(X=1,Y=2) = 0 .$$

故二维随机变量 (X,Y) 的概率分布为

X \ Y	0	1	2
0	$\frac{1}{5}$	$\frac{2}{5}$	$\frac{1}{15}$
1	$\frac{1}{5}$	$\frac{2}{15}$	0

（2）我们先求 X, Y, XY 的概率分布. 显然，由随机变量函数的定义可得

$$X \sim \begin{pmatrix} 0 & 1 \\ \frac{2}{3} & \frac{1}{3} \end{pmatrix}，\quad Y \sim \begin{pmatrix} 0 & 1 & 2 \\ \frac{2}{5} & \frac{8}{15} & \frac{1}{15} \end{pmatrix}，\quad XY \sim \begin{pmatrix} 0 & 1 & 2 \\ \frac{13}{15} & \frac{2}{15} & 0 \end{pmatrix}$$

所以
$$EX = \frac{1}{3}，\quad EY = \frac{2}{3}，\quad E(XY) = \frac{2}{15} .$$

进一步有

$$\mathrm{cov}(X,Y)=E(XY)-E(X)E(Y)=-\frac{4}{45}.$$

例 4.4.4（2012 数 1, 3）　设二维随机变量 (X,Y) 的概率分布为

X \ Y	0	1	2
0	$\frac{1}{4}$	0	$\frac{1}{4}$
1	0	$\frac{1}{3}$	0
2	$\frac{1}{12}$	0	$\frac{1}{12}$

求（1）$P\{X=2Y\}$；（2）$\mathrm{cov}(X-Y,Y)$.

解（1）$P\{X=2Y\}=P\{X=0,Y=0\}+P\{X=2,Y=1\}=\frac{1}{4}+0=\frac{1}{4}$.

（2）我们先求 X，Y，XY 的概率分布. 显然，由随机变量函数的定义可得

$$X\sim\begin{pmatrix}0 & 1 & 2\\ \frac{1}{2} & \frac{1}{3} & \frac{1}{6}\end{pmatrix},\ Y\sim\begin{pmatrix}0 & 1 & 2\\ \frac{1}{3} & \frac{1}{3} & \frac{1}{3}\end{pmatrix},\ XY\sim\begin{pmatrix}0 & 1 & 4\\ \frac{7}{12} & \frac{1}{3} & \frac{1}{12}\end{pmatrix}.$$

所以

$$EX=\frac{2}{3},\ EY=1,\ E(Y^2)=\frac{5}{3},\ E(XY)=\frac{2}{3}.$$

则

$$\mathrm{cov}(X-Y,Y)=\mathrm{cov}(X,Y)-\mathrm{cov}(Y,Y)=E(XY)-E(X)E(Y)-[E(Y^2)-(EY)^2]=-\frac{2}{3}.$$

可见，求协方差的常用方法有：

（1）对于分布律和密度函数已知的随机变量，按定义直接计算.

（2）对由随机试验给出的随机变量，先求概率分布，再按定义计算.

（3）利用协方差的性质进行计算.

由于方差、协方差等均可以化为随机变量函数的期望，故重点掌握随机变量函数的数学期望的计算.

扩展阅读*：设 $X=(X_1,\cdots,X_n)'$ 为 n 维随机变量，若每个分量的数学期望都存在，则称 $EX=(EX_1,\cdots,EX_n)'$ 为 n 维随机变量的数学期望向量，简称为 X 的数学期望. 如果协方差 $\mathrm{cov}(X_i,X_j)$ 存在，$i,j=1,\cdots,n$，则称

$$\mathrm{cov}(X)=E[(X-EX)(X-EX)'],\text{ 其中 }(i,j)\text{ 元为 }\mathrm{cov}(X_i,X_j),$$

为 n 维随机向量的协方差阵.

可以看出，n 维随机向量的数学期望是各分量的数学期望组成的向量，而协方差阵是由各分量的方差与协方差组成的矩阵，对角线上的元素就是方差，非对角线上的元素为协方差.

4.4.2 相关系数

用协方差表达随机变量的相关性有一个缺点，就是协方差受测量单位的影响. 例如，若身高的单位由 m 改为 cm，协方差数值就要扩大成 1 万倍，但相关程度没有改变. 可见，协方差是有量纲的. 为了消除量纲的影响，现对协方差除以相同的量纲，就得到一个新的概念——相关系数.

定义 4.4.2　设 (X,Y) 是一个二维随机变量，且 $\mathrm{var}(X)>0, \mathrm{var}(Y)>0$，则称

$$\rho_{XY}=\frac{\mathrm{cov}(X,Y)}{\sqrt{\mathrm{var}(X)\,\mathrm{var}(Y)}}=\frac{\mathrm{cov}(X,Y)}{\sigma_X\sigma_Y}$$

为 X 与 Y 的相关系数.

相关系数 ρ_{XY} 是个无量纲的量，它不受单位改变的影响.

定理 4.4.1（Schwarz 不等式）

$$[E(XY)]^2\leqslant E(X^2)E(Y^2),$$

即

$$\mathrm{cov}^2(X,Y)\leqslant \mathrm{var}(X)\,\mathrm{var}(Y)=\sigma_X^2\sigma_Y^2.$$

证明* 不妨设 $\sigma_X^2>0$，因为当 $\sigma_X^2=0$，则 X 几乎处处为常数，因此与 Y 的协方差为 0，从而 Schwarz 不等式成立.

当 $\sigma_X^2>0$ 成立下，考虑 t 的二次函数

$$g(t)=E[t(X-EX)+(Y-EY)]^2=t^2\sigma_X^2+2t\,\mathrm{cov}(X,Y)+\sigma_Y^2.$$

上述二次函数 $\sigma_X^2>0$，关于 t 一直大于等于 0，所以判别式小于等于 0，即

$$[2\mathrm{cov}(X,Y)]^2-4\sigma_X^2\sigma_Y^2\leqslant 0.$$

移项后可得 Schwarz 不等式.

推论　相关系数 $-1\leqslant\rho_{XY}\leqslant 1$.

定理 4.4.2　$\rho_{XY}=\pm 1$ 的充要条件是 X 与 Y 之间几乎处处线性关系，即存在 $a\neq 0$ 与 b，使得

$$P(Y=aX+b)=1,$$

其中当 $\rho_{XY}=1$ 时，$a>0$；当 $\rho_{XY}=-1$ 时，$a<0$.

证明　充分性显然成立.

必要性：因为 $\mathrm{var}\left(\dfrac{X}{\sigma_X}\pm\dfrac{Y}{\sigma_Y}\right)=2[1\pm\rho_{XY}]$，所以当 $\rho_{XY}=1$ 时，有

$$\mathrm{var}\left(\frac{X}{\sigma_X}-\frac{Y}{\sigma_Y}\right)=0.$$

由此可得

$$P\left(\frac{X}{\sigma_X}-\frac{Y}{\sigma_Y}=c\right)=1,$$

即
$$P\left(Y=\frac{\sigma_Y}{\sigma_X}X-c\sigma_Y\right)=1.$$

这就证明了当 $\rho_{XY}=1$，Y 与 X 几乎处处线性正相关.

当 $\rho_{XY}=-1$ 时，

$$\operatorname{var}\left(\frac{X}{\sigma_X}+\frac{Y}{\sigma_Y}\right)=0,$$

即
$$P\left(Y=-\frac{\sigma_Y}{\sigma_X}X+c\sigma_Y\right)=1.$$

这就证明了当 $\rho_{XY}=-1$，Y 与 X 几乎处处线性负相关.

对于这个性质，可作几点说明：

（1）相关系数 ρ_{XY} 刻画了 X 与 Y 之间线性关系，因此也常称为**线性相关系数**.

（2）如果 $\rho_{XY}=1$，则称 X 与 Y 完全正相关；如果 $\rho_{XY}=-1$，则称 X 与 Y 完全负相关.

（3）如果 $-1<|\rho_{XY}|<1$，则称 X 与 Y 有一定程度的线性关系，$|\rho_{XY}|$ 越接近 1，则线性相关程度越高，$|\rho_{XY}|$ 越接近 0，则线性相关程度越低.

（4）当相关系数 $\rho_{XY}=0$，则称 X 与 Y **不相关**，不相关是指 X 与 Y 之间没有线性关系，但 X 与 Y 之间可能有其他函数关系，比如平方关系等.

例 4.4.5　已知随机变量 $X\sim N(1,3^2)$，$Y\sim N(0,4^2)$ 且相互独立，设 $Z=\frac{X}{3}+\frac{Y}{2}$，（1）求 $E(Z),D(Z)$；（2）求 ρ_{XZ}；（3）问 X 与 Z 是否独立？为什么？

解　（1）$E(Z)=E\left(\frac{X}{3}+\frac{Y}{2}\right)=\frac{1}{3}E(X)+\frac{1}{2}E(Y)=\frac{1}{3}\times1+\frac{1}{2}\times0=\frac{1}{3}$.

$$D(Z)=D\left(\frac{X}{3}+\frac{Y}{2}\right)=D\left(\frac{X}{3}\right)+D\left(\frac{Y}{2}\right)=\frac{1}{9}D(X)+\frac{1}{4}D(Y)=\frac{1}{9}\times9+\frac{1}{4}\times16=5.$$

（2）$\operatorname{cov}(X,Z)=\operatorname{cov}\left(X,\frac{1}{3}X+\frac{1}{2}Y\right)=\frac{1}{3}\operatorname{cov}(X,X)+\frac{1}{2}\operatorname{cov}(X,Y)=\frac{1}{3}\times3^2=3$，

则
$$\rho_{XZ}=\frac{\operatorname{cov}(X,Z)}{\sqrt{DX}\sqrt{DZ}}=\frac{3}{3\sqrt{5}}=\frac{\sqrt{5}}{5}.$$

（3）因为 $\rho\neq0$，所以 X 与 Z 相关，故 X 与 Z 一定不相互独立.

例 4.4.6 设 T 是 $[-\pi,\pi]$ 上的均匀分布，令 $X=\sin T$，$Y=\cos(T)$，求 X,Y 之间的相关系数.

解 由于

$$E(X)=\frac{1}{2\pi}\int_{-\pi}^{\pi}\sin x\mathrm{d}x=0,\quad E(Y)=\frac{1}{2\pi}\int_{-\pi}^{\pi}\cos x\mathrm{d}x=0,$$

$$E(X^2)=\frac{1}{2\pi}\int_{-\pi}^{\pi}\sin^2 x\mathrm{d}x=\frac{1}{2},\quad E(Y^2)=\frac{1}{2\pi}\int_{-\pi}^{\pi}\cos^2 x\mathrm{d}x=\frac{1}{2},$$

$$E(XY)=\frac{1}{2\pi}\int_{-\pi}^{\pi}\sin x\cos x\mathrm{d}x=0\,,\quad D(X)=D(Y)=\frac{1}{2}\,,$$

因此
$$\operatorname{cov}(X,Y)=E(XY)-E(X)E(Y)=0\,.$$

于是
$$\rho_{XY}=\frac{\operatorname{cov}(X,Y)}{\sqrt{DX}\sqrt{DZ}}=0\,.$$

本例中，X,Y 是不相关的，但显然有 $X^2+Y^2=1$，也就是说，X,Y 虽然没有线性关系，但有另外一种函数关系，从而 X,Y 也是不独立的.

另外，我们可以证明：二维正态随机变量 $(X,Y)\sim N(\mu_1,\mu_2,\sigma_1^2,\sigma_2^2,\rho)$ 中概率密度中的参数 ρ 就是 X 与 Y 的相关系数，即 $\rho=\rho_{XY}$. 又因为正态随机变量 X 与 Y 独立的充要条件是 $\rho=0$，故**对于二维正态随机变量，不相关等价于独立**.

综上所述，当 $\rho_{XY}=0$ 时，X,Y 可能独立，也可能不独立.

4.5　极限定理

极限理论是概率论的基本理论，它在理论研究和应用中起着重要作用. 有人认为概率论的真正历史应从第一个极限定理（伯努利大数定律）算起. 大数定律是叙述随机变量序列的前一些项的算数平均值在某种条件下收敛到这些项均值的算数平均值；中心极限定理是确定在什么条件下，大量随机变量的和的分布逼近于正态分布，它解释了为什么正态分布具有较广泛的应用.

4.5.1　大数定律

概率是频率的稳定值，其中“稳定”一词是什么含义？在前面我们直观上描述了稳定性：频率在其概率附近摆动. 但如何摆动我们没说清楚，现在可以用大数定律彻底说清这个问题了. 大数定律是自然界普遍存在的经实践证明的定理，因为任何随机现象出现时都表现出随机性，然而当一种随机现象大量重复出现或大量随机现象的共同作用时，所产生的平均结果实际上是稳定的、几乎是非随机的. 例如，各个家庭、甚至各个村庄的男女比例会有差异，这是随机性的表现，然而在较大范围（国家）中，男女的比例是稳定的.

定义 4.5.1　设 $\{X_n\}$ 是随机变量序列，X 是随机变量，若对 $\forall\varepsilon>0$，有

$$\lim_{n\to\infty}P\{|X_n-X|<\varepsilon\}=1\,,$$

则称 $\{X_n\}$ 以概率收敛于 X，记作 $X_n\xrightarrow{P}X$ 或 $\lim\limits_{n\to\infty}X_n=X(P)$.

定义 4.5.2　设有一列随机变量序列 $\{X_n\}$，记 $\bar{X}_n=\frac{1}{n}\sum\limits_{i=1}^{n}X_i$，若 $\bar{X}_n\xrightarrow{P}E\bar{X}_n$，则称该 $\{X_n\}$ 服从弱大数定律，简称**大数定律**.

随机变量的本质是函数，而函数是不能直接比较大小的，因此，我们只能通过算子将随机变量序列转化为实数列，然后通过实数列的收敛性来定义随机变量序列的收敛性. 不同的算子产生了不同的收敛，比如，依概率收敛等.

首先，给出较为一般的 Markov 大数定律，其他几个大数定律可作为其特例.

定理 4.5.1（Markov 大数定律） 对随机变量序列 $\{X_n\}$，若 $\frac{1}{n^2}D\left(\sum_{i=1}^{n}X_i\right)\to 0$，则 $\{X_n\}$ 服从大数定律.

证明 由 Chebyshev 不等式，对 $\forall\varepsilon>0$，

$$1\geqslant P\left\{\left|\frac{1}{n}\sum_{i=1}^{n}X_i-\frac{1}{n}\sum_{i=1}^{n}EX_i\right|<\varepsilon\right\}\geqslant 1-D\left(\sum_{i=1}^{n}X_i\right)\frac{1}{n^2\varepsilon^2},$$

则
$$\lim_{n\to\infty}P\left\{\left|\frac{1}{n}\sum_{i=1}^{n}X_i-\frac{1}{n}\sum_{i=1}^{n}EX_i\right|<\varepsilon\right\}=1.$$

不同的大数定律只是对不同的随机变量序列 $\{X_n\}$ 而言：

推论 1（Chebyshev 大数定律） 设 $\{X_n\}$ 为一列两两不相关的随机变量序列，如果存在常数 C，使得

$$DX_i\leqslant C, i=1,2,\cdots,$$

则 $\{X_n\}$ 服从大数定律.

注意，Chebyshev 大数定律只要求 $\{X_n\}$ 互不相关，并不要求它们是同分布的. 假如 $\{X_n\}$ 是独立同分布的随机变量序列，且方差有限，则 $\{X_n\}$ 服从大数定律.

注：设 $X_1,\cdots,X_n,\cdots$ 是随机变量序列，如果其中任何有限个随机变量都相互独立，则称 $\{X_n,n\geqslant 1\}$ 是独立随机变量序列.

推论 2（Bernoulli 大数定律） 设 X_i 独立同分布于 $B(1,p)$，则 $\{X_n\}$ 服从大数定律.

推论 2 的等价形式：设事件 A 在每次试验中发生的概率为 p，n 次重复独立试验中事件 A 发生的次数为 v_A，则对于任意 $\varepsilon\geq 0$，有

$$\lim_{n\to\infty}P\left\{\left|\frac{v_A}{n}-p\right|<\varepsilon\right\}=1,$$

即频率 $\frac{v_A}{n}$ 依概率收敛（稳定）于概率.

人们在长期实践中认识到频率具有稳定性，即当试验次数不断增大时，频率稳定在一个数附近. 这一事实显示了可以用一个数来表示事件发生的可能性的大小，也使人们认识到概率是客观存在的，进而由频率的性质和启发抽象出了概率的定义. 总之，Bernoulli 大数定律提供了用频率来确定概率的理论依据. 它说明，随着 n 的增加，事件 A 发生的频率 $\frac{v_A}{n}$ 越来越可能接近其发生的概率 p，这就是频率稳定于概率的含义，或者说频率依概率收敛于概率. 在

实际应用中，当试验次数很大时，便可以用事件的频率来代替事件的概率.

推论 3（泊松大数定律） 设 $X_i \sim B(1, p_i)$，$i = 1,2,\cdots$，且相互独立，则 $\{X_n\}$ 服从大数定律.

由泊松大数定律可知，当独立进行的随机试验的条件变化时，频率仍具有稳定性，它改进了 Bernoulli 大数定律.

显然，Bernoulli 大数定律与泊松大数定律是 Chebyshev 大数定律的特例，而 Chebyshev 大数定律是 Markov 大数定律的特例. 为什么 Bernoulli 大数定律是 Markov 大数定律的特例，但 Bernoulli 大数定律却很著名呢？因为它是历史上最早的大数定律，也是很有用的. 科学的发展都是由简单到复杂，而不是由复杂到简单，但我们学习的时候，为了更快地掌握，在很多时候可以直接学习一般结论，那么特殊结论自然就成立了.

上面的大数定律都要求方差存在，如果方差不存在，就不能直接应用 Chebyshev 不等式了. 前苏联数学家辛钦用截尾法克服了这一困难，但他研究的是独立同分布随机变量序列，这种序列在数理统计中也经常使用. 由于只要求数学期望存在，因而使得大数定律有了本质上的突破. 以下辛钦大数定律去掉了这一假设，仅设期望存在，但要求 X_i 独立同分布.

定理 4.5.2（Khintchine（辛钦）大数定律） 设随机变量序列 $\{X_i\}$ 是独立同分布的，若 $E(X_i), i = 1,2,\cdots$，存在，则 $\{X_n\}$ 服从大数定律.

证明 辛钦大数定律的证明比较复杂，需要涉及特征函数，因此从略..

注意：Bernoulli 大数定律也是辛钦大数定律的特例.

推论 设 X_i 独立同分布，如果对正整数 $k > 1$，$E(X_i^k) = \mu_k$，则对任意 $\varepsilon > 0$，

$$\lim_{n\to\infty} P\left\{\left|\frac{1}{n}\sum_{i=1}^{n} X_i^k - \mu_k\right| < \varepsilon\right\} = 1 .$$

辛钦大数定律说明，对于独立同分布随机变量序列，其前 n 项平均依概率收敛到其数学期望. **辛钦大数定律是数理统计参数估计矩法估计的理论基础**，即当 n 足够大时，可将样本均值作为总体 X 均值的估计值，而不必考虑 X 的分布怎样. 在实际生活中，就是用观察值的平均去作为随机变量均值的估计值. 不仅如此，辛钦大数定律应用于数值计算，产生了**统计试验法**，又称为**蒙特卡罗方法**.

4.5.2　中心极限定理

在客观实际中有许多随机变量，它们是由大量的相互独立的随机因素的综合影响所形成的，而其中每一个因素在总的影响中所起的作用都是微小的. 这种随机变量往往近似服从正态分布，这种现象就是中心极限定理的客观背景. 在概率论中，习惯于把随机变量和的分布收敛于正态分布称作中心极限定理，它在概率论和统计中有非常广泛的应用.

定理 4.5.3（Lindeberg-levy 中心极限定理） 设随机变量 $\{X_n\}$ 独立同分布，$E(X_i) = \mu$，$D(X_i) = \sigma^2 < \infty$，$i = 1,2,\cdots$，则有

$$\lim_{n\to\infty} \frac{\sum_{i=1}^{n} X_i - n\mu}{\sqrt{n}\sigma} \sim N(0,1) .$$

证明省略.

中心极限定理的内容包含极限，因而称它为极限定理是很自然的. 又由于它在统计中的重要性，比如它是大样本统计的理论基础，故称为中心极限定理，这是波利亚（Polya）在1920 年取的名字. 定理 4.5.3 有广泛的应用，它只是假定$\{X_n\}$独立同分布、方差存在，不管原来分布是什么，只要n充分大，它就可以用正态分布去逼近.

由 Lindeberg-levy 中心极限定理马上可得：

推论（Moire-Laplace **中心极限定理**）　设随机变量$\{X_n\}$独立同分布于$B(1,p)$，且记$Y_n^*=\dfrac{\sum\limits_{i=1}^{n}X_i-np}{\sqrt{npq}}$，则对于任意实数$y$，有

$$\lim_{n\to+\infty}P(Y_n^*\leqslant y)=\Phi(y)=\frac{1}{\sqrt{2\pi}}\int_{-\infty}^{+\infty}\mathrm{e}^{-\frac{t^2}{2}}\mathrm{d}t,$$

即$\lim\limits_{n\to\infty}Y_n^*\sim N(0,1)$.

从逻辑上我们可以说，Moivre-Laplace 中心极限定理是 Lindeberg-levy 中心极限定理的推论，但实际上，Moivre-Laplace 中心极限定理是概率论历史上的第一个中心极限定理，它是专门针对二项分布的，因此称为“二项分布的正态近似”. 泊松定理给出了“二项分布的泊松近似”，两者相比，一般在p较小时，用泊松近似较好，而在$np>5$和$n(1-p)>5$时，用正态分布近似较好.

定理 4.5.4*（**李雅普诺夫**（Lyapunov）**中心极限定理**）　设随机变量$\{X_n\}$相互独立，它们有数学期望$E(X_i)=\mu_i$，$D(X_i)=\sigma_i^2>0,i=1,2,\cdots$，记$B_n^2=\sum\limits_{i=1}^{+\infty}\sigma_i^2$，若存在正数$\delta$，使得当$n\to\infty$时，$\dfrac{1}{B_n^{2+\delta}}\sum\limits_{i=1}^{n}E\{|X_i-\mu_i|^{2+\delta}\}\to 0$，则有

$$\lim_{n\to\infty}\frac{\sum\limits_{i=1}^{n}X_i-\sum\limits_{i=1}^{n}\mu_i}{B_n}\sim N(0,1).$$

证明省略.

这就是说，无论随机变量$X_i,i=1,2,\cdots$，服从什么分布，只要满足定理的条件，它们的和$\sum\limits_{i=1}^{n}X_i$，当n很大时，都近似服从正态分布. 这就是正态分布在概率论中占有重要地位的一个基本原因. 在很多问题中，所考虑的随机变量可以表示成很多独立的随机变量之和，比如一个物理实验的测量误差是由许多观察不到的、可加的微小误差所合成的，它们往往近似服从正态分布.

例 4.5.1（2001 数 3,4）　一生产线生产的产品成箱包装，每箱重量是随机的，假设每箱平均重 20 kg，标准差 5 kg. 若用最大载重量为 5 吨的汽车承运，试利用中心极限定理说明每辆最多装多少箱，才能保证不超载的概率大于 0.977.（$\Phi(2)=0.977$. 其中$\Phi(x)$是标准正态分布函数）

解　设 X_i 表示"装运第 i 箱的重量"，单位：kg，n 为所求箱数，则 $X_1,\cdots,X_n$ 相互独立且同分布，n 箱总重量 $T_n=\sum_{i=1}^{n}X_i$，且 $E(X_i)=50$，$\sqrt{D(X_i)}=5$.

由独立同分布的中心极限定理知

$$P\{T_n\leqslant 5000\}=P\left\{\sum_{i=1}^{n}X_i\leqslant 5000\right\}=P\left\{\frac{\sum_{i=1}^{n}X_i-50n}{5\sqrt{n}}\leqslant\frac{5000-50n}{5\sqrt{n}}\right\}$$

$$\approx\Phi\left(\frac{1000-10n}{\sqrt{n}}\right)>0.977=\Phi(2),$$

即

$$\frac{1000-10n}{\sqrt{n}}>2,$$

解得 $n<98.0199$，故最多可装 98 箱.

```
a=norminv(0.977)              %标准正态分布 0.977 分位数
%注意，a=1.9954，但程序中不能表示为 a
x=solve('((1000-10*n)/sqrt(n)) - 1.9954=0');
b=vpa(x);                     %将 x 表示为数据
n=floor(b)                    %不超过 b 的最大整数
```

结果为：a=1.9954　　　n=98

例 4.5.2（计算学生智商高低的概率）　假设某校入学新生智力测验的平均分数与标准差分别为 100 与 12，那么随机抽取 50 个学生，他们智力测验的平均分数大于 105 的概率为多少？

解　虽然本例没有服从正态分布的假设，然而中心极限定理却提供了一个求解途径，即当随机样本比较大时，样本平均数 $\bar{X}$ 近似于一个正态随机变量，因此我们有

$$Z=\frac{\bar{X}-\mu}{\sigma\sqrt{n}}\sim N(0,1).$$

平均分数大于 105 的概率为：

$$P\left(Z>\frac{105-100}{12\sqrt{50}}\right)=P(Z>2.9463)=0.0016,$$

```
a=(105 – 100)/(12/(50^0.5)),
p=1 – normcdf(a).
```

例 4.5.3　一复杂系统由 100 个相互独立起作用的部件所组成，在整个运行期间每个部件损坏的概率为 0.1，为了使整个系统起作用，至少必须 85 个部件正常工作，求整个系统起作用的概率.

解　设每个部件为 $X_i, i=1,2,\cdots,100$，$X_i=\begin{cases}1, & \text{部件工作}\\ 0, & \text{部件损坏不工作}\end{cases}$，设 X 是复杂系统，则

$X_i, i=1,2,\cdots,100$，相互独立，且 $X=\sum_{i=1}^{100} X_i$.

由题设知 $n=100$，$E(X_i)=0.9$，$D(X_i)=0.09$，则

$$P\left\{\sum_{i=1}^{100} X_i \geqslant 85\right\}=P\left\{\frac{X-nE(X_i)}{\sqrt{nD(X_i)}} \geqslant \frac{85-nE(X_i)}{\sqrt{nD(X_i)}}\right\}=P\left\{\frac{X-90}{\sqrt{9}} \geqslant \frac{85-90}{\sqrt{9}}\right\}$$

$$=P\left\{\frac{X-90}{3} \geqslant \frac{-5}{3}\right\}=1-P\left\{\frac{X-90}{3}<-\frac{5}{3}\right\} \approx 1-\int_{-\infty}^{-\frac{5}{3}} \frac{1}{\sqrt{2\pi}} \mathrm{e}^{-\frac{t^2}{2}} \mathrm{d}t$$

$$=1-\Phi\left(-\frac{5}{3}\right)=\Phi(1.67)=0.9525 .$$

小　结

本章属于概率统计的重要章节，随机变量的数字特征是用几个数值来表示随机变量取值的特点，虽然它们没有分布列或密度函数刻画得详尽和准确，但能够从不同的侧面反映随机变量统计规律的特性，同时也为随机变量研究提供了有利工具. 随机变量的数字特征主要值为：$EX, EY, D(X), D(Y), \operatorname{cov}(X,Y), \rho(X,Y)$.

由于方差、协方差、相关系数等都可以转化为随机变量函数的数学期望，故重点应掌握随机变量函数的数学期望的计算. 大数定律和中心极限定理不是研究生入学考试的重点，因此本章大多数定理证明省略，读者只需结合定理内容，理解它的概率意义，并会利用中心极限定理进行简单的近似计算即可.

本章具体考试要求是：

（1）理解随机变量数字特征（数学期望、方差、标准差、矩、协方差、相关系数）的概念，会运用数字特征的基本性质，并掌握常用分布的数字特征.

（2）掌握切比雪夫不等式.

（3）会求随机变量函数的数学期望.

（4）了解切比雪夫、伯努利、辛钦大数定律.

（5）了解 Lindeberg-levy 中心极限定理（独立同分布随机变量序列的中心极限定理）与 Moivre-Laplace 中心极限定理（二项分布以正态分布为极限）

人物简介

切比雪夫（1821—1894）：俄国数学家，机械学家，彼得堡数学学派的奠基人和领袖. 1821 年 5 月生于奥卡托瓦，1894 年 12 月卒于彼得堡. 1841 年毕业于莫斯科大学，1849 年获博士学位，1847—1882 年在彼得堡大学任教，1850 年成为教授. 1859 年当选为彼得堡科学院院士，他还是许多国家科学院的外籍院士和学术团体成员，1890 年获法国荣誉团勋章.

他一生发表论文70多篇，内容涉及数论、概率论、函数逼近论、积分学等. 他证明了贝尔特兰公式，自然数列中素数分布的定理，大数定律的一般公式以及中心极限定理. 他不仅重视纯数学，而且十分重视数学的应用. 在概率论方面，切比雪夫建立了证明极限定理的新方法——矩法，用十分初等的方法证明了一般形式的大数定律. 他的贡献使概率论的发展进入新阶段. 此外，切比雪夫还创立了函数构造理论，建立了著名的切比雪夫多项式，在数学分析中也做了大量的工作. 在力学方面，他主要从事这些数学问题的应用研究.

切比雪夫终身未娶，生活十分简朴，他的一点积蓄全部用来买书和制造机器，但是他最大的乐趣是与年轻人讨论数学问题. 他既无子女，又无金钱，但是他却给人类留下了一笔不可估价的遗产——一个光荣的数学学派. 彼得堡数学学派是伴随着切比雪夫几十年的舌耕笔耘成长起来的，它深深地扎根在大学这块沃土里，它的成员们大都重视基础理论和实际应用，善于以经典问题为突破口，并擅长运用初等工具建立高深的结果. 时至今日，俄罗斯已经是一个数学发达的国家，俄罗斯数学界的领袖们仍以自己被称为切比雪夫和彼得堡学派的传人而自豪.

点评：切比雪夫虽然没有开创一个家族，但他开创了一个学派，非常富有团队精神，值得称赞.

合作才能双赢，对抗很可能双输.

习题 4

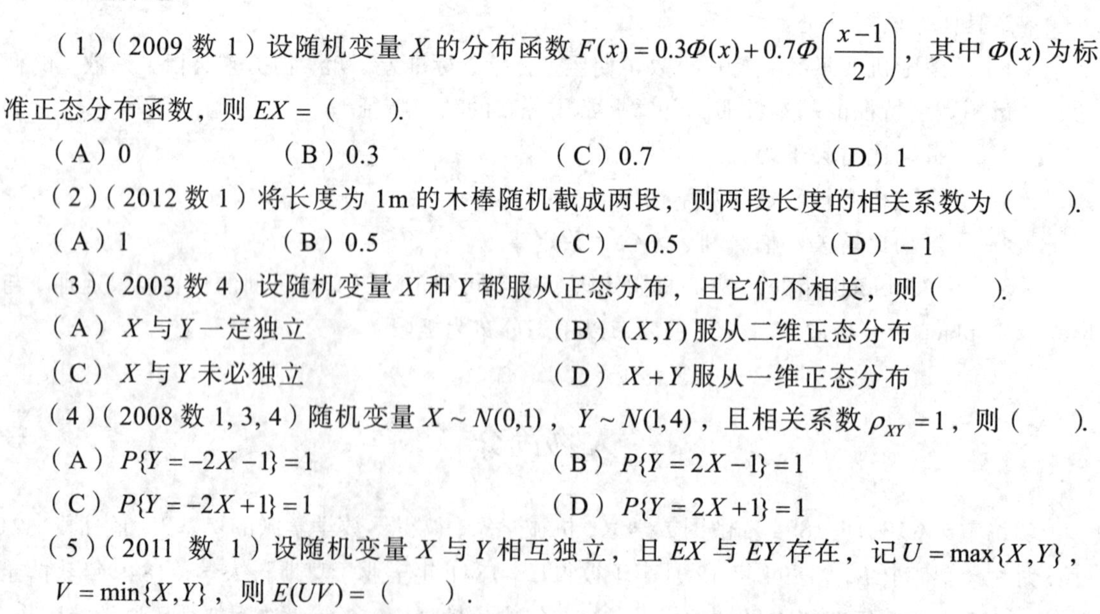

1. 选择题.

(1)(2009 数 1) 设随机变量 X 的分布函数 $F(x)=0.3\Phi(x)+0.7\Phi\left(\frac{x-1}{2}\right)$，其中 $\Phi(x)$ 为标准正态分布函数，则 $EX=$ (　　).

(A) 0　　(B) 0.3　　(C) 0.7　　(D) 1

(2)(2012 数 1) 将长度为 1m 的木棒随机截成两段，则两段长度的相关系数为 (　　).

(A) 1　　(B) 0.5　　(C) -0.5　　(D) -1

(3)(2003 数 4) 设随机变量 X 和 Y 都服从正态分布，且它们不相关，则 (　　).

(A) X 与 Y 一定独立　　(B) (X,Y) 服从二维正态分布

(C) X 与 Y 未必独立　　(D) $X+Y$ 服从一维正态分布

(4)(2008 数 1, 3, 4) 随机变量 $X\sim N(0,1)$，$Y\sim N(1,4)$，且相关系数 $\rho_{XY}=1$，则 (　　).

(A) $P\{Y=-2X-1\}=1$　　(B) $P\{Y=2X-1\}=1$

(C) $P\{Y=-2X+1\}=1$　　(D) $P\{Y=2X+1\}=1$

(5)(2011 数 1) 设随机变量 X 与 Y 相互独立，且 EX 与 EY 存在，记 $U=\max\{X,Y\}$，$V=\min\{X,Y\}$，则 $E(UV)=$ (　　).

(A) $E(U)E(V)$　　(B) $E(X)E(Y)$　　(C) $E(U)E(Y)$　　(D) $E(X)E(V)$

(6)(2005 数 4) 设随机变量 $\{X_n\}$ 相互独立且都服从参数为 λ 的指数分布，$\Phi(x)$ 为标准

正态分布的分布函数，记 $S_n=\sum_{i=1}^{n}X_i$，则（　　）

（A）$\lim_{n\to\infty}P\left\{\frac{\lambda S_n-n}{\sqrt{\lambda}}\leqslant x\right\}=\Phi(x)$　　（B $\lim_{n\to\infty}P\left\{\frac{S_n-n}{\sqrt{n\lambda}}\leqslant x\right\}=\Phi(x)$

（C）$\lim_{n\to\infty}P\left\{\frac{S_n-\lambda}{\sqrt{n\lambda}}\leqslant x\right\}=\Phi(x)$　　（D）$\lim_{n\to\infty}P\left\{\frac{S_n-\lambda}{n\lambda}\leqslant x\right\}=\Phi(x)$

2. 填空题.

（1）设随机变量 X,Y 独立且均服从 $N\left(0,\frac{1}{2}\right)$，则 $D(X-Y)=$__________.

（2）已知 $E(X)=-2,\ E(X^2)=5$，则 $\mathrm{var}(1-3X)=$__________.

（3）设随机变量 $X\sim P(\lambda)$，且已知 $E(X-1)(X-2)=1$，则 $\lambda=$__________.

（4）设 X_1,X_2,X_3 相互独立且 $X_1\sim U(0,6), X_2\sim N(1,(\sqrt{3})^2), X_3\sim \mathrm{Exp}(3)$，则随机变量 $Y=X_1-2X_2+3X_3$ 的方差为__________，期望为__________.

（5）（2011 数 1, 3）设二维随机变量 $(X,Y)\sim N(\mu,\mu;\sigma^2,\sigma^2,0)$，则 $E(XY^2)=$__________.

（6）（2013 数 3）设随机变量 X 服从标准正态分布 $N(0,10)$，则 $E(X\mathrm{e}^{2X})=$__________.

（7）（2001 数 3, 4）设随机变量 X 和 Y 的数学期望分别为 − 2 和 2，方差分别为 1 和 4，而相关系数为 − 0.5，则根据切比雪夫不等式 $P\{|X+Y|\geqslant 6\}\leqslant$__________.

（8）（2003 数 3）设随机变量 $\{X_n\}$ 相互独立且都服从参数为 2 的指数分布，当 $n\to\infty$ 时，$Y_n=\frac{1}{n}\sum_{i=1}^{n}X_i^2$ 依概率收敛于__________.

3. （2000 数 1）某流水生产线上每个产品不合格的概率为 $p\,(0<p<1)$，各产品合格与否相互独立，当出现一个不合格产品时即停机检修. 设开机后第一次停机时已生产了的产品个数为 X，求 X 的数学期望 EX 和方差 DX.

4. 设有 A,B 两个项目，X,Y 分别表示投资这两个项目获得的收益，且

$$X\sim\begin{pmatrix}0 & 1 & 2 & 3\\ 0.5 & 0.2 & 0.2 & 0.1\end{pmatrix},\quad Y\sim\begin{pmatrix}-2 & 3 & 5\\ 0.3 & 0.1 & 0.6\end{pmatrix},$$

利用期望最大化原理，应选择哪个项目？

5. （2003 数 1）已知甲、乙两箱中装有同种产品，其中甲箱中装有 3 件合格品和 3 件次品，乙箱中仅装有 3 件合格品. 从甲箱中任取 3 件产品放入乙箱后，求：

（1）乙箱中次品件数 X 的数学期望；

（2）从乙箱中任取一件产品是次品的概率.

6. 一海运货船的甲板上放着 20 个装有化学原料的圆桶，现已知其中有 5 个桶被海水污染了. 若从中随机抽取 8 桶，记 X 为 8 桶中被污染的桶数，试求 X 的分布列，并求 $E(X)$.

7. 求掷 n 颗骰子出现点数之和的数学期望与方差.

8. 一商店经销某种商品，每周进货量 X 与顾客对该种商品的需求量 Y 相互独立的随机变量，且都服从均分分布 $U(10,20)$. 商店每出售一单位商品可得利润 1 000 元；若需求量超过进货量，可从其他商店调货供应，这时每单位商品获利 500 元. 试求商品经销该种商品每周的平均利润.

9. 设二维随机变量 (X,Y) 联合密度函数为 $f(x,y)=\begin{cases}1, |x|<y, 0<y<1\\0, \text{其他}\end{cases}$，求 $E(X)$, $E(Y)$, $\mathrm{cov}(X,Y)$.

10. 设 X_1, X_2 独立同分布于 $N(\mu,\sigma^2)$，试求 $Y_1=aX_1+bX_2$ 与 $Y_2=aX_1-bX_2$ 的相关系数，其中 a,b 为非零常数.

11. 设随机变量 X,Y 独立同分布于 $\mathrm{Exp}(\lambda)$，令 $Z=\begin{cases}3X+1, X\geqslant Y\\6Y, \quad X<Y\end{cases}$，求 $E(Z)$.

12. 设某种商品每周的需求量 $X\sim U[10,30]$，而经销商进货量为区间 $[10,30]$ 中的某一整数，商店每销售一单位商品可得利润 500 元；若供大于求则削价处理，每处理以单位商品亏损 100 元；若供不应求，则可从外部调剂供应，此时每单位仅获利 300 元. 为使商店所获利润期望值不少于 9 280 元，试确定最少进货量.

13. 某保险公司多年的统计资料表明，在理赔户中被盗理赔占 20%，以 X 表示在随机抽查的 100 个理赔户中因被盗向保险公司理赔的户数.

（1）写出 X 的分布列；

（2）求被盗理赔户不少于 14 户且不多于 30 户的概率近似值.

14. 根据有关统计资料，异性双胞胎占双胞胎总数的 36%，求在 1 000 例双胞胎中异性双胞胎例数 X 介于 300 和 400 之间的概率 α.

15. 某甲与其他三人参与一个项目的竞拍，价格以万元计，价格高者获胜. 若甲中标，他就将此项目以 10 万元转让他人，可认为其他三人的竞拍价是相互独立的，且都在 7～11 万元之间均匀分布. 问甲如何报价才能使获益的期望值最大.

16. 某决策者现有财产 3 万元，他面临两个选择（单位：万元）

$$X\sim\begin{pmatrix}-2 & 0 & 6\\0.05 & 0.8 & 0.15\end{pmatrix},\quad Y\sim\begin{pmatrix}0.5 & 1\\0.4 & 0.6\end{pmatrix},$$

（1）若采用期望值原理，决策者会采用哪种方案？

（2）若此决策者效用函数为 $u(x)=\sqrt{x}, x>0$，并采用期望效用原理，决策者会选用哪种方案？

5　数理统计基本概念

在概率论的许多问题中，概率分布通常被假定为已知，而一切计算和推理都是基于这个已知分布进行的，但在实际问题中，一个随机变量的分布函数往往未知，或者是知其模型不知其分布中的参数，那么怎样才能知道一个随机变量的分布或参数呢？这就是数理统计所要解决的问题. 因此，数理统计就是在实际中，根据实验或观测得到的数据对研究对象的统计规律性做出种种合理的估计和推断，直至为采取某种决策提供依据和建议. 但客观上，往往只允许我们对随机现象进行次数不多的观察和试验，所收集的统计资料只能反映事物的局部特征. 数理统计的任务就在于从统计资料所反映的事物局部特征以概率论作为理论基础来推断事物总体的特征. 因为这种“从局部推断总体的方法”具有普遍意义，所以数理统计的应用很广泛，如天气预报、良种的选择、质量的控制等.

在终极的分析中，一切知识都是历史；在抽象的意义下，一切科学都是数学；**在理性的基础上，所有的判断基础都是统计学**. 总有一天，统计思维会像读与写一样成为一个有效率公民的必备能力.

本章讲解数理统计的基本概念：总体、样本、统计量，以及抽样分布.

5.1　统计推断的基本概念

统计推断，就是以统计数据为依据，对研究对象的统计规律性进行推测、预测和判断，它是数理统计的核心内容. 总体、样本和统计量是统计推断的基本概念，也是统计推断的研究对象，我们从直观概念出发，引入它们的数学定义.

5.1.1　总体与样本

在一个统计问题中，我们把研究对象的全体称为**总体**，构成总体的每个元素称为**个体**. 比如，在研究某批零件的抗拉强度时，这批零件的全体就组成了一个总体，而其中每一个零件就是个体.

对于实际问题，总体中的个体是一些实在的人或物，比如我们要研究某大学的学生身高情况，该大学的全体学生就构成了问题的总体，而每个学生就是个体，切记该大学的所有学生包括已经毕业及将要录取的同学，一般可以认为具有无限多个. 事实上，每一个学生有许多特征：性别、年龄、身高、体重等，而在该问题中，我们关心的只是该校学生的身高如何，对其他特征暂不考虑. 这样每个学生（个体）所具有的数量指标——身高就是个体，而所有身高全体看成总体. 如果研究对象的观测值是定性的，我们也可以数量化. 比如考察出生婴儿性别，其结果可能为男、女，是定性的，如果分别以 1、0 表示男、女，那么试验的结果就可用数来表示了. 这样，抛开实际背景，总体就是一堆数，这堆数中有大有小，有的出现机会大，有的出现机会小，因此用一概率分布去描述和归纳总体是合适的. 从这个意义上说，

总体就是一个分布，而其数量指标就是服从这个分布的随机变量，个体就是总体对应随机变量的一次观察值.

统计上，我们研究有关对象的某一数量指标时，往往需要考察与这一数量指标相联系的随机试验. 这样，总体就是试验的全部可能观测值，即**总体就是随机变量 X，个体就是随机变量 X 的一次观测值**，我们对总体的研究就是对一个随机变量 X 的研究.

定义 5.1.1　设 X 是代表总体的随机变量，则称随机变量 X 为**总体**，简称**总体 X**；称 X 的数字特征为**总体 X 的数字特征**；如果总体 X 服从正态分布，则称之为**正态总体**. 总体中所包含个体的个数称为**总体的容量**. 容量有限的总体称为**有限总体**；容量无限的总体称为**无限总体**.

为了了解总体的分布，就必须从总体中进行抽样观察，即从总体 X 中随机地抽取 n 个个体，记为 $X_1,\cdots,X_n$，称为总体的一个**样本**，n 称为**样本容量**，简称**样本量**.

样本具有二重性：一方面，由于样本是从总体中随机抽取的，抽取前无法预知它们的数值，因此样本也是随机变量，用大写字母 $X_1,\cdots,X_n$ 表示；另一方面，样本在抽取以后就有确定的观测值，称为**样本观测值**，用小写字母 $x_1,\cdots,x_n$ 表示. 我们对样本及其观测值不加区分，读者可根据上下文进行区分.

总体、样本、样本值间的关系见图 5.1.1：

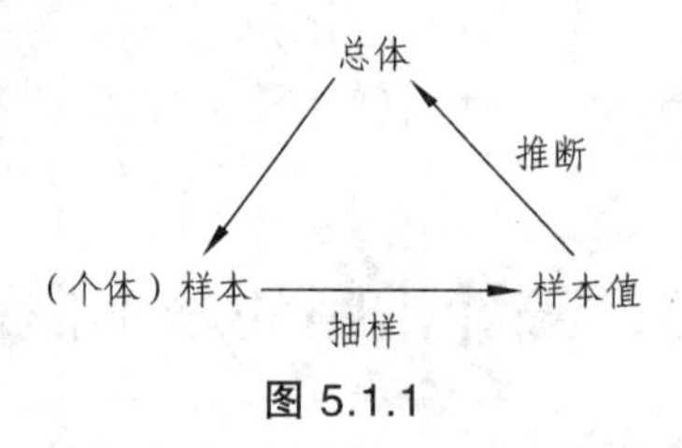

图 5.1.1

在实际应用中，总体的分布一般是未知的，或虽然知道总体分布的所属类型，但其中含有未知参数. 统计推断就是利用样本值对总体的分布类型、未知参数进行估计和推断.

设总体 X 的分布函数为 $F(x)$，则样本值 x 称为 $F(x)$ **随机数**，记为 $x\sim F(x)$ 或 $x\sim X$. 简言之，样本观测值就是随机数，如总体 $U(0,1)$ 的观测值 u 就称为 $(0,1)$ 上的均匀随机数. 由于真正的样本观测值要从随机试验中得到，这在现实中往往不可行或成本太高. 于是，人们借助计算机生成样本观测值，即伪随机数，使得它的统计性质服从所需分布，进而借助生成的随机数进行统计推断，解决实际问题，这就是蒙特卡罗. 随机数的生成也可称为**分布仿真**，是随机模拟的基础.

例 5.1.1　考察某大学的男生身高，我们从该大学男生中随机抽取 10 人，观测结果如下（单位：cm）：

180　175　168　173　166　176　172　198　172　178

这是一个容量为 10 的样本观测值，对应的总体就是该大学的男生身高.

值得注意的是，在实际问题中，总体和个体不是一成不变的，而是要由我们研究的任务来决定. 例如，在例 5.1.1 中，如果我们的研究对象是该大学的男生体重，就把该大学男生体重的所有可能取值的全体作为总体，把每个学生的体重看作个体.

从总体中抽取样本有不同的抽法，为了能对总体作出较可靠的推断，总希望样本能很好地代表总体，即要求抽取的样本能很好地反映总体的特征且便于处理，这就需要对抽样方法提出一些要求，最常用的是简单随机抽样. 满足：

（1）**随机性（代表性）**：每一个个体都有同等机会被选入样本，即每一样本 X_i 与总体 X 有相同的分布.

（2）**独立性**：每一样本的取值不影响其他样本的取值，即 $X_1,\cdots,X_n$ 相互独立.

若样本 $X_1,\cdots,X_n$ 是 n 个独立同分布的随机变量，则称该样本为**简单随机样本**，简称为样本，即满足上述两条性质的样本称为简单随机样本. 除非特别声明，否则本书皆指简单随机样本. 设总体 X 的分布函数为 $F(x)$，$X_1,\cdots,X_n$ 为取自该总体的容量为 n 的样本，则样本的联合分布函数为

$$F(x_1,\cdots,x_n)=\prod_{i=1}^{n}F(x_i).$$

对于无限总体，随机性和独立性很容易实现，困难在于排除有意或无意的人为干扰. 对于有限总体，不放回抽样所得样本不能视为简单随机样本，因为不放回抽样的观测值既不独立，也不同分布，但是如果总体个数很多，特别与样本量相比很大，则独立性基本可以满足. 在实际应用中，当总体数量较大时，比如总体比样本量大 20 倍以上或抽样比例小于 0.01，可将不放回抽样视为放回抽样.

5.1.2　统计量

样本来自总体，含有总体各方面的信息，但这些信息较为分散，有时不能直接利用. 为将这些分散的信息集中起来以反映总体的各种特征，我们就需要对样本进行加工，最常用的加工方法是构造样本的函数，即统计量. 不同的函数反映总体的不同特征，因此针对不同的问题可构造出不同的统计量.

定义 5.1.2　设 $X_1,\cdots,X_n$ 为来自某总体的样本，若样本函数 $T=T(X_1,\cdots,X_n)$ 中不含有任何有关总体分布的未知参数，则称 T 为**统计量**，统计量的分布称为**抽样分布**.

由于样本为随机变量，而**统计量是样本的函数且不含未知参数**，故统计量 $T=T(X_1,\cdots,X_n)$ 也是一个随机变量. 设 $x_1,\cdots,x_n$ 是样本 $X_1,\cdots,X_n$ 的观测值，则称 $T(x_1,\cdots,x_n)$ 为 $T(X_1,\cdots,X_n)$ 观测值. 样本和统计量一般应视为随机变量，在处理实际问题时，样本与统计量多指其实现.

设 $X_1,\cdots,X_n$ 为样本，则 $\sum_{i=1}^{n}X_i$ 与 $\sum_{i=1}^{n}X_i^2$ 都是统计量，当 μ,σ^2 未知时，$X_1-\mu$，$\frac{X_1}{\sigma}$ 等都不是统计量. 必须指出的是：虽然统计量不依赖未知参数，但是它的分布一般是依赖于未知参数的.

统计量在统计学中具有极其重要的地位，它是统计推断的基础，统计量在统计学中的地位相当于随机变量在概率论中的地位. 研究统计量的性质和评价一个统计推断的优良性，完全取决于其抽样分布的性质，所以抽样分布的研究是统计学中的重要内容. 下面给出几个最常用的统计量：

定义 5.1.3　设 $X_1,\cdots,X_n$ 是来自某总体的样本，

（1）样本均值：$\bar{X}=\frac{1}{n}\sum_{i=1}^{n}X_i$；

在分组场合，样本均值的近似公式为

$$\bar{X}=\frac{1}{n}\sum_{i=1}^{k}X_i f_i ,$$

其中 $n=\sum_{i=1}^{k}f_i$，k 为组数，X_i 为第 i 组的组中值，f_i 为第 i 组的频数.

（2）样本方差：$S^{*2}=\frac{1}{n}\sum_{i=1}^{n}(X_i-\bar{X})^2$，其中 $S^*=\sqrt{S^{*2}}$ **为样本标准差；**

（3）**样本（无偏）方差：**$S^2=\frac{1}{n-1}\sum_{i=1}^{n}(X_i-\bar{X})^2$，也称为**修正的样本方差**，$S$ 称为样本（无偏）标准差；

在分组场合，样本方差的近似公式为

$$S^2=\frac{1}{n-1}\sum_{i=1}^{k}f_i(X_i-\bar{X})^2=\frac{1}{n-1}\left[\sum_{i=1}^{k}f_iX_i^2-n\bar{X}^2\right];$$

（4）**样本 k 阶原点矩：**$A_k=\frac{1}{n}\sum_{i=1}^{n}X_i^k$，

样本 k 阶中心矩：$B_k=\frac{1}{n}\sum_{i=1}^{n}(X_i-\bar{X})^k$；

（5）**样本中位数：**$\tilde{X}=\begin{cases}X_{\left(\frac{n+1}{2}\right)}, & n\text{为奇数}\\ \frac{1}{2}\left(X_{\left(\frac{n}{2}\right)}+X_{\left(\frac{n}{2}+1\right)}\right), & n\text{为偶数}\end{cases}$.

样本均值与方差是最常用的样本数字特征，下面给出与它们有关的重要定理.

定理 5.1.1 设总体 X 具有二阶矩，即 $EX=\mu, DX=\sigma^2<+\infty$，$X_1,\cdots,X_n$ 为从该总体中得到的样本，$\bar{X}$ 和 S^2 分别是样本均值与样本方差，则

$$E(\bar{X})=\mu,\quad D(\bar{X})=\frac{\sigma^2}{n},\quad ES^2=\sigma^2 .$$

证明 由于 $X_1,\cdots,X_n$ 独立同分布于总体 X，所以

$$E(\bar{X})=E\left[\frac{1}{n}\sum_{i=1}^{n}X_i\right]=\frac{1}{n}\sum_{i=1}^{n}EX_i=\frac{1}{n}\sum_{i=1}^{n}\mu=\mu ,$$

$$D(\bar{X})=D\left[\frac{1}{n}\sum_{i=1}^{n}X_i\right]=\frac{1}{n^2}\sum_{i=1}^{n}DX_i=\frac{\sigma^2}{n} .$$

$$E(\bar{X}^2)=D(\bar{X})+E(\bar{X})^2=\frac{\sigma^2}{n}+\mu^2 ,$$

$$EX_i^2=DX_i+(EX_i)^2=\sigma^2+\mu^2 .$$

由于 $S^2=\frac{1}{n-1}\sum_{i=1}^{n}(X_i-\bar{X})^2=\frac{1}{n-1}\left[\sum_{i=1}^{n}X_i^2-n\bar{X}^2\right]$，所以

$$ES^2=E\left[\frac{1}{n-1}\sum_{i=1}^{n}(X_i-\bar{X})^2\right]=E\left\{\frac{1}{n-1}\left[\sum_{i=1}^{n}X_i^2-n\bar{X}^2\right]\right\}=\frac{1}{n-1}\left[\sum_{i=1}^{n}EX_i^2-nE\bar{X}^2\right]$$

$$=\frac{1}{n-1}\left[n(\sigma^2+\mu^2)-n\left(\frac{\sigma^2}{n}+\mu^2\right)\right]=\frac{n-1}{n-1}\sigma^2=\sigma^2.$$

当我们进行精密测量时，为了减少随机误差，往往是重复测量多次后取其平均值，本定理就给出了这种做法的一个合理解释，多次测量求平均值可以减少误差.

除了样本数字特征外，另一类常用的统计量是次序统计量.

定义 5.1.4 样本 $X_1,X_2,\cdots,X_n$ 按由小到大的顺序重排为

$$X_{(1)},\ X_{(2)},\ \cdots,\ X_{(n)},$$

则称 $X_{(1)},X_{(2)},\cdots,X_{(n)}$ 为样本 $X_1,X_2,\cdots,X_n$ 的**次序统计量**，$X_{(k)}$ 为第 k 次序统计量，$X_{(1)}$ 为**最小次序统计量**，$X_{(n)}$ 为**最大次序统计量**. $R=X_{(n)}-X_{(1)}$ 称为**样本极差**.

注意：在一个简单随机样本中，$X_1,X_2,\cdots,X_n$ 是独立同分布的，而次序统计量 $X_{(1)},X_{(2)},\cdots,X_{(n)}$ 既不独立，分布也不相同.

样本的分布完全由总体的分布来决定，但在数理统计中，总体的分布往往是未知的，那么如何根据样本观测值来估计和推断总体 X 的分布函数 $F(x)$ 是数理统计要解决的一个重要问题，为此，引入经验分布函数的概念.

定义 5.1.5 设 $X_1,\cdots,X_n$ 是取自总体分布函数为 $F(x)$ 的样本，若将样本观测值从小到大进行排列为 $X_{(1)},X_{(2)},\cdots,X_{(n)}$，则 $X_{(1)}\leqslant X_{(2)}\leqslant\cdots\leqslant X_{(n)}$ 为有序样本，函数

$$F_n(x)=\begin{cases}0,\ 当x<X_{(1)}\\ \frac{k}{n},\ 当X_{(k)}\leqslant x<X_{(k+1)},k=1,2,\cdots,n-1\\ 1,\ 当x\geqslant X_{(n)}\end{cases}$$

称为**经验分布函数**.

容易验证，经验分布函数 $F_n(x)$ 具有如下简单性质：

（1）当 x 固定时，它是样本的函数，即 $F_n(x)$ 是一个统计量；

（2）$F_n(x)$ 的观测值满足分布函数的三条性质，即它是分布函数；

（3）对于固定的 n，经验分布函数 $F_n(x)$ 是样本中事件“$X_i\leqslant x$”发生的频率. 由伯努利大数定律可知，当 $n\to\infty$ 时，$F_n(x)$ 以概率收敛到 $F(x)$，更进一步有 $F_n(x)$ 以概率 1 收敛到 $F(x)$. 我们还能得到更深刻的结论，这就是格里纹科定理.

定理 5.1.2（格里纹科定理） 设 $X_1,\cdots,X_n$ 是取自总体 $F(x)$ 的样本，$F_n(x)$ 是其经验分布函数，有

$$P\left(\lim_{n\to\infty}\sup_{-\infty<x<+\infty}\left|F_n(x)-F(x)\right|=0\right)=1.$$

格里纹科定理表明，当 n 相当大时，经验分布函数 $F_n(x)$ 是分布函数 $F(x)$ 的一个良好估计. 经典统计学中的一切统计推断都以样本为依据，其理论依据就在于此. 但用经验分布函数逼近理论分布，通常要求样本容量 n 非常大，以致实际上在多数情形下难以实现；另一方面，分布函数本身通常也不便于处理具体随机变量，致使它不便于处理具体的统计推断问题.

例 5.1.2　某食品厂生产听装饮料，现从生产线上随机抽取 5 听饮料，称得其净重为（单位：g）

$$351\quad 347\quad 355\quad 344\quad 351$$

这是样本容量为 5 的样本，将观测值由小到大排列，重新编号为

$$x_{(1)}=344,\ x_{(2)}=347,\ x_{(3)}=351,\ x_{(4)}=351,\ x_{(5)}=355,$$

其经验分布函数为

$$F_n(x)=\begin{cases}0, & x<344\\ 0.2, & 344\leqslant x<347\\ 0.4, & 347\leqslant x<351\\ 0.8, & 351\leqslant x<355\\ 1, & x\geqslant 355\end{cases}.$$

经验分布函数是一种在大样本条件下估计变量分布形态的重要工具. 经验分布函数图形与累积频率折线图在性质上是一致的，它们的主要区别在数据的分组上，经验分布函数处理得更为细腻.

5.2　抽样分布

很多统计推断都是基于正态分布假设的，以标准正态分布为基石构造的三个著名统计量在实际中广泛应用，这是因为这三个统计量不仅有明确的背景，而且其抽样分布的密度函数有显式表达式，它们被称为**三大抽样分布**. 今后正态总体参数的置信区间与假设检验大多将基于这三大抽样分布获得.

5.2.1　三大抽样分布

定义 5.2.1（卡方分布）　设 $X_1,\cdots,X_n$ 独立同分布于 $N(0,1)$，则 $\chi^2=\sum_{i=1}^{n}X_i^2$ 的分布称为**自由度为 n 的卡方分布**，记为 $\chi^2\sim\chi^2(n)$.

自由度是统计学中非常重要的一个概念，它可以解释为独立变量的个数，还可解释为二次型的秩.

显然，χ^2 分布满足可加性：若 $\chi_1^2,\chi_2^2,\cdots,\chi_m^2$ 相互独立，且都服从 χ^2 分布，自由度分别为

$v_1, v_2, \cdots, v_m$，则

$$\chi^2 = \chi_1^2 + \chi_2^2 + \cdots + \chi_m^2 \sim \chi^2(v_1 + v_2 + \cdots + v_m);$$

$$E[\chi^2(n)] = n, \ \mathrm{var}[\chi^2(n)] = 2n.$$

$\chi^2(n)$的密度函数为

$$f(y) = \frac{(1/2)^{\frac{n}{2}}}{\Gamma(n/2)} y^{\frac{n}{2}-1} \mathrm{e}^{-\frac{y}{2}}, \ y > 0,$$

其中，伽马函数$\Gamma(\alpha) = \int_0^{+\infty} x^{\alpha-1}\mathrm{e}^{-x}\mathrm{d}x$，且$\Gamma(\alpha+1) = \alpha\Gamma(\alpha)$，$\Gamma(k+1) = k!$.

密度函数图形位于第一象限，峰值随着n的增大而向右边移动，见图 5.2.1.

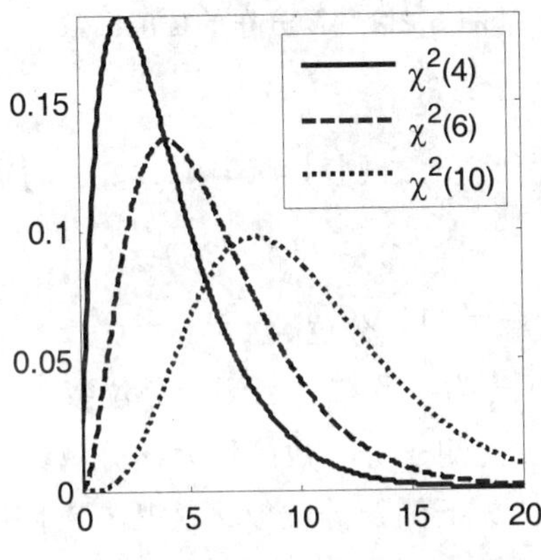

图 5.2.1 $\chi^2(n)$分布的密度函数

例 5.2.1 设X_1, X_2, X_3, X_4相互独立服从$N(0,1)$，$\bar{X}$为算术平均值，试求

$$4\bar{X}^2 = \frac{(X_1 + X_2 + X_3 + X_4)^2}{4}$$

的概率分布.

解 由正态分布可加性知$X_1 + X_2 + X_3 + X_4 \sim N(0,4)$，因此

$$\frac{X_1 + X_2 + X_3 + X_4}{2} \sim N(0,1),$$

所以$4\bar{X}^2 \sim \chi^2(1)$.

定义 5.2.2 设$X \sim \chi^2(m)$, $Y \sim \chi^2(n)$且相互独立，则称$F = \dfrac{X/m}{Y/n}$的分布为**自由度为(m,n)的F分布**，记为$F \sim F(m,n)$，m称为分子自由度，n称为分母自由度.

$F(m,n)$的密度函数为

$$f(y) = \frac{\Gamma\left(\frac{m+n}{2}\right)}{\Gamma\left(\frac{m}{2}\right)\Gamma\left(\frac{n}{2}\right)} \left(\frac{m}{n}\right)^{\frac{m}{2}} y^{\frac{m}{2}-1} \left(1 + \frac{m}{n}y\right)^{-\frac{m+n}{2}}, y > 0,$$

图像是一个只取非负值的偏态分布，见图 5.2.2.

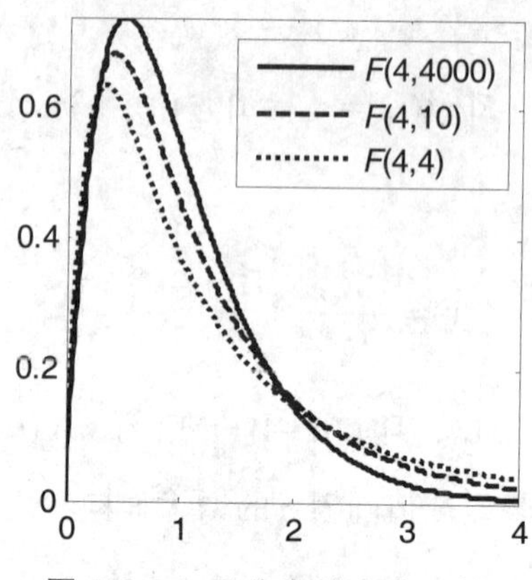

图 5.2.2　F 分布的密度函数

我们首先给出分位数的定义.

设随机变量 X 的分布函数为 $F(x)$，则对 $\forall\alpha\in(0,1)$，称满足条件

$$F(x_\alpha)=P(X\leqslant x_\alpha)=\alpha$$

的 x_α 为此分布的 α **分位数**，又称**下侧 α 分位数**.

称满足条件 $1-F(x'_\alpha)=\alpha$ 的 x'_α 为此分布的**上侧 α 分位数**.

很多作者将下侧 α 分位数和上侧 α 分位数简称为 α 分位数，读者可根据上下文进行区分. 本书如没有特别声明，一律默认为下侧 α 分位数，这既与人们的思维习惯一致，也与统计软件上的定义一致.

若 $F\sim F(m,n)$，则有 $\dfrac{1}{F}\sim F(n,m)$. 给定 $0<\alpha<1$，

$$\alpha=P\left(\frac{1}{F}<F_\alpha(n,m)\right)=P\left(F>\frac{1}{F_\alpha(n,m)}\right)$$

从而

$$P\left(F\leqslant\frac{1}{F_\alpha(n,m)}\right)=1-\alpha,$$

即 $F_\alpha(n,m)=\dfrac{1}{F_{1-\alpha}(m,n)}$.

定义 5.2.3　设随机变量 $X\sim N(0,1)$，$Y\sim\chi^2(n)$，且 X,Y 相互独立，则称 $t=\dfrac{X}{\sqrt{Y/n}}$ **为自由度为 n 的 t 分布**，记为 $t\sim t(n)$.

t 分布的密度函为数

$$f(y)=\frac{\Gamma\left(\dfrac{n+1}{2}\right)}{\sqrt{n\pi}\,\Gamma\left(\dfrac{n}{2}\right)}\left(1+\frac{y^2}{n}\right)^{-\frac{1+n}{2}},y\in\mathbf{R}.$$

该密度函数图像是一个关于纵轴对称的分布，见图 5.2.3，与标准正态形状类似，只是峰比标准正态分布低一些，尾部的概率比标准正态分布大一些.

（1）$t(1)$ 分布是标准的柯西分布，数学期望不存在；

（2）$n>1$ 时，t 分布数学期望存在且为 0；

（3）$n>2$ 时，t 分布的方差存在且为 $\dfrac{n}{n-2}$；

（4）当自由度较大时，比如 $n \geqslant 30$，t 分布可以用 $N(0,1)$ 分布近似.

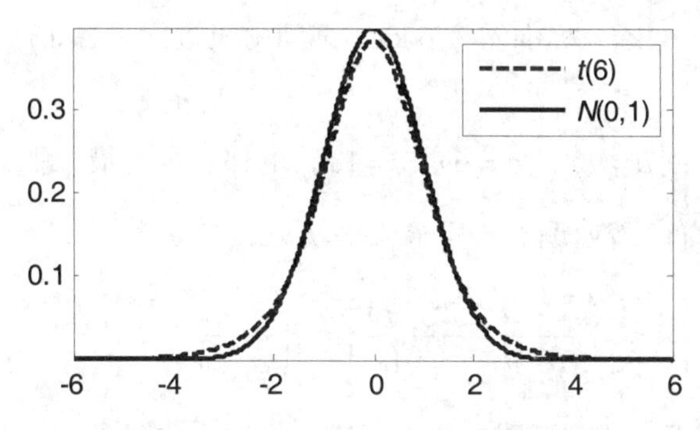

图 5.2.3　t 分布与 $N(0,1)$ 的密度函数

t 分布是统计学中的一类重要分布，它与正态分布的微小差别是由英国统计学家威廉·戈塞（William Sealy Gosset）发现的，并以“学生”为笔名发表此项研究成果，因此 t 分布又称为**学生分布**. t 分布的发现在统计学史上具有划时代意义，打破了正态分布一统天下的局面，开创了小样本统计推断的新纪元.

对于这三大分布，要求读者掌握它们的定义和密度函数的轮廓.

5.2.2　正态总体的抽样分布

来自一般正态总体的统计量的抽样分布是应用最广泛的抽样分布，下面首先给出样本均值抽样分布的一个重要结论.

定理 5.2.1　设 $X_1,\cdots,X_n$ 是来自某个总体 X 的样本，$\bar{X}$ 为样本均值.

（1）若总体分布为 $N(\mu,\sigma^2)$，则 $\bar{X}$ 的精确分布为 $N\left(\mu,\dfrac{\sigma^2}{n}\right)$.

（2）若总体分布未知或不是正态分布，但 $EX=\mu, DX=\sigma^2$，则 n 较大时 $\bar{X}$ 的渐近分布为 $N\left(\mu,\dfrac{\sigma^2}{n}\right)$，常记为 $\bar{X} \dot{\sim} N\left(\mu,\dfrac{\sigma^2}{n}\right)$.

证明（1）由于 $X_1,\cdots,X_n$ 独立同分布于 $N(\mu,\sigma^2)$ 及正态分布具有可加性，故

$$\sum_{i=1}^{n} X_i \sim N(n\mu, n\sigma^2).$$

又因为正态分布的线性变换仍为正态分布，故 $\overline{X}\sim N\left(\mu,\dfrac{\sigma^2}{n}\right)$.

（2）由中心极限定理可知

$$\lim_{n\to\infty}\frac{\overline{X}-\mu}{\sqrt{\sigma^2/n}}\sim N(0,1),$$

即结论成立.

例 5.2.2 某酒店电梯中质量标注最大载重为 18 人，1 350 kg. 假设已知该酒店游客及其携带行李的平均重量为 70 kg，标准差为 6 kg，试问随机进入电梯 18 人，总体重超重的概率是多少？

解 根据已知条件：$\mu=70$，$\sigma=6$，$n=18$，电梯载重的最大平均重量为 $\dfrac{1350}{18}=75\,\text{kg}$，且人的体重服从正态分布. 按照题意，所求概率就是 $P(\overline{X}\geqslant 75)$.

$$P(\overline{X}\geqslant 75)=P\left(\frac{\overline{X}-\mu}{\sigma/\sqrt{n}}\geqslant\frac{75-70}{6/\sqrt{18}}\right)=P\left(\frac{\overline{X}-\mu}{\sigma/\sqrt{n}}\geqslant 3.5355\right)\approx 0.0002.$$

如果电梯的载重量真能达到标明的质量标准，则这个电梯的质量是相当不错的. 如果随机进入 18 人的话，则超重的概率只有 0.0002.

例 5.2.3 在总体 $N(7.6,4)$ 中抽取容量为 n 的样本，如果样本均值落在 $(5.6,9.6)$ 内的概率不小于 0.95，则 n 至少为多少？

解 样本均值 $\overline{X}\sim N\left(7.6,\dfrac{4}{n}\right)$，按题意可建立如下不等式

$$P(5.6<\overline{X}<9.6)=P\left(\frac{5.6-7.6}{\sqrt{4/n}}<\frac{\overline{X}-7.6}{\sqrt{4/n}}<\frac{9.6-7.6}{\sqrt{4/n}}\right)\geqslant 0.95,$$

即
$$2\Phi(\sqrt{n})-1\geqslant 0.95,$$

所以
$$\Phi(\sqrt{n})\geqslant 0.975,$$

故 $\sqrt{n}\geqslant 1.96$，或 $n\geqslant 3.84$，即样本量至少为 4.

定理 5.2.2 设 $X_1,X_2,\cdots,X_n$ 是来自正态总体 $N(\mu,\sigma^2)$ 的样本，$\overline{X}$，$S^2=\dfrac{1}{n-1}\sum_{i=1}^{n}(X_i-\overline{X})^2$ 分别是样本均值与样本方差，则

（1）$\overline{X}\sim N\left(\mu,\dfrac{1}{n}\sigma^2\right)$；

（2）$\dfrac{(n-1)S^2}{\sigma^2}\sim\chi^2(n-1)$；

（3）$\overline{X},S^2$ 相互独立.

证明* 记 $X=(X_1,\cdots,X_n)^{\mathrm{T}}$，则有

$$EX = (\mu, \cdots, \mu)^{\mathrm{T}}, \quad \mathrm{var}(X) = \sigma^2 I.$$

取一个 n 维正交矩阵 A，其第一行的每个元素为 $\frac{1}{\sqrt{n}}$，如

$$A = \begin{pmatrix} \frac{1}{\sqrt{n}} & \frac{1}{\sqrt{n}} & \frac{1}{\sqrt{n}} & \cdots & \frac{1}{\sqrt{n}} \\ \frac{1}{\sqrt{2\times 1}} & -\frac{1}{\sqrt{2\times 1}} & 0 & \cdots & 0 \\ \frac{1}{\sqrt{3\times 2}} & \frac{1}{\sqrt{3\times 2}} & -\frac{2}{\sqrt{3\times 2}} & \cdots & 0 \\ \vdots & \vdots & \vdots & & \vdots \\ \frac{1}{\sqrt{n(n-1)}} & \frac{1}{\sqrt{n(n-1)}} & \frac{1}{\sqrt{n(n-1)}} & \cdots & -\frac{n-1}{\sqrt{n(n-1)}} \end{pmatrix}$$

令 $Y = AX$，则由多维正态分布性质可知，Y 仍服从 n 维正态分布，均值和方差分别为

$$EY = E(AX) = A \cdot EX = \begin{pmatrix} \sqrt{n}\mu \\ 0 \\ \vdots \\ 0 \end{pmatrix},$$

$$\mathrm{var}(Y) = A\,\mathrm{var}(X)A^{\mathrm{T}} = A\sigma^2 I A^{\mathrm{T}} = \sigma^2 I.$$

Y 的各个分量相互独立且都服从正态分布，其方差均为 σ^2，均值不完全相等.

由于 $\bar{X} = \frac{1}{\sqrt{n}} Y_1$，则 $\bar{X} \sim N\left(\mu, \frac{1}{n}\sigma^2\right)$.

由于 $\sum_{i=1}^{n} Y_i^2 = Y^{\mathrm{T}} Y = X^{\mathrm{T}} A^{\mathrm{T}} A X = \sum_{i=1}^{n} X_i^2$，故而

$$(n-1)S^2 = \sum_{i=1}^{n} (X_i - \bar{X})^2 = \sum_{i=1}^{n} X_i^2 - (\sqrt{n}\bar{X})^2 = \sum_{i=1}^{n} Y_i^2 - (Y_1)^2 = \sum_{i=2}^{n} Y_i^2,$$

所以 $\bar{X}, S^2$ 相互独立.

由于 $Y_2, \cdots, Y_n$ 独立同分布于 $N(0, \sigma^2)$，于是 $\frac{(n-1)S^2}{\sigma^2} \sim \chi^2(n-1)$.

推论 1 $t = \frac{\sqrt{n}(\bar{X} - \mu)}{S} \sim t(n-1)$.

证明 $\frac{\sqrt{n}(\bar{X} - \mu)}{S} = \frac{\frac{(\bar{X} - \mu)}{\sigma/\sqrt{n}}}{\sqrt{\frac{(n-1)S^2/\sigma^2}{n-1}}} \sim t(n-1)$.

推论 2　设样本 $X_1,\cdots,X_m$ 来自总体 $N(\mu_1,\sigma_1^2)$，样本 $Y_1,\cdots,Y_n$ 来自总体 $N(\mu_2,\sigma_2^2)$，且两样本相互独立，记 $S_X^2=\dfrac{1}{m-1}\sum_{i=1}^{m}(X_i-\overline{X})^2$，$S_Y^2=\dfrac{1}{n-1}\sum_{i=1}^{n}(Y_i-\overline{Y})^2$，则有

（1）$F=\dfrac{S_X^2/\sigma_1^2}{S_Y^2/\sigma_2^2}\sim F(m-1,n-1)$.

（2）若 $\sigma_1^2=\sigma_2^2=\sigma^2$，并记 $S_w^2=\dfrac{(m-1)S_X^2+(n-1)S_Y^2}{m+n-2}$，则

$$\frac{(\overline{X}-Y)-(\mu_1-\mu_2)}{S_w\sqrt{\dfrac{1}{m}+\dfrac{1}{n}}}\sim t(m+n-2).$$

证明　（1）由于 $\dfrac{(m-1)S_X^2}{\sigma_1^2}\sim\chi^2(m-1)$，$\dfrac{(n-1)S_Y^2}{\sigma_2^2}\sim\chi^2(n-1)$ 且相互独立，则由 F 分布定义可知结论（1）成立.

（2）由于 $\overline{X}\sim N\left(\mu_1,\dfrac{\sigma^2}{m}\right)$，$\overline{Y}\sim N\left(\mu_2,\dfrac{\sigma^2}{n}\right)$ 且相互独立，所以

$$\overline{X}-\overline{Y}\sim N\left(\mu_1-\mu_2,\frac{\sigma^2}{m}+\frac{\sigma^2}{n}\right),$$

即
$$\frac{\overline{X}-\overline{Y}-(\mu_1-\mu_2)}{\sqrt{\dfrac{\sigma^2}{m}+\dfrac{\sigma^2}{n}}}\sim N(0,1).$$

由卡方分布的可加性知

$$\frac{(m+n-2)S_w^2}{\sigma^2}=\frac{(m-1)S_X^2}{\sigma_1^2}+\frac{(n-1)S_Y^2}{\sigma_2^2}\sim\chi^2(m+n-2).$$

由于 $\overline{X}-\overline{Y},S_w^2$ 相互独立，由 t 分布定义可知结论（2）成立.

例 5.2.4（2012 数 3）设 X_1,X_2,X_3,X_4 为来自总体 $N(1,\sigma^2)(\sigma>0)$ 的简单随机样本，试求统计量 $\dfrac{X_1-X_2}{|X_3+X_4-2|}$ 的分布.

解　因为 X_1,X_2,X_3,X_4 为来自总体 $N(1,\sigma^2)$ 的简单随机样本，所以

$$X_1-X_2\sim N(0,2\sigma^2),\quad X_3+X_4-2\sim N(0,2\sigma^2).$$

于是

$$\frac{X_1-X_2}{\sqrt{2}\sigma}\sim N(0,1),\quad \frac{X_3+X_4-2}{\sqrt{2}\sigma}\sim N(0,1)，且相互独立.$$

进一步有
$$\left(\frac{X_3+X_4-2}{\sqrt{2}\sigma}\right)^2\sim\chi^2(1).$$

由 t 分布定义得

$$\frac{X_1-X_2}{|X_3+X_4-2|}=\frac{\dfrac{X_1-X_2}{\sqrt{2}\sigma}}{\sqrt{\left(\dfrac{X_3+X_4-2}{\sqrt{2}\sigma}\right)^2}}\sim t(1).$$

例 5.2.5（1999 数 3） 设 $X_1,X_2,\cdots,X_9$ 是来自正态总体 X 的简单随机样本，$Y_1=\frac{1}{6}(X_1+\cdots+X_6)$，$Y_2=\frac{1}{3}(X_7+X_8+X_9)$，$S^2=\frac{1}{2}\sum_{i=7}^{9}(X_i-Y_2)^2$，$Z=\frac{\sqrt{2}(Y_1-Y_2)}{S}$，证明统计量 Z 服从自由度为 2 的 t 分布.

证明 设 $X\sim N(\mu,\sigma^2)$，则有 $EY_1=EY_2=\mu$，$DY_1=\frac{\sigma^2}{6}$, $DY_2=\frac{\sigma^2}{3}$. 由于 Y_1,Y_2 独立，因此有

$$E(Y_1-Y_2)=0,\ D(Y_1-Y_2)=\frac{\sigma^2}{6}+\frac{\sigma^2}{3}=\frac{\sigma^2}{2},$$

故 $Y_1-Y_2\sim N\left(0,\frac{\sigma^2}{2}\right)$，从而

$$U=\frac{Y_1-Y_2}{\sigma/\sqrt{2}}\sim N(0,1).$$

由正态总体样本方差的性质知

$$V=\frac{2S^2}{\sigma^2}\sim\chi^2(2).$$

又 Y_1-Y_2,S^2 独立，因此

$$Z=\frac{\sqrt{2}(Y_1-Y_2)}{S}=\frac{U}{\sqrt{V/2}}\sim t(2).$$

小 结

本章是数理统计的基本概念，包括总体、个体、样本、统计量及其分布，其中与正态总体有关的抽样分布要求掌握. 以正态总体为基础构造的三大抽样分布是参数估计与假设检验的基石，希望读者掌握其定义、密度函数的大致形状及其有关定理. 具体考试要求是：

（1）理解总体、简单随机样本、统计量、样本均值、样本方差和样本矩的概念.

（2）理解 χ^2 分布、t 分布、F 分布的概念及性质，了解分位数的概念.

（3）了解正态总体的常用抽样分布，了解经验分布函数的概念和性质.

人物简介

戈塞出生于英国肯特郡坎特伯雷市，求学于曼彻斯特学院和牛津大学，主要学习化学和数学. 1899 年，戈塞进入都柏林的 A. 吉尼斯父子酿酒厂担任酿酒化学师，从事试验和数据分析工作. 由于他接触的样本比较少，只有四五个，通过大量实验数据，他发现 $t=\dfrac{\sqrt{n-1}(\overline{x}-\mu)}{s}$ 的分布与传统的 $N(0,1)$ 并不同，特别是尾部概率相差较大，由此戈塞怀疑是否存在另一个分布族. 由于吉尼斯酿酒厂的规定禁止戈塞发表关于酿酒过程变化性的研究成果，因此戈塞不得不于 1908 年，首次以“学生”（Student）为笔名，发表自己的研究成果，因此 t 分布又称为**学生分布**. 特别是戈塞最初提出 t 分布时并不被人重视和接受，后来费希尔在他的农业试验中也遇到了小样本问题，这才发现 t 分布的实用价值. 1923 年，费希尔对 t 分布给出了严格而简单的证明，1925 年编制出 t 分布表后，戈塞的小样本方法才被统计学界广泛认可. t 分布的发现在统计学史上具有划时代意义，打破了正态分布一统天下的局面，开创了小样本统计推断新纪元.

点评：戈塞，开创了小样本统计推断新纪元，历史记住了此人. 可我一直纳闷，他上大学学的是什么专业，竟然是化学和数学. 看看现在的大学改革，为了片面追求应用，很多专业一直在压缩理论课，尤其压缩重理论的数学课，比如线性代数、概率统计，都压缩到了 36 课时，这也是我们尝试编写《概率统计简明教程》的原因. 其实，对于很多专业，数学课的课时太少不符合学科认知规律. 专业课少开几个课时，也就是少讲一点，并不影响学生的学习，然而数学课就不一样了，因为它的理论体系是完整的，同时，教育部对不同专业的数学也是有最低要求的. 概率统计很重要，想在仅仅的 36 学时（加上放假、复习，估计只有 30 课时）达到预期目的是很难的. 这次，我们处理教材的目标就是：尽量在 36 课时内，必讲内容可以达到数 1 对概率统计的要求.

习 题 5

1. 填空题.

（1）（2006 数 3）设总体 X 的概率密度为 $f(x)=\dfrac{1}{2}\mathrm{e}^{-|x|}(-\infty<x<+\infty)$，$X_1,X_2,\cdots,X_n$ 为总体 X 的简单随机样本，其样本方差为 S^2，则 $ES^2=$__________.

（2）（2009 数 1，3）设 $X_1,X_2,\cdots,X_m$ 是来自二项分布总体 $B(n,p)$ 的简单随机样本，$\overline{X}$ 和 S^2 分别为样本均值和样本方差，记统计量 $T=\overline{X}-S^2$，则 $E(T)=$__________.

2. 为了解某大学统计专业本科毕业生的就业情况，我们调查了某大学 40 名 2010 年毕业的统计专业本科生实习期后的月薪情况.

（1）什么是总体？（2）什么是样本？（3）样本量是多少？

3. 中国某高校根据毕业生返校情况记录，宣布该校毕业生的年平均工资为 5 万元，你对此有何评价？

4. 在一本书上，我们随机地检查了10页，发现每页上的错误数为：

$$4 \quad 5 \quad 6 \quad 0 \quad 3 \quad 1 \quad 4 \quad 2 \quad 1 \quad 4$$

试计算其样本均值、样本方差、样本中位数和样本极差.

5. 设 $X_1,\cdots,X_n$ 是来自 $U(-1,1)$ 的样本，求 $E\bar{X}$ 和 $\mathrm{var}(\bar{X})$.

6. 设 $X_1,\cdots,X_8$ 是来自正态分布 $N(10,9)$ 的样本，试求 $\overline{X}$ 的标准差.

7. 设 $X_1,\cdots,X_n$ 是来自总体 $N(\mu,25)$ 的样本，问容量 n 多大时才能使得

$$P(|\bar{X}-\mu|<1)\geqslant 0.95$$

成立?

8. 设随机变量 $X\sim F(n,n)$，证明 $P(X<1)=0.5$.

9. 设 X_1,X_2 是来自 $N(0,\sigma^2)$ 的样本，试求 $Y=\left(\dfrac{X_1+X_2}{X_1-X_2}\right)^2$ 的分布.

6　统计推断基础

统计推断是数理统计研究的核心问题，是根据样本对总体的分布或分布的数字特征等做出合理的推断. 统计推断的内容十分丰富，应用领域也十分广泛，而且方法繁多，所要解决的问题也多种多样，然而这一切都离不开两个基本问题：

（1）统计估计，就是在抽样及抽样分布的基础上，根据样本估计总体的分布及其各种特征，分为参数估计和非参数估计，以及点估计和区间估计；

（2）假设检验，它的本质就是利用估计区间构造一个小概率事件，如果在一次试验中小概率事件发生了，则由小概率原理可知，矛盾，即否定原假设，否则，我们不能否定原假设，至于是否接受原假设，需要再进行讨论.

本章为统计推断基础，主要讲解参数估计与假设检验，首先介绍了矩估计，最大似然估计，估计量的评价标准，最后简单介绍区间估计和假设检验. 请注意，数 3 考生不要求估计量的评选标准、区间估计和假设检验！

6.1　点估计

总体参数，即指总体分布的参数，也包括总体的各种数字特征，一般场合，常用θ表示参数，参数θ的所有可能取值组成的集合称为**参数空间**，常用Θ表示. **参数估计**就是用样本统计量去估计总体的参数，主要分为点估计和区间估计.

6.1.1　点估计的概念

定义 6.1.1　设总体X分布中含有未知参数θ，$X_1,X_2,\cdots,X_n$是来自总体X的简单随机样本，用统计量$\hat{\theta}=\hat{\theta}(X_1,\cdots,X_n)$的取值作为$\theta$的**估计值**，$\hat{\theta}$称为$\theta$的**点估计量**，简称**估计**.

于是，依样本的一组观察值$x_1,\cdots,x_n$，可得到估计量$\hat{\theta}$的值$\hat{\theta}(x_1,\cdots,x_n)$，称为$\theta$的估计值，仍记为$\hat{\theta}$，这是$\theta$的一个近似值. 比如，要估计一个学校男生的平均身高，从中抽取一个随机样本，由于全校男生的平均身高是不知道的，称为参数，用θ表示. 根据样本计算平均身高$\overline{X}$就是一个估计量，用$\hat{\theta}$表示. 假定计算出来的样本平均身高为 172 cm，这个 172 cm 就是估计量的一次具体实现，称为估计值.

在不致混淆的情况下，统称估计量和估计值为估计，并都简记为$\hat{\theta}$. 由于估计量是样本的函数，因此对于不同的样本值，θ的估计值一般不相同，所以，估计量是一种估计方法，而估计值是此方法的一次实现，二者不可混淆. 如何构造$\hat{\theta}$并没有明确的规定，只要它满足一定的合理性即可.

下面介绍两种最常用的点估计方法：矩估计和最大似然估计.

6.1.2 矩估计

在概率论中，已经指出，总体 X 的均值 $E(X)$ 是随机变量 X 的取值在概率意义上的加权平均，而样本的均值 $\bar{X}$ 是对抽样的样本求平均，在理论上，两者有如下关系（大数定律）：对任意的 $\varepsilon>0$，有

$$\lim_{n\to\infty}P(|\bar{X}-E(X)|<\varepsilon)=1,$$

即当 n 很大时，用 $\bar{X}$ 估计 $E(X)$ 是有依据的. 进一步，就可以得到**替换原理**：

（1）用样本矩去替换总体矩（矩可以是原点矩也可以是中心矩）;

（2）用样本矩的函数去替换总体矩的函数.

用替换原理得到的未知参数的估计量称为**矩法估计，实质是格里纹科定理，即利用经验分布去替换总体分布**，这也是数理统计的理论基础. 这个方法是由英国统计学家皮尔逊（K.Pearson）在 1894 年提出的参数点估计方法.

设总体 X 为连续型随机变量，其概率密度函数为 $f(x;\theta_1,\cdots,\theta_k)$，或 X 为离散型随机变量，其联合分布列为 $P(X=x)=p(x;\theta_1,\cdots,\theta_k)$，其中 $(\theta_1,\cdots,\theta_k)\in\Theta$ 是未知参数，$X_1,X_2,\cdots,X_n$ 是总体 X 的样本，若 k 阶原点矩 $\mu_k=EX^k$ 存在，则 $\forall j<k,EX^j$ 存在. 一般来说，它们是未知参数 $\theta_1,\cdots,\theta_k$ 的函数.

设 $\mu_j=EX^j=\nu_j(\theta_1,\cdots,\theta_k),j=1,2,\cdots,k$，如果 $\theta_1,\cdots,\theta_k$ 也能够表示成 $\mu_1,\cdots,\mu_k$ 的函数 $\theta_j=\theta_j(\mu_1,\cdots,\mu_k),j=1,2,\cdots,k$，则可给出 θ_j 的矩估计量

$$\hat{\theta}_j=\hat{\theta}_j(A_1,\cdots,A_k),j=1,2,\cdots,k,$$

其中 $A_j=\frac{1}{n}\sum_{i=1}^{n}X_i^j,j=1,2,\cdots,k$.

进一步，我们要估计 $\theta_1,\cdots,\theta_k$ 的函数 $\eta=g(\theta_1,\cdots,\theta_k)$，则可直接得到 η 的矩估计为 $\hat{\eta}=g(\hat{\theta}_1,\cdots,\hat{\theta}_k)$. 当 $k=1$ 时，我们通常用样本均值出发对未知参数进行估计；如果 $k=2$，我们可以由一阶、二阶原点矩（或中心矩）出发估计未知参数.

例 6.1.1（1999 数 1） 设总体 X 的密度函数为

$$f(x)=\begin{cases}\frac{6x}{\theta^3}(\theta-x),0<x<\theta\\0, \quad\quad 其他\end{cases},$$

$X_1,\cdots,X_n$ 是取自总体 X 的简单随机样本.

（1）求 θ 的矩估计量 $\hat{\theta}$；

（2）求 $\hat{\theta}$ 的方差 $D(\hat{\theta})$.

解（1）
$$EX=\int_{-\infty}^{+\infty}xf(x)\mathrm{d}x=\int_0^\theta\frac{6x^2}{\theta^3}(\theta-x)\mathrm{d}x=\frac{\theta}{2},$$

因为 $\theta=2EX$，故 θ 的矩估计量 $\hat{\theta}=2\bar{X}$.

（2）
$$EX^2=\int_{-\infty}^{+\infty}x^2f(x)\mathrm{d}x=\int_0^\theta\frac{6x^3}{\theta^3}(\theta-x)\mathrm{d}x=\frac{6\theta}{20},$$

则
$$D(X)=EX^2-(EX)^2=\frac{6\theta^2}{20}-\frac{\theta^2}{4}=\frac{\theta^2}{20},$$
$$D(\hat{\theta})=D(2\bar{X})=4D(\bar{X})=\frac{4}{n}DX=\frac{\theta^2}{5n}.$$

例 6.1.2　设总体 $X\sim \mathrm{Exp}(\lambda)$，其密度函数为
$$f(x;\lambda)=\lambda \mathrm{e}^{-\lambda x},x>0,$$
$X_1,\cdots,X_n$ 是来自 X 的简单随机样本，此处 $k=1$，

解
$$EX=\int_0^{+\infty}x\lambda \mathrm{e}^{-\lambda x}\mathrm{d}x=\frac{1}{\lambda},$$
即
$$\lambda=\frac{1}{EX}.$$
故 λ 的矩估计为 $\hat{\lambda}=\frac{1}{\bar{X}}$.

另外，$\mathrm{var}(X)=\frac{1}{\lambda^2}$，$\lambda=\frac{1}{\sqrt{\mathrm{var}(X)}}$，故从替换原理来看 λ 的矩估计也可为 $\hat{\lambda}=\frac{1}{S}$.

可见矩估计并不唯一，这也是矩估计的一个缺点，通常应尽量采用低阶矩给出未知参数的估计，即低阶矩能解决的问题绝不用高阶矩. 另外，矩估计还具有如下缺点：

（1）当样本不是简单随机样本或总体矩不存在时，矩估计法不可用；

（2）样本矩的表达式与总体的分布函数 $F(x;\theta)$ 的表达式无关，没有充分利用 $F(x;\theta)$ 对参数 θ 提供的信息.

因此，有时矩估计不是一个好的估计量，但是矩估计简单易行，又具有良好性质，所以，此方法经久不衰，其实，最简单、最直接的方法往往也是最有效的方法.

6.1.3　最大似然估计

最大（极大）似然估计法是求估计用得最多的方法，它由高斯在 1821 年提出，但一般将之归功于费希尔（R. A. Fisher），因为费希尔在 1922 年再次提出这一想法并证明了它的一些性质而使最大似然法得到了广泛应用. 从以下几个通俗例子可以看出最大似然估计的基本思想：**样本来自使样本出现可能性最大的那个总体**.

例 6.1.3　比较射击技术好坏的过程可以看作求一个点估计. 有两个同学一起进行实弹射击，两人共同射击一个目标，事先并不知道谁的技术好，于是让每人各打一发，结果只有一个人击中了目标. 通常，就认为击中目标的同学的技术比未击中目标的同学好.

例 6.1.4　设产品分为合格和不合格，不合格率 p 未知，用随机变量 X 表示产品是否合格，$X=0$ 表示合格品，$X=1$ 表示不合格品，即总体 $X\sim B(1,p)$. 现抽取 n 个产品看其是否合格，得到样本 $X_1,\cdots,X_n$，观测值为 $x_1,\cdots,x_n$，则样本出现的概率
$$L(p)=P(X_1=x_1,\cdots,X_n=x_n)=\prod_{i=1}^{n}p^{x_i}(1-p)^{1-x_i}=p^{\sum_{i=1}^{n}x_i}(1-p)^{n-\sum_{i=1}^{n}x_i}.$$
我们需找未知参数的估计值使得样本出现的概率最大.

取对数，并关于 p 求导再令其等于 0，即得如下方程：

$$\frac{\partial \ln L(p)}{\partial p}=\frac{\sum_{i=1}^{n}x_i}{p}-\frac{n-\sum_{i=1}^{n}x_i}{1-p}=0.$$

解得 $p=\frac{1}{n}\sum_{i=1}^{n}x_i$，故最大似然估计为 $\hat{p}=\frac{1}{n}\sum_{i=1}^{n}X_i=\overline{X}$.

例 6.1.5　设 $X_1,\cdots,X_n$ 是来自泊松总体 $P(\lambda)$ 的样本，试求 λ 的最大似然估计.

解　样本出现的概率为

$$L(\lambda)=P(X_1=x_1,\cdots,X_n=x_n;\lambda)=\prod_{i=1}^{n}p(x_i;\lambda)=\mathrm{e}^{-n\lambda}\lambda^{n\overline{x}}\prod_{i=1}^{n}\frac{1}{x_i!}.$$

取对数并令关于 λ 的导数等于 0，可得

$$\frac{\partial \ln L(\lambda)}{\partial \lambda}=-n+\frac{n\overline{x}}{\lambda}=0,$$

即 $\hat{\lambda}=\overline{X}$.

可见，对于离散总体，设有样本观测值 $x_1,\cdots,x_n$，则样本观测值出现的概率，一般依赖于某个或某些参数，用 θ 表示，将该概率看作 θ 函数，用 $L(\theta)$ 表示，即

$$L(\theta)=P(X_1=x_1,\cdots,X_n=x_n;\theta),$$

最大似然估计就是找 θ 的估计值使得 $L(\theta)$ 最大.

定义 6.1.2　设总体 X 的概率函数为 $f(x;\theta),\theta\in\Theta$，是一个未知参数或几个未知参数组成的参数向量，$X_1,\cdots,X_n$ 为来自总体 X 的样本，将样本的联合概率函数看成 θ 的函数，用 $L(\theta;x_1,\cdots,x_n)$ 表示，简记为 $L(\theta)$，称为样本的似然函数，即

$$L(\theta)=L(\theta;x_1,\cdots,x_n)=\prod_{i=1}^{n}f(x_i,\theta).$$

如果某统计量 $\hat{\theta}=\hat{\theta}(X_1,\cdots,X_n)$ 满足

$$L(\hat{\theta})=\max_{\theta\in\Theta}L(\theta),$$

则称 $\hat{\theta}=\hat{\theta}(X_1,\cdots,X_n)$ 是 θ 的最大似然估计，简记为 MLE(Maximum Likelihood Estimate).

由于 $\ln x$ 是 x 的单调增函数，因此对数似然函数 $\ln L(\theta)$ 达到最大与似然函数 $L(\theta)$ 达到最大是等价的. 另外，由于在对数似然函数中加上任何仅依赖于样本观测值 $x_1,\cdots,x_n$ 而与 θ 无关的常数都不影响最值的位置或针对不同 θ 得对数似然函数的差，故它可以从对数似然函数中去掉. 当 $L(\theta)$ 是可微函数时，$L(\theta)$ 的极大值点一定是驻点，从而求最大似然估计往往借助于求似然方程（组）

$$\frac{\partial \ln L(\theta)}{\partial \theta}=0$$

的解得到，而后利用最大值点的条件进行验证.

最大似然估计的本质是样本来自使样本出现可能性最大的那个总体，而似然函数可以衡量样本出现概率 $P(X_1=x_1,\cdots,X_n=x_n)$ 的大小，即

$$\prod_{i=1}^{n} f(x_i,\theta)\mathrm{d}x_i = P(X_1=x_1,\cdots,X_n=x_n;\theta),$$

因此需找出未知参数的估计值，使得似然函数达到最大，即样本出现的概率最大.

例 6.1.6 对于正态总体 $N(\mu,\sigma^2)$，$\theta=(\mu,\theta^2)$ 是二维参数，设有样本 $X_1,\cdots,X_n$，则似然函数及其对数分别为

$$L(\mu,\sigma^2)=\prod_{i=1}^{n}\left\{\frac{1}{\sqrt{2\pi}\sigma}\exp\left(-\frac{(x_i-\mu)^2}{2\sigma^2}\right)\right\}=(2\pi\sigma^2)^{-\frac{n}{2}}\exp\left\{-\frac{1}{2\sigma^2}\sum_{i=1}^{n}(x_i-\mu)^2\right\},$$

$$\ln L(\mu,\sigma^2)=-\frac{1}{2\sigma^2}\sum_{i=1}^{n}(x_i-\mu)^2-\frac{n}{2}\ln(\sigma^2)-\frac{n}{2}\ln(2\pi).$$

将 $\ln L(\mu,\sigma^2)$ 分别关于两个变量求偏导并令其为 0，则有

$$\frac{\partial \ln L(\mu,\sigma^2)}{\partial \mu}=\frac{1}{\sigma^2}\sum_{i=1}^{n}(x_i-\mu)=0,$$

$$\frac{\partial \ln L(\mu,\sigma^2)}{\partial \sigma^2}=\frac{1}{2\sigma^4}\sum_{i=1}^{n}(x_i-\mu)^2-\frac{n}{2\sigma^2}=0.$$

解对数似然方程组可得最大似然估计为

$$\hat{\mu}=\bar{X},\quad \widehat{\sigma^2}=\frac{1}{n}\sum_{i=1}^{n}(X_i-\bar{X})^2=S^{*2}.$$

利用二阶导数矩阵的非正定性可以说明上述估计使得似然函数取得最大值.

当 μ 已知时，

$$E(\widehat{\sigma^2})=\frac{1}{n}\sum_{i=1}^{n}E(X_i-\mu)^2=\frac{1}{n}\sum_{i=1}^{n}D(X_i)=\sigma^2,$$

$$D(\widehat{\sigma^2})=\frac{1}{n^2}\sum_{i=1}^{n}D(X_i-\mu)^2,$$

由 $\dfrac{X_i-\mu}{\sigma}\sim N(0,1)$, $\left(\dfrac{X_i-\mu}{\sigma}\right)^2\sim\chi^2(1)$ 得

$$D\left[\left(\frac{X_i-\mu}{\sigma}\right)^2\right]=2,\quad D(X_i-\mu)^2=2\sigma^4,$$

故 $D(\widehat{\sigma^2})=\dfrac{2}{n}\sigma^4$.

虽然求导是求极值的常用方法，但不是所有场合求导都是有效的.

例 6.1.7 设样本 $X_1,\cdots,X_n$ 来自均匀总体 $U(0,\theta]$，试求 θ 的极大似然估计.

解 似然函数

$$L(\theta)=\frac{1}{\theta^n}\prod_{i=1}^{n}I_{\{0<X_i\leqslant\theta\}}=\frac{1}{\theta^n}I_{\{0<X_{(n)}\leqslant\theta\}}$$

要使 $L(\theta)$ 达到最大，求导显然不可行. 首先是示性函数取值为 1，其次是 $\dfrac{1}{\theta^n}$ 尽可能的大. 由于 $\dfrac{1}{\theta^n}$ 是 θ 的单调减函数，所以 θ 的取值应尽可能小，但示性函数取值为 1 决定了 $\theta\geq X_{(n)}$，故 θ 的极大似然估计为 $\hat{\theta}=X_{(n)}$.

其实，我们也可将似然函数写成如下形式：

$$L(\theta)=\prod_{i=1}^{n}f(x_i,\theta)=\frac{1}{\theta^n},0<x_1,\cdots,x_n\leqslant\theta.$$

故参数空间 $\Theta=[\max\{x_1,\cdots,x_n\},+\infty)$. 由于 $\dfrac{1}{\theta^n}$ 是 θ 的单调减函数，所以 θ 的取值应尽可能小，故 θ 的极大似然估计为 $\hat{\theta}=X_{(n)}$.

例 6.1.8（2000 数 1） 设某元件的使用寿命 X 的密度函数为

$$f(x;\theta)=\begin{cases}2\mathrm{e}^{-2(x-\theta)}, & x>\theta\\ 0, & x\leqslant\theta\end{cases},$$

其中 $\theta>0$ 为未知参数. 又设 $x_1,\cdots,x_n$ 是 X 的一组样本观测值，求参数 θ 的极大似然估计.

解 似然函数为

$$L(\theta)=\prod_{i=1}^{n}f(x_i,\theta)=2^n\exp\left\{-2\sum_{i=1}^{n}(x_i-\theta)\right\},x_1,x_2,\cdots,x_n>\theta.$$

当 $x_i>\theta,i=1,2,\cdots,n$ 时，$L(\theta)>0$，取对数，得

$$\ln L(\theta)=n\ln 2-2\sum_{i=1}^{n}(x_i-\theta).$$

由于 $\dfrac{\mathrm{d}\ln L(\theta)}{\mathrm{d}\theta}=2n>0$，所以 $L(\theta)$ 单调递增，即 θ 应满足

$$\theta\leqslant\min(x_1,\cdots,x_n).$$

因此 θ 的最大可能取值为 $\min(x_1,\cdots,x_n)$，故 θ 的极大似然估计值为

$$\hat{\theta}=\min(x_1,\cdots,x_n).$$

例 6.1.9（2002 数 1）　设总体 X 的概率分布为

$$\begin{pmatrix} 0 & 1 & 2 & 3 \\ \theta^2 & 2\theta(1-\theta) & \theta^2 & 1-2\theta \end{pmatrix}$$

其中 $\theta\left(0<\theta<\frac{1}{2}\right)$ 为未知参数，利用总体如下样本值：

$$3 \quad 1 \quad 3 \quad 0 \quad 3 \quad 1 \quad 2 \quad 3$$

求 θ 的矩估计量和最大似然估计量.

解　由题意可得

$$EX = 0\times\theta^2 + 1\times 2\theta(1-\theta) + 2\times\theta^2 + 3\times(1-2\theta) = 3-4\theta .$$

则

$$\theta = \frac{1}{4}(3-EX) .$$

所以 θ 的矩估计量

$$\hat{\theta} = \frac{1}{4}(3-\bar{X}) .$$

根据给定的样本值计算可得

$$\bar{x} = \frac{1}{8}(3+1+3+0+3+1+2+3) = 2 .$$

所以 θ 的矩估计值 $\hat{\theta} = \frac{1}{4}(3-\bar{x}) = \frac{1}{4}$.

对于给定的样本值，似然函数为

$$L(\theta) = 4\theta^6(1-\theta)^2(1-2\theta)^4 .$$

则

$$\ln L(\theta) = \ln 4 + 6\ln\theta + 2\ln(1-\theta) + 4\ln(1-2\theta) .$$

$$\frac{\mathrm{d}\ln L(\theta)}{\mathrm{d}\theta} = \frac{6}{\theta} - \frac{2}{1-\theta} - \frac{8}{1-2\theta} = \frac{24\theta^2-28\theta+6}{\theta(1-\theta)(1-2\theta)} .$$

令 $\frac{\mathrm{d}\ln L(\theta)}{\mathrm{d}\theta} = 0$，可得

$$24\theta^2 - 28\theta + 6 = 0 .$$

解得 $\theta_1 = \frac{7-\sqrt{13}}{12}$，$\theta_2 = \frac{7+\sqrt{13}}{12} > \frac{1}{2}$（不合题意，舍去）. 于是，$\theta$ 的最大似然估计值为 $\hat{\theta} = \frac{7-\sqrt{13}}{12}$.

最大似然估计有一个简单而有用的性质：如果 $\hat{\theta}$ 是 θ 的最大似然估计，则对任一函数 $g(\theta)$，其最大似然估计为 $g(\hat{\theta})$. 该性质称为**最大似然估计的不变性**，从而使一些复杂结构参数的最大似然估计的获得变得容易了.

6.1.4 估计量的评价标准

任何人都可给出参数的估计，点估计有各种不同的求法，如果不对估计的好坏加以评价，并对其进行合理优化，我们不可能找到一个优良估计量. 为了在不同的点估计间进行比较，就必须给出点估计好坏的评价标准.

1）相和性

但不管怎么说，有一个基本标准是所有估计都应该满足，它是衡量一个估计是否可行的必要条件，这就是相合估计. 由格里纹科定理知，随着样本容量n的增大，经验分布函数越来越逼近真实分布函数，当然也应要求估计量随着n的增大越来越逼近真实参数值，即相合性. 严格定义如下.

定义 6.1.3 设$\hat{\theta}_n$是未知参数$\theta \in \Theta$的一个估计量，n为样本容量，若对$\forall \varepsilon > 0$有

$$\lim_{n\to\infty} P(|\hat{\theta}_n - \theta| \geqslant \varepsilon) = 0 ,$$

即若当$n \to \infty$时有$\hat{\theta}_n \xrightarrow{P} \theta$，则称$\hat{\theta}_n$为$\theta$的**（弱）相合估计**.

相和性被认为是对估计的一个最基本要求，通常，若一个估计量，无论做多少次试验，都不能把待估参数估计到任意给定的精度，那么这种估计很值得怀疑，因此不满足相合性的估计不予考虑. 如果把依赖样本量n的估计量$\hat{\theta}_n$看作随机变量序列，相合性就是$\hat{\theta}_n$依概率收敛于θ，所以证明估计的相和性可应用依概率收敛的性质和各种大数定律.

定理 6.1.1 设$\hat{\theta}_n$是未知参数$\theta \in \Theta$的一个估计量，若

$$\lim_{n\to\infty} E(\hat{\theta}_n) = \theta , \quad \lim_{n\to\infty} \mathrm{var}(\hat{\theta}_n) = 0 ,$$

则$\hat{\theta}_n$为θ的相合估计量.

由大数定律和定理 6.1.1 可知，矩估计一般都具有相和性. 比如样本均值是总体均值的相合估计；样本标准差是总体标准差的相合估计. 但是，对于正态总体$N(\mu,\sigma^2)$而言，S^{*2}与S^2均是σ^2的相合估计，即相合估计不唯一.

2）无偏性

相合性是对大样本而言的，对小样本而言，需要一些其他的评价标准，无偏性就是常用的评价标准.

定义 6.1.4 设$\hat{\theta}$是未知参数$\theta \in \Theta$的一个估计量，若对$\forall \theta \in \Theta$，有

$$E\hat{\theta} = \theta ,$$

则称$\hat{\theta}$为θ的**无偏估计**，否则，称为**有偏估计**，$\hat{\theta} - \theta$称为估计量θ的**偏差**.

若$\lim\limits_{n\to\infty} E\hat{\theta}_n = \theta$，则称$\hat{\theta}_n$为$\theta$的**渐近无偏估计**.

无偏性的要求可改写为$E[\hat{\theta} - \theta] = 0$，这表示无偏估计没有系统偏差，这种要求在工程技术中完全是合理的. 若估计不具有无偏性，则无论使用多少次，其平均也会与参数真值具有一定的距离，这就是系统误差，即估计方法存在一定缺陷.

例 6.1.10（2010 数 1） 设总体

$$X \sim \begin{pmatrix} 1 & 2 & 3 \\ 1-\theta & \theta-\theta^2 & \theta^2 \end{pmatrix},$$

其中参数 $\theta \in (0,1)$ 未知，以 N_i 表示来自总体 X 的简单随机样本（样本容量为 n）中等于 i 的个数，$i=1,2,3$，试求 a_1,a_2,a_3，使 $T=\sum_{i=1}^{3} a_i N_i$ 为 θ 的无偏估计量，并求 T 的方差.

解 由已知得 $N_1 \sim B(n,1-\theta),\ N_2 \sim B(n,\theta-\theta^2),\ N_3 \sim B(n,\theta^2)$，故

$$ET = E\left(\sum_{i=1}^{3} a_i N_i\right) = a_i \sum_{i=1}^{3} EN_i = na_1 + n(a_2-a_1)\theta + n(a_3-a_2) = \theta .$$

所以

$$a_1 = 0,\ \ a_2 = \frac{1}{n},\ \ a_3 = \frac{1}{n}.$$

于是

$$T = \frac{1}{n}N_2 + \frac{1}{n}N_3 = \frac{1}{n}(n-N_1).$$

所以

$$D(T) = \frac{1}{n^2}D(N_1) = \frac{1}{n^2}n\theta(1-\theta) = \frac{\theta(1-\theta)}{n}.$$

例 6.1.11 (2008 数 1，3) 设 $X_1,X_2,\cdots,X_n$ 是总体 $N(\mu,\sigma^2)$ 的简单随机样本，记，

$$\bar{X} = \frac{1}{n}\sum_{i=1}^{n} X_i,\ S^2 = \frac{1}{n-1}\sum_{i=1}^{n}(X_i-\bar{X})^2,\ T = \bar{X}^2 - \frac{1}{n}S^2.$$

（1）证明 T 为 μ^2 的无偏估计量.

（2）当 $\mu=0,\sigma=1$ 时，求 $D(T)$.

解（1）欲证 T 为 μ^2 的无偏估计量，只需证明

$$ET = E\left(\bar{X}^2 - \frac{1}{n}S^2\right) = E(\bar{X}^2) - \frac{1}{n}E(S^2) = D(\bar{X}) + [E(\bar{X})]^2 - \frac{1}{n}\sigma^2$$

$$= D(X) + [E(X)]^2 - \frac{\sigma^2}{n} = \frac{\sigma^2}{n} + \mu^2 - \frac{\sigma^2}{n} = \mu^2 .$$

（2）由于 $\bar{X}$ 与 S^2 相互独立，故

$$D(T) = D(\bar{X}^2) + \frac{1}{n^2}D(S^2).$$

又因为 $\bar{X} \sim N\left(\mu, \frac{\sigma^2}{n}\right),\ \frac{(n-1)S^2}{\sigma^2} \sim \chi^2(n-1)$，则当 $\mu=0,\ \sigma=1$，

$$\bar{X} \sim N\left(\mu, \frac{1}{n}\right),\ (n-1)S^2 \sim \chi^2(n-1),$$

因此 $(\sqrt{n}\bar{X})^2 \sim \chi^2(1)$，于是

$$D(\bar{X}^2)=\frac{2}{n^2}.$$

又 $D[(n-1)S^2]=(n-1)^2D(S^2)=2(n-1)$，即

$$D(S^2)=\frac{2}{n-1},$$

故

$$D(T)=D(\bar{X}^2)+\frac{1}{n^2}D(S^2)=\frac{2}{n^2}+\frac{1}{n^2}\times\frac{2}{n-1}=\frac{2}{n(n-1)}.$$

证明无偏性就是求统计量的期望，本质上是计算随机变量函数的数学期望. 这类问题一般是利用数字特征的性质、重要统计量的性质以及重要统计量的数字特征来做，并且往往需要先求统计量的分布.

3）有效性

对于两个无偏估计，可以通过比较它们方差的大小来判定优劣.

定义 6.1.5 设 $\hat{\theta},\tilde{\theta}$ 是 θ 的两个无偏估计量，若对 $\forall\theta\in\Theta$，有

$$\mathrm{var}(\hat{\theta})\leqslant\mathrm{var}(\tilde{\theta}),$$

且至少有一个 $\theta\in\Theta$ 使上述不等号严格成立，则称 **$\hat{\theta}$ 比 $\tilde{\theta}$ 有效**.

有效性具有直观解释：如果估计围绕参数真值的波动越小，则估计量越好，而方差可衡量波动大小，因此可用无偏估计量的方差度量其优劣.

设 $X_1,\cdots,X_n$ 是来自某总体 X 的样本，记总体均值为 μ，总体方差为 σ^2，则 $\hat{\mu}_1=X_1$，$\hat{\mu}_2=\bar{X}$ 都是 μ 的无偏估计，但 $\mathrm{var}(\hat{\mu}_1)=\sigma^2\geqslant\frac{\sigma^2}{n}=\mathrm{var}(\hat{\mu}_2)$. 显然，只要 $n>1$，$\hat{\mu}_2$ 就比 $\hat{\mu}_1$ 有效，这表明用全部数据的平均估计总体均值要比使用部分数据更有效. 在其他条件不变的情况下，利用的信息越多，估计的效果越好.

6.2 区间估计

参数点估计给出了一个具体数值，便于计算和应用，但其精度、可靠性如何，点估计本身不能回答，需要由其分布函数反映. 实际上，度量估计精度的一个直观方法是给出参数一个估计区间，如果在参数含于估计区间的概率相同的情况下估计区间越短越好，这便产生了区间估计.

6.2.1 基本概念

定义 6.2.1 设 θ 是总体的一个参数，其参数空间为 Θ，$X_1,\cdots,X_n$ 是来自总体的样本，给定一个 $\alpha(0<\alpha<1)$，若有两个统计量 $\hat{\theta}_L,\hat{\theta}_U$，对任意的 $\theta\in\Theta$，有

$$P(\hat{\theta}_L < \theta < \hat{\theta}_U) = 1-\alpha, \tag{6.2.1}$$

则称随机区间 $(\hat{\theta}_L, \hat{\theta}_U)$ 为 θ 的置信水平为 $1-\alpha$ 的**同等置信区间**，简称**置信区间**，$\hat{\theta}_L, \hat{\theta}_U$ 分别称为**置信下限**和**置信上限**.

置信水平 $1-\alpha$ 的频率解释为：在大量重复使用 θ 的置信区间 $(\hat{\theta}_L, \hat{\theta}_U)$ 时，由于每次得到的样本观测值不同，从而每次得到的区间估计也不一样，对每次观察，θ 要么落进 $(\hat{\theta}_L, \hat{\theta}_U)$，要么没落进 $(\hat{\theta}_L, \hat{\theta}_U)$. 就平均而言，进行 n 次观测，大约有 $n(1-\alpha)$ 次观测值落在区间 $(\hat{\theta}_L, \hat{\theta}_U)$. 比如，用 95%的置信水平得到某班全班学生考试成绩的置信区间为 $(60,80)$，我们不能说区间 $(60,80)$ 以 95%的概率包含全班学生的平均考试成绩的真值，或者表述为全班学生的平均考试成绩以 95%的概率落在区间 $(60,80)$. 这类表述是错误的，因为总体均值 μ 是一常数，而不是随机变量，要么落入，要么不落入，并不涉及概率. 它的真正意思是：如果做了 100 次抽样，大概 95 次找到的区间包含真值，有 5 次不包含真值.

构造未知参数的置信区间最常用的方法是枢轴量法：

（1）构造统计量 $G = G(X_1, \cdots, X_n; \theta)$，使得 G 满足：待估参数 θ 一定出现，不含其他未知参数，已知信息都要出现，且分布函数已知. 一般称 G 为**枢轴量**.

（2）适当选择两个常数 c, d，使得对 $\forall \alpha (0<\alpha<1)$ 成立

$$P(c<G<d) = 1-\alpha,$$

满足这样条件的 c, d 具有无穷多个. 我们希望 $d-c$ 越短越好，但一般很难做到，常用的是选 $c = G_{\alpha/2}$，$d = G_{1-\alpha/2}$，即

$$P(G \leqslant c) = P(G \geqslant d) = \alpha/2,$$

其中 $G_{\alpha/2}$ 为 G 的 $\alpha/2$ 分位数.

（3）对 $c<G<d$ 变形得到置信区间 $(\hat{\theta}_L, \hat{\theta}_U)$，称为**等尾置信区间**.

6.2.2　单个正态总体的置信区间

正态总体是最常用的分布，我们讨论它的两个参数的区间估计，设 $X_1, \cdots, X_n$ 是来自总体 $N(\mu, \sigma^2)$ 的样本.

1）μ 的置信区间

（1）当 σ 已知时，

取枢轴量 $G = \dfrac{\bar{X}-\mu}{\sigma/\sqrt{n}} \sim N(0,1)$，故

$$u_{\alpha/2} < \frac{\bar{X}-\mu}{\sigma/\sqrt{n}} < u_{1-\alpha/2}.$$

由于 $u_{\alpha/2} = -u_{1-\alpha/2}$，我们有

$$-u_{1-\alpha/2}<\frac{\bar{X}-\mu}{\sigma/\sqrt{n}}<u_{1-\alpha/2}\,.$$

变形可得同等置信区间为

$$\left(\bar{X}-u_{1-\alpha/2}\frac{\sigma}{\sqrt{n}},\bar{X}+u_{1-\alpha/2}\frac{\sigma}{\sqrt{n}}\right).\qquad(6.2.2)$$

这是一个以 $\bar{X}$ 为中心，半径为 $u_{1-\alpha/2}\frac{\sigma}{\sqrt{n}}$ 的对称区间，常将之表示为 $\bar{X}\pm u_{1-\alpha/2}\frac{\sigma}{\sqrt{n}}$.

（2）当 σ 未知时，

取枢轴量 $G=\frac{\sqrt{n}(\bar{X}-\mu)}{S}\sim t(n-1)$，故

$$t_{\alpha/2}<\frac{\bar{X}-\mu}{S/\sqrt{n}}<t_{1-\alpha/2}\,,$$

由于 $t_{\alpha/2}=-t_{1-\alpha/2}$，我们有

$$-t_{1-\alpha/2}<\frac{\sqrt{n}(\bar{X}-\mu)}{S}<t_{1-\alpha/2}\,.$$

变形可得同等置信区间为

$$\left(\bar{X}-t_{1-\alpha/2}(n-1)\frac{S}{\sqrt{n}},\bar{X}+t_{1-\alpha/2}(n-1)\frac{S}{\sqrt{n}}\right).\qquad(6.2.3)$$

例 6.2.1　已知某厂生产的滚球直径 $X\sim N(\mu,0.06)$，从某天生产的滚球中随机抽取 6 个，测得直径分别为（单位：mm）

14.6　15.1　14.9　14.8　15.2　15.1

（1）求 μ 的置信概率为 0.95 的置信区间.

（2）如果滚球直径的方差 σ^2 未知，求 μ 的置信概率为 0.95 的置信区间.

解　样本容量 $n=6$，计算 $\bar{x}=\frac{1}{6}\sum_{i=1}^{6}x_i=14.95$.

（1）已知 $1-\alpha=0.95$，故 $\alpha=0.05$，查表（或运用统计软件）可得

$$u_{0.975}=1.96\,.$$

将数据代入（6.2.2）式，可得 μ 的置信概率为 0.95 的置信区间为 $(14.754,15.146)$.

（2）
$$S=\sqrt{\frac{1}{5}\sum_{i=1}^{6}(x_i-\bar{x})^2}=\sqrt{0.051}=0.2258\,.$$

同理可得
$$t_{0.975}=2.5706\,.$$

将数据代入（6.2.3）式，可得 μ 的置信概率为 0.95 的置信区间为 $(14.713,15.187)$.

由同一组样本观测值，按同样的置信概率，对 μ 计算出的置信区间因 σ^2 的是否已知会不

一样. 这是因为：当σ^2已知时，我们掌握的信息多一点，在其他条件相同的情况下，对μ的估计精度要高一点，即表现为μ的置信区间短一点，反之，若σ^2未知，对μ的估计精度要低一点，即表现为μ的置信区间长度要大一些. 当σ^2已知时，我们也可采用σ^2未知的估计方法，但精度要差一点，这种情况我们一般认为是错误的，因为本可用上的已知信息没有用上，得到的结果不是最优的.

例 6.2.2（1998，数 1）从正态总体$N(3.4,6^2)$中抽取容量为n的样本，如果要求其样本均值位于区间$(1.4,5.4)$内的概率不小于 0.95，问样本容量n至少应多大？

解　设$\bar{X}$为样本均值，则有$\dfrac{\bar{X}-3.4}{6/\sqrt{n}}\sim N(0,1)$，则

$$P(1.4<\bar{X}<5.4)=P\left(\left|\frac{\bar{X}-3.4}{6}\sqrt{n}\right|<\frac{2\sqrt{n}}{6}\right)=2\Phi\left(\frac{\sqrt{n}}{3}\right)-1\geqslant 0.95,$$

即

$$\Phi\left(\frac{\sqrt{n}}{3}\right)\geqslant 0.975,$$

则

$$\frac{\sqrt{n}}{3}\geqslant 1.96.$$

解得$n\geqslant(3\times1.96)^2=34.6$. 因此，样本容量$n$应至少取值为 35.

2）σ^2的置信区间

（1）当μ已知时，

枢轴量$G=\sum\limits_{i=1}^{n}\dfrac{(X_i-\mu)^2}{\sigma^2}\sim\chi^2(n)$，对

$$\chi^2_{\alpha/2}(n)<\sum_{i=1}^{n}\frac{(X_i-\mu)^2}{\sigma^2}<\chi^2_{1-\alpha/2}(n)$$

变形可得同等置信区间为

$$\left(\sum_{i=1}^{n}(X_i-\mu)^2\Big/\chi^2_{1-\alpha/2}(n),\sum_{i=1}^{n}(X_i-\mu)^2\Big/\chi^2_{\alpha/2}(n)\right).\tag{6.2.4}$$

（2）当μ未知时，

枢轴量$G=\dfrac{(n-1)S^2}{\sigma^2}\sim\chi^2(n-1)$，对

$$\chi^2_{\alpha/2}(n-1)<\frac{(n-1)S^2}{\sigma^2}<\chi^2_{1-\alpha/2}(n-1)$$

变形可得同等置信区间为

$$\left(\frac{(n-1)S^2}{\chi^2_{1-\alpha/2}(n-1)},\frac{(n-1)S^2}{\chi^2_{\alpha/2}(n-1)}\right).\tag{6.2.5}$$

例 6.2.3　已知某厂生产的零件 $X \sim N(12.5,\sigma^2)$，从某天生产的零件中随机抽取 4 个，测得样本观测值为

12.6　13.4　12.8　13.2

（1）求 σ^2 的置信概率为 0.95 的置信区间.

（2）如果零件直径 μ 未知，求 σ^2 的置信概率为 0.95 的置信区间.

解（1）样本容量 $n=4$，计算 $\sum_{i=1}^{4}(x_i-\mu)^2=1.4$. 已知 $1-\alpha=0.95$，故 $\alpha=0.05$，运用统计软件可得

$$\chi_{\alpha/2}^2(4)=0.484\text{，}\chi_{1-\alpha/2}^2(4)=11.143.$$

将数据代入（6.2.4）式可得 σ^2 的置信概率为 0.95 的置信区间为 $(0.13,2.89)$.

（2）运用统计软件可得

$$\chi_{\alpha/2}^2(3)=0.216\text{，}\chi_{1-\alpha/2}^2(3)=9.348.$$

将数据代入（6.2.5）式，可得 σ^2 的置信概率为 0.95 的置信区间为 $(0.043,1.854)$.

6.2.3　两个正态总体的置信区间*

设 $X_1,\cdots,X_m$ 是来自总体 $N(\mu_1,\sigma_1^2)$ 的样本，$Y_1,\cdots,Y_n$ 是来自总体 $N(\mu_2,\sigma_2^2)$ 的样本，且两样本相互独立，记 $\overline{X},\overline{Y}$ 分别为它们的样本均值，

$$S_X^2=\frac{1}{m-1}\sum_{i=1}^{m}(X_i-\overline{X})^2\text{，}S_Y^2=\frac{1}{n-1}\sum_{i=1}^{n}(Y_i-\overline{Y})^2$$

分别为它们的样本方差，下面讨论两个均值差和两个方差比的置信区间.

1）$\mu_1-\mu_2$ 的置信区间

（1）σ_1^2,σ_2^2 已知时，

取 $G=\dfrac{\overline{X}-\overline{Y}-(\mu_1-\mu_2)}{\sqrt{\dfrac{\sigma_1^2}{m}+\dfrac{\sigma_2^2}{n}}}\sim N(0,1)$（$\mu_1-\mu_2$ 整体是待估参数），沿用前面的方法可得 $\mu_1-\mu_2$ 的 $1-\alpha$ 同等置信区间为

$$\left(\overline{X}-\overline{Y}-u_{1-\alpha/2}\sqrt{\frac{\sigma_1^2}{m}+\frac{\sigma_2^2}{n}},\overline{X}-\overline{Y}+u_{1-\alpha/2}\sqrt{\frac{\sigma_1^2}{m}+\frac{\sigma_2^2}{n}}\right).\tag{6.2.6}$$

（2）$\sigma_1^2=\sigma_2^2=\sigma^2$ 未知时，

因为 $\dfrac{\overline{X}-\overline{Y}-(\mu_1-\mu_2)}{\sqrt{\dfrac{\sigma^2}{m}+\dfrac{\sigma^2}{n}}}\sim N(0,1)$，$\dfrac{(m-1)S_X^2}{\sigma^2}\sim\chi^2(m-1)$，$\dfrac{(n-1)S_Y^2}{\sigma^2}\sim\chi^2(n-1)$，且相互独立，

所以

$$\frac{(m-1)S_X^2+(n-1)S_Y^2}{\sigma^2}\sim\chi^2(m+n-2).$$

取枢轴量

$$G=\sqrt{\frac{mn(m+n-2)}{m+n}}\frac{\overline{X}-\overline{Y}-(\mu_1-\mu_2)}{\sqrt{(m-1)S_X^2+(n-1)S_Y^2}}\sim t(m+n-2).$$

记 $S_w^2=\dfrac{(m-1)S_X^2+(n-1)S_Y^2}{m+n-2}$，则沿用前面的方法可得 $\mu_1-\mu_2$ 的 $1-\alpha$ 同等置信区间为

$$\left(\overline{X}-\overline{Y}-\sqrt{\frac{m+n}{mn}}S_w t_{1-\alpha/2}(m+n-2),\overline{X}-\overline{Y}+\sqrt{\frac{m+n}{mn}}S_w t_{1-\alpha/2}(m+n-2)\right).\tag{6.2.7}$$

例 6.2.4 两台机床生产同一型号的滚珠，从甲机床、乙机床生产的滚珠中分别抽取 8 个、9 个，测得这些滚珠的直径（mm）如下：

甲机床：15.0 14.8 15.2 15.4 14.9 15.1 15.2 14.8

乙机床：15.2 15.0 14.8 15.1 15.0 14.6 14.8 15.1 14.5

设两台机床生产的滚珠直径服从正态分布，求这两台机床生产滚珠直径均值差 $\mu_1-\mu_2$ 的 $1-\alpha=0.90$ 同等置信区间.

（1）已知两台机床生产的滚珠直径的标准差分别是 $\sigma_1=0.18$，$\sigma_2=0.24$；

（2）$\sigma_1=\sigma_2$ 未知.

解 显然有：

$$m=8,\ n=9,\ \overline{x}=15.05,\ \overline{y}=14.9,\ s_x^2=0.0457,\ s_y^2=0.0575,\ s_w=0.228.$$

（1）$u_{0.95}=1.645$，代入（6.2.6）式，得置信区间为 $(-0.018,0.318)$.

（2）$t_{0.95}=1.753$，代入（6.2.7）式，得置信区间为 $(-0.044,0.344)$.

2）σ_1^2/σ_2^2 的置信区间

（1）μ_1,μ_2 已知时，

由于 $F=\dfrac{\sum_{i=1}^{m}(X_i-\mu_1)^2\Big/m\sigma_1^2}{\sum_{i=1}^{n}(Y_i-\mu_2)^2\Big/n\sigma_2^2}\sim F(m,n)$，故 σ_1^2/σ_2^2 的 $1-\alpha$ 置信区间为

$$\left(\frac{n\sum_{i=1}^{m}(X_i-\mu_1)^2}{m\sum_{i=1}^{n}(Y_i-\mu_2)^2}\frac{1}{F_{1-\alpha/2}(m,n)},\frac{n\sum_{i=1}^{m}(X_i-\mu_1)^2}{m\sum_{i=1}^{n}(Y_i-\mu_2)^2}\frac{1}{F_{\alpha/2}(m,n)}\right).\tag{6.2.8}$$

（2）μ_1,μ_2 未知时，

由于 $\dfrac{(m-1)S_X^2}{\sigma_1^2}\sim\chi^2(m-1)$，$\dfrac{(n-1)S_Y^2}{\sigma_2^2}\sim\chi^2(n-1)$，且相互独立，故取枢轴量

$$F=\frac{S_X^2/\sigma_1^2}{S_Y^2/\sigma_2^2}\sim F(m-1,n-1),$$

故给定置信水平$1-\alpha$，由

$$P\left(F_{\alpha/2}(m-1,n-1)<\frac{S_X^2/\sigma_1^2}{S_Y^2/\sigma_2^2}<F_{1-\alpha/2}(m-1,n-1)\right)=1-\alpha$$

可得σ_1^2/σ_2^2的$1-\alpha$置信区间为

$$\left(\frac{S_X^2}{S_Y^2}\frac{1}{F_{1-\alpha/2}(m-1,n-1)},\frac{S_X^2}{S_Y^2}\frac{1}{F_{\alpha/2}(m-1,n-1)}\right).\qquad(6.2.9)$$

例 6.2.5 在例 6.2.4 中，求这两台机床生产滚珠直径方差比σ_1^2/σ_2^2的$1-\alpha=0.90$同等置信区间.

（1）已知两台机床生产的滚珠直径的均值分别是$\mu_1=15.0$，$\mu_2=14.9$；

（2）μ_1,μ_2未知.

解 计算得

$$\sum_{i=1}^{8}(x_i-\mu_1)^2=0.34,\ \sum_{i=1}^{9}(y_i-\mu_2)^2=0.46.$$

（1）$F_{0.05}(8,9)=0.295,\ F_{0.95}(8,9)=3.23$，代入（6.2.8）式得置信区间为

$$(0.257,2.819).$$

（2）$F_{0.05}(7,8)=0.268,\ F_{0.95}(7,8)=3.50$，代入（6.2.9）式得置信区间为

$$(0.227,2.966).$$

6.3 假设检验

在现实生活中，人们经常需要对某个“假设”做出判断，确定它的真假. 比如，在恋爱中，恋人需要判断对方是否真的爱她或他；在新药研发中，研究人员需要判断新药是否比原有药物更有效.

6.3.1 假设检验的基本概念

例 6.3.1 某食品厂生产的食盐规定每袋的标准重量为 500g，这些食盐由一条生产线自动包装. 在正常情况下，由统计资料可知食盐重量服从正态分布$N(500,4)$. 为了在生产过程中进行质量控制，规定开工时以及每隔一定时间都要抽测 5 袋食盐，以检验生产线工作是否正常. 如果在某次抽测中，测得 5 袋食盐的重量分别为

501g 507g 498g 502g 504g

这时，我们是否可以做出生产线工作是否正常（ $\mu=500$ ）的判断呢？

我们的研究目的是判断 $\mu=500$ 是否可信，而生产线正常工作是不能轻易否定的，因此首先提出两个对立假设

$$H_0:\mu=\mu_0=500 \quad \text{vs} \quad H_1:\mu\neq\mu_0=500.$$

由于要检验的是总体均值，故可借助于样本均值来判断. 因为 $\bar{X}$ 是 μ 的一个优良估计量且

$$U=\frac{\bar{X}-\mu_0}{\sigma/\sqrt{n}}\sim N(0,1),$$

所以，如果 H_0 为真，则 $|\bar{X}-\mu_0|$ 不应太大，可选定一个适当正数 c，一般选 $c=u_{1-\alpha/2}$，其中 $0<\alpha<1$，当观测值满足

$$\left|\frac{\bar{X}-\mu_0}{\sigma/\sqrt{n}}\right|\geqslant c$$

时，拒绝假设 H_0，即认为生产线工作不正常，反之不能拒绝 H_0，也可简称为接受 H_0.

在假设检验中，常把一个被检验的假设称为**原假设**，用 H_0 表示，通常将不应轻易加以否定的假设作为原假设. 当 H_0 被否定时而接受的假设称为**备择假设**，用 H_1 表示. 确定原假设和备择假设在假设检验中十分重要，它直接关系到检验的结论，下面给出几点假设的认识.

（1）在建立假设时，通常先确定备择假设，然后确定原假设. 这是因为备择假设是人们所关心的，是想予以支持或证实的，因而比较清楚，容易确定. 由于原假设与备择假设是对立的，只要确定了备注假设，也就确定了原假设.

（2）在假设检验中，等号“=”总是放在原假设上. 将等号放在原假设上是因为研究者想涵盖备择假设 H_1 不出现的所有情况.

（3）尽管根据定义通常能确定两个假设的内容，但它们的本质都带有一定的主观性，因为研究者想要证实和反对的结论最终取决于研究者本人的意志. 所以，在面对同一问题时，由于研究者的研究目的不同，甚至可能提出截然相反的原假设和备择假设.

（4）假设检验的目的主要是搜集证据拒绝原假设. 这与法庭上对被告定罪类似：我们关心的、想证实的是被告有罪，因此被告有罪作为备择假设，被告无罪作为原假设，这也符合“通常将不应轻易加以否定的假设作为原假设”，因为人一般都是无罪的，而有罪的惩罚很严厉，甚至是不可挽回的——死刑.

由样本对原假设进行判断总是通过一个统计量完成的，该统计量称为**检验统计量**. 当检验统计量取某个区域 W 中的值时，我们拒绝原假设 H_0，则称区域 W 为**拒绝域**，拒绝域的边界点称为**临界点**.

通常我们将注意力集中在拒绝域上，正如数学上我们不能用一个例子去证明一个结论一样，我们也不能用一个样本来证明假设是正确的，但可以用一个例子去推翻一个命题，因此从逻辑上看，注重拒绝域是适当的. 事实上，在拒绝原假设和接受原假设之间存在一个模糊域，因此 $\overline{W}$ 称为**保留域**更恰当. 为了简单起见，我们习惯上称 $\overline{W}$ 为接受域.

假设检验的依据是小概率事件在一次试验中很难发生，但很难发生不等于不发生，因而，假设检验所作出的结论有可能是错误的，错误有两类：

（1）当原假设 H_0 为真，观测值却落入拒绝域，而作出了拒绝 H_0 的判断，称为**第一类错误**，又叫**弃真错误**、α **错误**. 犯第一类错误的概率记为 α，即

$$\alpha = P(\text{拒绝}H_0 \mid H_0\text{为真}),$$

也称为显著性水平，它是人们事先指定犯第一类错误概率的最大允许值.

在确定了显著性水平 α 后，就可根据 α 值的大小确定拒绝域的边界，从而确定拒绝域的大小.

（2）当原假设 H_0 不真，而观测值没有落入拒绝域，作出了没有拒绝 H_0 的判断，称为**第二类错误**，又叫**存伪错误**，犯第二类错误的概率记为 β，即

$$\beta = P(\text{没有拒绝}H_0 \mid H_1\text{为真}).$$

自然，人们都希望犯这两类错误的概率越小越好，但当样本容量 n 一定时，若减少犯第一类错误的概率，则犯第二类错误的概率往往会增大；若减少犯第二类错误的概率，则犯第一类错误的概率往往会增大. 若要使犯两类错误的概率都减小，除非增加样本容量.

只对犯第一类错误的概率加以控制，而不考虑犯第二类错误的概率的检验，称为**显著性检验**. 确定了显著性水平 α 就等于控制了第一类错误的概率，但犯第二类错误的概率 β 却是不确定的. 在假设检验中，大家都在执行一个原则，即首先控制 α 错误原则，原因主要有两点：一方面，大家都在执行一个统一的原则，讨论问题比较方便，但这还不是主要的，最主要的原因是，从实用的观点看，原假设是什么往往很明确，而备择假设是什么往往比较模糊. 显然，对于一个含义明确的假设和一个含义模糊的假设，我们更愿意接受前者.

下面我们给出例 6.3.1 的完整检验过程：

这是一个假设检验问题，总体 $X \sim N(\mu,4)$，$\sigma = 2$.

（1）提出原假设和和备择假设，分别为

$$H_0: \mu = \mu_0 = 500 \quad \text{vs} \quad H_1: \mu \neq \mu_0 = 500.$$

（2）构造检验统计量：$U = \dfrac{\overline{X} - \mu_0}{\sigma/\sqrt{n}} \sim N(0,1)$.

（3）构造小概率事件：取显著性水平 $\alpha = 0.05$，则 $\left|\dfrac{\overline{X} - \mu_0}{\sigma/\sqrt{n}}\right| \geqslant u_{1-\alpha/2}$ 就是小概率事件.

（4）判断小概率事件是否发生：因为 $n = 5$，$\bar{x} = 502.4$，由于

$$\left|\frac{\bar{x} - \mu_0}{\sigma/\sqrt{n}}\right| = \left|\frac{502.4 - 500}{2/\sqrt{5}}\right| = 2.6833 \geqslant u_{0.975} = 1.9600,$$

即小概率事件发生了，所以拒绝 H_0，认为生产线工作不正常.

```
X=[501   507   498   502   504];
u=(mean(X) - 500)/(2/5^0.5),
```

norminv(0.975,0,1)

综上所述，可得假设检验的基本步骤.

（1）由实际问题提出原假设 H_0（与备择假设 H_1），通常将不应轻易加以否定的假设作为原假设，为了简单起见，可省略 H_1；

（2）构造检验统计量，与构造枢轴量的方法一致；

（3）根据问题要求确定显著性水平 α，进而得到拒绝域，即构造小概率事件；

（4）由样本观测值计算统计量的观测值，看是否属于拒绝域，即判断小概率事件在一次试验中是否发生，从而对 H_0 作出判断，若小概率事件发生，则否定 H_0，反之则否.

定义 6.3.1 在一个假设检验问题中，利用观测值能够做出拒绝原假设的最小显著水平称为检验的 p 值（probability value）.

可见，p 值是假设检验中犯错误的实际概率，而显著性水平 α 是人们能接受犯错误的最大概率，具有主观性. 引进检验的 p 值概念好处有：

（1）结论客观，避免了事先确定显著水平；

（2）由检验的 p 值与人们心目中的显著水平 α 进行比较，则可以很容易做出检验结论. 用 p 值决策的准则是：

$$\text{如果 } p \leqslant \alpha\text{，拒绝 } H_0\text{；如果 } p > \alpha\text{，不拒绝 } H_0.$$

这种利用 p 值来确定检验拒绝域的方法，称为 **p 值检验法**.

6.3.2 单个正态总体均值的假设检验

设样本 $X_1,\cdots,X_n$ 来自总体 $N(\mu,\sigma^2)$，考虑如下三种关于 μ 的假设检验问题：

（i）$H_0:\mu \leqslant \mu_0$ vs $H_1:\mu > \mu_0$；

（ii）$H_0:\mu \geqslant \mu_0$ vs $H_1:\mu < \mu_0$；

（iii）$H_0:\mu = \mu_0$ vs $H_1:\mu \neq \mu_0$；

一般而言，这三种假设所采用的检验统计量相同，区别在于拒绝域上.（i）（ii）为单侧检验，（iii）为双侧检验. 单侧检验（i）也称为右侧检验，（ii）也称为左侧检验. 识别单侧与双侧检验有益于以后构造拒绝域.

1）σ 已知时的 u 检验

构造检验统计量与枢轴量的方法一样，故检验统计量

$$U=\frac{\bar{X}-\mu_0}{\sigma/\sqrt{n}} \sim N(0,1).$$

（1）对于单侧检验（i），直觉告诉我们，当样本均值 $\bar{X}$ 不超过 μ_0 时应接受原假设，且 $\bar{X}$ 越小越应该接受原假设；当样本均值 $\bar{X}$ 超过 μ_0 时，应拒绝原假设，可是由于随机性的存在，如果 $\bar{X}$ 比 μ_0 大一点就拒绝原假设似乎不恰当，只有当 $\bar{X}$ 超过 μ_0 一定程度时拒绝原假设才是恰当的.

由于$P\left(u_{1-\alpha} \leqslant \frac{\bar{X}-\mu_0}{\sigma/\sqrt{n}}\right)=\alpha$，故$u_{1-\alpha} \leqslant \frac{\bar{X}-\mu_0}{\sigma/\sqrt{n}}$成立时，拒绝原假设，因此拒绝域为

$$W=\left\{(X_1,\cdots,X_n): u_{1-\alpha} \leqslant \frac{\bar{X}-\mu_0}{\sigma/\sqrt{n}}\right\}=\{u_{1-\alpha} \leqslant U\}. \tag{6.3.1}$$

（2）对于单侧检验（ii），直觉告诉我们，当样本均值$\bar{X}$小于μ_0时，应拒绝原假设，可由于随机性的存在，只有当$\bar{X}$小于μ_0一定程度时拒绝原假设才是恰当的. 由于$P\left(\frac{\bar{X}-\mu_0}{\sigma/\sqrt{n}} \le u_\alpha\right)=\alpha$，故$\frac{\bar{X}-\mu_0}{\sigma/\sqrt{n}} \le u_\alpha$成立时，拒绝原假设，由于$u_\alpha=-u_{1-\alpha}$，因此拒绝域为

$$W=\left\{\frac{\bar{X}-\mu_0}{\sigma/\sqrt{n}} \leqslant -u_{1-\alpha}\right\}=\{U \leqslant -u_{1-\alpha}\}. \tag{6.3.2}$$

（3）对于双侧检验（iii），由于$P\left(\left|\frac{\bar{X}-\mu}{\sigma/\sqrt{n}}\right| \geqslant u_{1-\alpha/2}\right)=\alpha$，因此拒绝域为

$$W=\left\{\left|\frac{\bar{X}-\mu_0}{\sigma/\sqrt{n}}\right| \geqslant u_{1-\alpha/2}\right\}=\{|U| \geqslant u_{1-\alpha/2}\}, \tag{6.3.3}$$

即接受域为

$$\left\{\left|\frac{\bar{X}-\mu_0}{\sigma/\sqrt{n}}\right| < u_{1-\alpha/2}\right\}=\{|U| < u_{1-\alpha/2}\}.$$

MATLAB 实现命令：

```
[h,sig,ci,zval]=ztest(x,mu0,sigma,alpha,tail)
```

其中，x表示数据向量；mu0 是原假设中的均值假设值；sigma 是已知总体标准差；alpha 是显著性水平；tail 是检验中备择假设方法，有'both','right','left'三种情况；返回值$h=0$表示不能拒绝原假设，$h=1$表示拒绝原假设；sig < alpha 表示拒绝原假设，反之则否；ci 表示显著性水平为 alpha 的置信区间；zval 表示检验统计量的值.

例 6.3.2 某厂生产的合金强度服从正态分布$N(\theta,4^2)$，其中θ是设计值为不低于 110(Pa). 为了保证质量，该厂每天对生产情况进行例行检查，以判断生产是否正常进行. 某天从生产中随机抽取 25 块合金，测得强度只为$x_1,\cdots,x_{25}$，其均值为$\bar{x}=108\,(\text{Pa})$，若取$\alpha=0.05$，问当日生产是否正常？

解 提出原假设$H_0:\theta \geqslant 110$，由于

$$P\left(\frac{\bar{X}-110}{4/\sqrt{25}} \leqslant -1.645\right)=0.05,$$

则

$$\frac{\bar{x}-110}{4/\sqrt{25}}=\frac{108-110}{4/\sqrt{25}}=-2.5000 \leqslant -1.645,$$

即小概率事件发生了，矛盾，所以拒绝原假设，即认为该日生产不正常.

由于 $P(U \leqslant -2.5) = 0.0062$ ，所以检验的 p 值为 0.0062. 因为

$$p = 0.0062 < 0.05 ,$$

所以拒绝原假设，所得结论与前面相同.

例 6.3.3 某砖厂生产的砖其抗拉强度 X 服从正态分布 $N(\mu, 1.21)$ ，今从该厂产品中随机抽取 6 块，测得抗拉强度如下：

$$32.56 \quad 29.66 \quad 31.64 \quad 30.00 \quad 31.87 \quad 31.03$$

检验这批砖的平均抗拉强度为 32.50 是否成立，取显著性水平 $\alpha = 0.05$.

解 提出原假设 $H_0: \mu = \mu_0 = 32.50$ ，由于

$$\left|\frac{\bar{x} - \mu_0}{\sigma/\sqrt{n}}\right| = \left|\frac{31.1267 - 32.50}{1.1/\sqrt{6}}\right| = 3.0582 > u_{1-\alpha/2} = 1.96 ,$$

所以拒绝原假设，即这批砖的平均抗拉强度为 32.50 不成立.

```
x=[32.56 29.66 31.64 30.00 31.87 31.03];
mu0=32.50;
sigma=1.21^0.5;
alpha=0.05;
[h,sig,ci,zval]=ztest(x,mu0,sigma,alpha,'both')
```

运行结果：

```
h =1        sig=0.0022      ci=30.2465     32.0068       zval=-3.0582
```

由 $h=1$ 知拒绝原假设. 另外，可得 p 值为 0.0022 以及包含真值的 95%置信区间为 $(30.2465, 32.0068)$.

2）σ 未知时的 t 检验

选用检验统计量 $t = \dfrac{\sqrt{n}(\bar{X} - \mu)}{S} \sim t(n-1)$ ，分析与推导过程仿照 u 检验，可得：

对于单侧检验（i），拒绝域为

$$W = \left\{(X_1, \cdots, X_n): t_{1-\alpha}(n-1) \leqslant \frac{\bar{X} - \mu_0}{S/\sqrt{n}}\right\} = \{t_{1-\alpha}(n-1) \leqslant t\} . \qquad (6.3.4)$$

对于单侧检验（ii），拒绝域

$$W = \{t \leqslant -t_{1-\alpha}\} ,$$

$$W = \left\{\frac{\bar{X} - \mu_0}{S/\sqrt{n}} \leqslant -t_{1-\alpha}(n-1)\right\} = \{t \leqslant -t_{1-\alpha}(n-1)\} . \qquad (6.3.5)$$

对于双侧检验（iii），拒绝域为

$$W=\left\{\left|\frac{\overline{X}-\mu_0}{S/\sqrt{n}}\right|\geqslant t_{1-\alpha/2}(n-1)\right\}=\{|t|\geqslant t_{1-\alpha/2}(n-1)\}. \tag{6.3.6}$$

MATLAB 实现命令：

```
[h,sig,ci,stats]=ttest(x,mu0,alpha,tail)
```

其中，x 表示数据向量；mu0 是原假设中的均值假设值；alpha 是显著性水平；tail 是检验中备择假设方法，有'both','right','left'三种情况；返回值 $h=0$ 表示不能拒绝原假设，$h=1$ 表示拒绝原假设；sig$<$alpha 表示拒绝原假设，反之则否；ci 表示显著性水平为 alpha 的置信区间；,stats 表示检验情况描述，含有三个参量：tstat（检验统计量的 t 值），df（自由度），sd（样本标准差）.

例 6.3.4 一种汽车配件的平均长度要求为 12cm，高于或低于该标准均被认为是不合格的. 汽车生产企业在购进配件时，通常是经过招标，然后对中标的配件提供商提供样品进行检验，以决定是否购进. 现对一个配件提供商提供的 10 个样本进行检验，结果如下：

12.2 10.8 12.0 11.8 11.9 12.4 11.3 12.2 12.0 12.3

假设该供货商生产的配件服从正态分布，在 0.05 的显著性水平下，检验该供货商提供配件是否符合要求.

解 依题意建立如下原假设和备注假设：

$$H_0:\mu=12 \quad \text{vs} \quad H_1:\mu\neq 12.$$

根据样本数据计算得 $\bar{x}=11.89$，$s=0.4932$. 计算检验统计量：

$$t=\frac{\bar{x}-\mu_0}{s/\sqrt{n}}=\frac{11.89-12}{0.4932/\sqrt{10}}=-0.7053.$$

由于 $|t|=0.7053<t_{0.975}(9)=2.262$，所以不能拒绝原假设，样本提供的证据还不足以推翻原假设.

```
x=[12.2 10.8 12.0 11.8 11.9 12.4 11.3 12.2 12.0 12.3];
m=mean(x),
s=std(x),
t=(m-12)/(s/10^0.5),
tinv(0.975,9)
mu0=12.0;
alpha=0.05;
[h,sig,ci,stats]=ttest(x,mu0,alpha,'both')
```

部分运行结果：

```
h=0      sig=0.4985      ci=11.5372      12.2428
stats =
     tstat  :  - 0.7053
        df: 9
        sd: 0.4932
```

从结果看，$h=0$，$p=\text{sig}=0.4958>0.05$，所以不能拒绝原假设.

例 6.3.5（1988 数 1） 设某次考试的考生成绩服从正态分布，从中随机抽取 36 位考生的成绩，算得平均成绩为 66.5 分，标准差为 15 分. 问在显著性水平 0.05 下，是否可以认为这次考试全体考生的平均成绩为 70 分？并给出检验过程.

解 依据题意提出原假设和备择假设

$$H_0:\mu=\mu_0=70 \ \text{ vs } \ H_1:\mu\neq\mu_0=70.$$

选取检验统计量 $T=\dfrac{\bar{X}-70}{S/\sqrt{n}}\sim t(n-1)$，可得拒绝域为

$$|t|=\left|\frac{\bar{X}-70}{S/\sqrt{n}}\right|\geqslant t_{1-\alpha/2}(n-1)=t_{0.975}(35)=2.0301.$$

由样本值可得

$$|t|=\left|\frac{66.5-70}{15/\sqrt{36}}\right|=1.4<2.0301,$$

所以接受 H_0，即在显著性水平 0.05 下，可以认为这次考试全体考生的平均成绩为 70 分.

6.3.3 单个正态总体方差的假设检验

在假设检验中，有时不仅需要检验总体的均值，而且还需要检验总体的方差. 例如，在产品质量检验中，方差反映了产品的稳定性，方差大，说明产品性能不稳定，波动大；在投资中，收益率的方差是评价投资风险的重要依据.

设 $X_1,\cdots,X_n$ 是来自总体 $N(\mu,\sigma^2)$ 的样本，考虑如下关于 σ^2 的假设检验问题：

$$H_0:\sigma^2=\sigma_0^2 \ \text{ vs } H_1:\sigma^2\neq\sigma_0^2.$$

方差单侧检验原理同均值的单侧检验一致，读者可自行写出.

1）已知期望 μ，假设检验 $H_0:\sigma^2=\sigma_0^2$

我们将解题步骤具体化：

（1）提出原假设和备择假设：

$$H_0:\sigma^2=\sigma_0^2 \ \text{ vs } \ H_1:\sigma^2\neq\sigma_0^2.$$

（2）给出检验统计量 $\chi^2=\displaystyle\sum_{i=1}^{n}\frac{(X_i-\mu)^2}{\sigma_0^2}\sim\chi^2(n)$.

（3）构造小概率事件，

$$P\left(\sum_{i=1}^{n}\frac{(X_i-\mu)^2}{\sigma_0^2}\geqslant\chi_{1-\alpha/2}^2(n),\text{或}\sum_{i=1}^{n}\frac{(X_i-\mu)^2}{\sigma_0^2}\leqslant\chi_{\alpha/2}^2(n)\right)=1-\alpha.$$

即拒绝域为

$$W=\left\{\sum_{i=1}^{n}\frac{(X_i-\mu)^2}{\sigma_0^2}\geqslant\chi^2_{1-\alpha/2}(n),\text{或}\sum_{i=1}^{n}\frac{(X_i-\mu)^2}{\sigma_0^2}\leqslant\chi^2_{\alpha/2}(n)\right\}. \tag{6.3.7}$$

（4）判断小概率事件是否发生，若发生，则拒绝 H_0，反之则否.

这种方法称为**卡方检验法**. MATLAB 中没有现成命令，需按依理论自己编程.

2）未知期望 μ，假设检验 $H_0:\sigma^2=\sigma_0^2$

构造检验统计量

$$\sum_{i=1}^{n}\frac{(X_i-\bar{X})^2}{\sigma_0^2}\sim\chi^2(n-1),$$

解题过程同上，可得拒绝域为

$$W=\left\{\sum_{i=1}^{n}\frac{(X_i-\bar{X})^2}{\sigma_0^2}\geqslant\chi^2_{1-\alpha/2}(n-1),\text{或}\sum_{i=1}^{n}\frac{(X_i-\bar{X})^2}{\sigma_0^2}\leqslant\chi^2_{\alpha/2}(n-1)\right\}. \tag{6.3.8}$$

MATLAB 实现命令为：

[h,sig,ci,stats]=vartest(x,v,alpha,tail)

其中，x 表示数据向量；v 是原假设中的方差假设值；alpha 是显著性水平；tail 是检验中备择假设方法，有'both','right','left'三种情况；返回值 $h=0$ 表示不能拒绝原假设，$h=1$ 表示拒绝原假设；sig < alpha 表示拒绝原假设，反之则否；ci 表示显著性水平为 alpha 的置信区间；stats 表示检验情况描述，含有两个参量：chisqstat（检验统计量卡方值），df（自由度）.

例 6.3.6　某涤纶厂生产的纤维纤度（纤维的粗细程度）在正常条件下，服从正态分布 $N(1.405,0.048^2)$，某日随机地抽取 5 根纤维，测得纤度为

1.32　1.55　1.36　1.40　1.44

问这一天涤纶纤度总体 X 的均方差是否正常？($\alpha=0.05$)

解　提出假设 $H_0:\sigma^2=\sigma_0^2=0.048^2$.

（1）因为

$$\sum_{i=1}^{5}\frac{(x_i-\mu)^2}{\sigma_0^2}=13.6827>\chi^2_{0.975}(5)=12.8325,$$

所以拒绝 H_0，即这一天涤纶纤度 X 的均方差可以认为不正常.

（2）如果期望 μ 未知，因为

$$\sum_{i=1}^{5}\frac{(x_i-\bar{x})^2}{\sigma_0^2}=13.5069>\chi^2_{0.975}(4)=11.1433,$$

所以拒绝 H_0，即这一天涤纶纤度 X 的均方差可以认为不正常.

```
x=[1.32 1.55 1.36 1.40 1.44];
x1=(x – 1.405).^2;
x2=(x – mean(x)).^2;
```

```
a=sum(x1)/0.048^2,
chi2inv(0.975,5)
b=sum(x2)/0.048^2,
chi2inv(0.975,4)
v=0.048^2;
alpha=0.05;
[h,sig,ci,stats]=vartest(x,v,alpha,'both')
```

部分运行结果：

```
h=1      sig=0.0181      ci=0.0028      0.0642
stats =
    chisqstat: 13.5069
           df: 4
```

从结果看，$h=1$，$p=\text{sig}=0.0181<0.05$，所以拒绝原假设.

例 6.3.7　某市教委对高三年级的学生成绩进行评估，其中英语成绩服从正态分布 $N(\mu,\sigma^2)$，从中抽取 8 个学生的考试成绩，得到数据如下：

88　63　90　85　75　80　92　76

均值 μ 未知，是否可以认为总体方差 σ^2 不小于 8^2？（取 $\alpha=0.05$）

解　依据题意提出原假设和备择假设

$$H_0:\sigma^2\geqslant 8^2 \ \text{vs}\ H_1:\sigma^2<8^2.$$

选取检验统计量 $\chi^2=\sum_{i=1}^{n}\dfrac{(X_i-\bar{X})^2}{\sigma_0^2}\sim\chi^2(n)$，于是可得拒绝域为

$$\chi^2=\sum_{i=1}^{n}\frac{(X_i-\bar{X})^2}{\sigma_0^2}\leqslant\chi_{0.05}^2(7)=2.1673.$$

由样本值可得 $\chi^2=\dfrac{1}{64}\sum_{i=1}^{8}(x_i-\bar{x})^2=10.2012>2.1673$，从而接受原假设，即认为总体方差 σ^2 不小于 8^2.

```
x=[88 63 90 85 75 80 92 76];
v=8^2;
alpha=0.05;
x1=(x - mean(x)).^2;
a=sum(x1)/8^2,
chi2inv(0.05,7)
[h,sig,ci,stats]=vartest(x,v,alpha,'left')
```

部分运行结果：

```
h=0      sig=0.8225      ci=0   301.2319
```

```
stats =
  chisqstat: 10.2012
         df: 7
```

从结果看，$h=0$，$p=\text{sig}=0.8225>0.05$，所以接受原假设.

6.3.4 两个正态总体参数假设检验*

设 $X_1,\cdots,X_m$ 是来自总体 $N(\mu_1,\sigma_1^2)$ 的样本，$Y_1,\cdots,Y_n$ 是来自总体 $N(\mu_2,\sigma_2^2)$ 的样本，且两样本相互独立，记 $\bar{X},\bar{Y}$ 分别为它们的样本均值，

$$S_X^2=\frac{1}{m-1}\sum_{i=1}^{m}(X_i-\bar{X})^2,\quad S_Y^2=\frac{1}{n-1}\sum_{i=1}^{n}(Y_i-\bar{Y})^2,\quad S_w^2=\frac{(m-1)S_X^2+(n-1)S_Y^2}{m+n-2},$$

其中 S_X^2，S_Y^2 分别为它们的样本方差. 下面讨论两个均值差和两个方差比的假设检验.

1）两正态总体均值差的假设检验： $H_0:\mu_1-\mu_2=\mu$

（1）σ_1^2,σ_2^2 已知时，

取检验统计量 $U=\dfrac{\bar{X}-\bar{Y}-(\mu_1-\mu_2)}{\sqrt{\dfrac{\sigma_1^2}{m}+\dfrac{\sigma_2^2}{n}}}\sim N(0,1)$，可得拒绝域为

$$W=\{|U|\geqslant u_{1-\alpha/2}\}.$$

（2）$\sigma_1^2=\sigma_2^2=\sigma^2$ 未知时，

取检验统计量 $t=\dfrac{\bar{X}-\bar{Y}-(\mu_1-\mu_2)}{S_w\sqrt{\dfrac{1}{m}+\dfrac{1}{n}}}\sim t(m+n-2)$，可得拒绝域为

$$W=\{|t|\geqslant t_{1-\alpha/2}(m+n-2)\}.$$

MATLAB 实现命令：

```
[h,sig,ci,stats]=ttest2(x,y,alpha,tail)
```

其中，x,y 表示数据向量；stats 表示检验情况描述，含有三个参量：tstat（检验统计量 t 值），df（自由度），sd（样本标准差）；其他参数同上.

例 6.3.8 卷烟厂甲、乙分别生产两种香烟，现分别对两种烟的尼古丁含量作 6 次测量，结果为

甲厂：25 28 23 26 29 22

乙厂：28 23 30 35 21 27

若香烟中尼古丁的含量服从正态分布且方差相等，问这两种香烟中尼古丁含量有无显著差异（$\alpha=0.05$）.

解 提出假设 $H_0:\mu_1-\mu_2=0$，

$$t=\frac{\bar{x}-\bar{y}-(\mu_1-\mu_2)}{s_w\sqrt{\dfrac{1}{m}+\dfrac{1}{n}}}=\frac{25.5000-27.3333}{\sqrt{\dfrac{37.5000+125.3333}{6+6-2}}\sqrt{\dfrac{1}{6}+\dfrac{1}{6}}}=-0.7869.$$

因为 $|t|=0.7869<t_{0.975}(10)=2.2281$，所以接受 H_0，即认为两种香烟中尼古丁含量无显著差异.

```
x=[25 28 23 26 29 22];
y=[28 23 30 35 21 27];
alpha=0.05;
[h,sig,ci,stats]=ttest2(x,y,alpha,'both')
```

部分运行结果：

```
h=0     sig=0.4496     ci=-7.0244     3.3577
stats =
  tstat:  – 0.7869
     df: 10
     sd: 4.0353
```

从结果看，$h=0$，$p=\text{sig}=0.4496>0.05$，所以接受原假设.

2）两个正态总体方差比 $\sigma_1^2/\sigma_2^2=\sigma$ 的 F 检验

（1）μ_1,μ_2 已知，

由于统计量 $F=\dfrac{\dfrac{1}{m\sigma_1^2}\sum\limits_{i=1}^{n_1}(X_i-\mu_1)}{\dfrac{1}{n\sigma_2^2}\sum\limits_{i=1}^{n_1}(Y_i-\mu_2)}\sim F(m,n)$，故给定显著性水平 α，可得拒绝域为

$$W=\{F\leqslant F_{\alpha/2}(m,n),\text{或}F\geqslant F_{1-\alpha/2}(m,n)\}.$$

（2）μ_1,μ_2 未知，

由于 $\dfrac{(m-1)S_X^2}{\sigma_1^2}\sim\chi^2(m-1)$，$\dfrac{(n-1)S_Y^2}{\sigma_2^2}\sim\chi^2(n-1)$ 且相互独立，故取检验统计量

$$F=\frac{S_X^2/\sigma_1^2}{S_Y^2/\sigma_2^2}\sim F(m-1,n-1).$$

给定显著性水平 α，可得拒绝域为

$$W=\{F\leqslant F_{\alpha/2}(m-1,n-1),\text{或}F\geqslant F_{1-\alpha/2}(m-1,n-1)\}.$$

MATLAB 实现命令：

```
[h,sig,ci,stats]=vartest2(x,y,alpha,tail)
```

其中，x,y 表示数据向量；stats 表示检验情况描述，含有三个参量：fstat（检验统计量值），df1（自由度），df2（自由度）；其他参数同上.

例 6.3.9 在例 6.3.8 中，我们假设了两种烟的尼古丁含量的方差相等（方差相等称为**方差齐性**）. 现在利用原始数据在显著性水平 $\alpha=0.05$ 下检验这种“假定”是否合理：

（1）已知 $\mu_1=25,\mu_2=27$.

（2）μ_1,μ_2 未知.

解 提出假设 $H_0:\dfrac{\sigma_1^2}{\sigma_2^2}=1$，即 $\sigma_1^2=\sigma_2^2$.

（1）构造统计量 $F=\dfrac{\dfrac{1}{m}\sum\limits_{i=1}^{n_1}(X_i-\mu_1)}{\dfrac{1}{n}\sum\limits_{i=1}^{n_1}(Y_i-\mu_2)}\sim F(m,n)$，将原始数据代入可得 $F=0.3095$. 由于

$$F_{0.025}(6,6)=0.1718<F=0.3095<F_{0.975}(6,6)=5.8198,$$

所以不拒绝 H_0，也可认为接受 H_0，即认为方差相等是合理的.

（2）构造统计量 $F=\dfrac{S_X^2}{S_Y^2}\sim F(m-1,n-1)$. 将原始数据代入可得 $F=0.2992$. 由于

$$F_{0.025}(6,6)=0.1399<F=0.2992<F_{0.975}(6,6)=7.1464,$$

所以不拒绝 H_0，也可认为接受 H_0，即认为方差相等是合理的.

```
x=[25 28 23 26 29 22];
y=[28 23 30 35 21 27];
alpha=0.05;
[h,sig,ci,stats]=vartest2(x,y,alpha,'both')
```

部分运行结果为：

```
h=0      sig=0.2115      ci=0.0419      2.1382
stats =
    fstat: 0.2992
        df1: 5
        df2: 5
```

从结果看，$h=0$，$p=\mathrm{sig}=0.2115>0.05$，所以接受原假设.

其实，两个正态总体的假设检验与单个正态总体的假设检验十分类似，读者完全可以自行写解题过程.

小　结

数 3 考生只要求掌握矩估计和最大似然估计，评选标准与区间估计不作要求，但作为知识体系的完整性及其应用，希望数 3 考生也能对其有些了解. 置信区间与假设检验中的拒绝域之间有着明显的联系，如果读者掌握了区间估计，其实也掌握了假设检验. 本章具体考试要求是：

（1）理解参数的点估计、估计量与估计值的概念.

（2）掌握矩估计法和最大似然估计.

下面内容数 3 考生不要求.

（3）了解估计量的无偏性、有效性（最小方差性）和相合性的概念，并会验证估计量的无偏性.

（4）理解区间估计的概念，会求单个正态总体的均值和方差的置信区间，会求两个正态总体的均值差和方差比的置信区间.

（5）理解显著性检验的基本思想，掌握假设检验的基本步骤，了解假设检验可能产生的两类错误.

（6）掌握单个及两个正态总体的均值和方差的假设检验.

人物简介

1. 卡尔·皮尔逊（1857—1936）

英国生物学家和统计学家，旧数理学派和描述统计学派的代表人物，现代统计学的创立者，被尊称为统计学之父. 继高尔顿之后，他进一步发展了回归与相关理论，创建了生物统计学并得到了“总体”的概念. 1891 年之后，皮尔逊潜心研究区分物种数据的分布理论，提出了“概率”和“相关”的概念，接着又提出标准差、正态曲线、平均变差、均方根误差等一系列数理统计基本术语. 皮尔逊致力于大样本理论的研究，他发现不少生物方面的数据有显著的偏态，不适合用正态分布刻画，为此提出了后来以他名字命名的分布族. 为估计这个分布族中的参数，他提出了“矩法”. 为考察实际数据与这族分布的拟合分布优劣问题，他引进了著名“卡方检验法”并在理论上研究了其性质. 卡方检验法是假设检验最早最典型的方法，在理论分布完全给定的情况下，他求出了检验统计量的极限分布. 为了推广统计在生物上的应用，1901 年他创立了《生物统计学》，由 K.Pearson 担任主编直至去世，使数理统计有了自己的阵地，这也是 20 世纪初的重大收获之一.

2. 费希尔（1890—1962）

英国数学家，现代数理统计学的奠基人. 1890 年 2 月生于伦敦，1962 年 7 月逝世. 他 1913 年毕业于剑桥大学，1933 年起任伦敦大学教授. 在 20 世纪二三十年代提出了许多重要的统计方法，开辟了一系列统计学的分支领域. 他发展了正态总体下各种统计量的抽样分布，与叶茨合作创立了“试验设计”统计分支并提出相适应的方差分析方法. 费希尔还引进了显著性检验的概念，成为假设检验理论的先驱. 他考察了估计的精度与样本所具有的信息之间的关系而得到信息量概念，给出了不损失信息及参数估计等理论概念，并把一致性、有效性和充分性作为参数估计量应具备的基本性质，同时还在 1912 年提出了极大似然法，这是应用上最广的一种估计法. 他在 20 年代的工作，奠定了参数估计的理论基础. 关于卡方检验，费希尔 1924 年解决了理论分布包含有限个参数情况，基于此方法的列表检验，在应用上有重要意义. 费希尔在一般的统计思想方面也作出过重要贡献，他提出的“信任推断法”，在统计学界引起了相当大的兴趣和争论. 费希尔在假设检验分支中引进了显著性检验概念并开辟了多元统计分析的方向.

在 20 世纪三四十年代，费希尔和他的学派在数理统计学研究方面占据着主导地位. 由于他的成就，曾多次获得英国和多国的荣誉，1952 年被授予爵士称号. 他发表的 294 篇论文收集在《费希尔论文集》中，其专著有：《研究人员用的统计方法》(1925),《试验设计》(1935),《统计方法与科学推断》(1956)等.

点评：皮尔逊与费希尔都是数理统计的代表人物，都是数理统计的奠基人. 传说二人在学术中颇有恩怨，年轻的费希尔多次在长者皮尔逊创办的《生物统计学》上投稿，但都被皮尔逊拒稿，以致费希尔后来发誓终身不在此杂志上投稿. 但是，金子总会发光的，在皮尔逊的打压下，费希尔还是成长为了一代大师. 在日常工作中，我们是不是也被人打压？那我们是在打压中沉沦呢，还是成长呢？

习 题 6

1. 设总体 $X\sim\begin{pmatrix}-1 & 0 & 2\\ 2\theta & \theta & 1-3\theta\end{pmatrix}$，其中 $0<\theta<\dfrac{1}{3}$ 为待估参数，求 θ 的矩估计.

2. 设总体有密度函数如下，求 θ 的矩估计.

（1）$f(x)=\dfrac{2}{\theta^2}(\theta-x),\ 0<x<\theta,\ \theta>0$；

（2）$f(x)=\dfrac{x}{\theta^2}\mathrm{e}^{-\frac{x^2}{2\theta^2}},\ x>0,\ \theta>0$；

（3）$f(x)=(\theta+1)x^{\theta},\ 0<x<1,\ \theta>0$；

（4）$f(x)=\sqrt{\theta}x^{\sqrt{\theta}-1},\ 0<x<1,\ \theta>0$；

3. 设总体密度函数如下，$X_1,\cdots,X_n$ 是样本，试求未知参数的最大似然估计.

（1）$f(x)=\sqrt{\theta}x^{\sqrt{\theta}-1},\ 0<x<1,\theta>0$；

（2）$f(x)=\theta c^{\theta}x^{-(\theta+1)},\ x>c,\ c>0$ 已知，$\theta>1$.

4. 已知某电子设备使用寿命 $X\sim\mathrm{Exp}(\theta)$，密度函数为 $f(x)=\dfrac{1}{\theta}\mathrm{e}^{-\frac{1}{\theta}},x>0$，其中 $\theta>0$，现随机抽取 10 台，测得寿命的数据如下（小时）：

1050 1100 1080 1120 1200 1250 1040 1130 1300 1200

求 θ 的最大似然估计.

5.（2006 数 1，3）设总体的概率密度为 $f(x,\theta)=\begin{cases}\theta, & 0<x<1\\ 1-\theta, & 1\leqslant x<2\\ 0, & \text{其他}\end{cases}$，其中 θ 为未知参数 $(0<\theta<1)$，$X_1,\cdots,X_n$ 为来自总体 X 的简单随机样本，记 N 为样本值 $x_1,x_2,\cdots,x_n$ 中小于 1 的个数，求：

（1）θ 的矩估计；

（2）θ 的最大似然估计.

6.（2007 数 1,3） 设总体 X 概率密度为 $f(x,\theta)=\begin{cases}\dfrac{1}{2\theta}, & 0<x<\theta\\ \dfrac{1}{2(1-\theta)}, & \theta\leqslant x<1\\ 0, & \text{其他}\end{cases}$，其中参数 θ $(0<\theta<1)$，

$X_1,\cdots,X_n$ 为来自总体 X 的简单随机样本，$\bar{X}$ 为样本均值.

（1）求参数 θ 的矩估计量；

（2）判断 $4\bar{X}^2$ 是否为 θ^2 的无偏估计量，并说明理由.

7.（2003 数 1）设总体 X 的概率密度为 $f(x,\theta)=\begin{cases}2\mathrm{e}^{-2(x-\theta)}, & x>\theta \\ 0, & x\leqslant\theta\end{cases}$，其中 $\theta>0$ 是未知参数. 从总体 X 中抽取简单随机样本 $X_1,\cdots,X_n$，记 $\hat{\theta}=\min(X_1,\cdots,X_n)$.

（1）求总体 X 的分布函数 $F(x)$；

（2）求统计量 $\hat{\theta}$ 的分布函数 $F_{\hat{\theta}}(x)$；

（3）如果用 $\hat{\theta}$ 作为 θ 的估计量，讨论它是否具有无偏性.

8.（2003，数 1）已知一批零件的长度 X（单位：cm）服从正态分布 $N(\mu,1)$，从中随机地抽取 16 个零件，得到长度的平均值为 40cm，则 μ 的置信度为 0.95 的置信区间是多少？

9. 用某仪器间接测量温度，重复测量 5 次，得（单位：度）

1250　1256　1245　1260　1275

假定重复测得所得温度 $X\sim N(\mu,\sigma^2)$，求总体温度真值 μ 的 0.95 置信区间

（1）根据以往长期经验，已知测量标准方差 $\sigma=11$；

（2）σ 未知时.

10. 假定到某地旅游的一个游客的消费额 $X\sim N(\mu,\sigma^2)$，且 $\sigma=500$（元），今要对该地区每一个游客的平均消费额 μ 进行估计，为了能以不小于 0.95 的置信概率，确信这估计的绝对误差小于 50 元，问至少需要随机调查多少个游客？

11. 一个小学校长在报纸上看到这样的报道："这一城市的小学学生平均每周看 8 h 电视."他认为他所在学校的学生看电视的时间明显低于这个数字. 为此，他在该校随机调查了 100 个学生，得知平均每周看电视的时间 $\bar{x}=6.5$ h，样本标准差为 $s=2$ h. 问是否可以认为这位校长的看法是对的.

12. 考察一鱼塘中鱼的含汞量，随机地取 10 条鱼，测得各条鱼的含汞量（单位：mg）为

0.8　1.6　0.9　0.8　1.2　0.4　0.7　1.0　1.2　1.1

设该鱼的含汞量服从正态分布 $N(\mu,\sigma^2)$，取 $\alpha=0.1$，试检验假设

$$H_0:\mu\leqslant1.2 \text{ vs } H_1:\mu>1.2.$$

13. 某砖厂生产的一批砖中，随机地抽取 6 块进行抗断强度试验，测得结果（单位：$\mathrm{kg/cm^2}$）如下：

32.56　29.66　32.64　30.00　31.87　32.03

设砖的抗断强度服从正态分布，问这批砖的平均抗断强度是否不大于 32.50？取 $\alpha=0.05$.

14. 从甲地发送一个讯号到乙地，设乙地接受到的讯号值是一个服从正态分布 $N(\mu,0.2^2)$ 的随机变量，其中 μ 为甲地发送的真实讯号值. 现甲地重复发送同一讯号 5 次，乙地接受到的讯号值为

8.05 8.15 8.20 8.10 8.25

设接受方有理由猜测甲地发送的讯号值为 8，问能否接受该猜测（$\alpha=0.05$）？

15. 从一批保险丝中抽取 10 根试验其熔化时间，结果为

43 65 75 78 71 59 57 69 55 57

若熔化时间服从正态分布，问在显著水平 $\alpha=0.05$ 下，可否认为熔化时间的标准差为 9?

16. 某工厂用自动包装机包装葡萄糖，规定标准重为袋净重 500 克，现随机地抽取 10 袋，测得各袋净重（g）为

495 510 505 498 503 492 502 505 497 506

设每袋净重服从正态分布 $X \sim N(\mu,\sigma^2)$，则

第一问，问包装机工作是否正常（取显著水平 $\alpha=0.05$）？

（1）已知每袋葡萄糖净重的标准差 $\sigma=5$ g；（2）未知 σ.

第二问，能否否定每袋葡萄糖净重的标准差 $\sigma=5$ g，（取显著水平 $\alpha=0.05$）？

（1）已知每袋葡萄糖净重的均值 $\mu=500$ g；（2）未知 μ.

17. 设在一批木材中抽出 36 根，测其小头直径，得到样本均值 $\bar{x}=12.8$ cm，样本标准差 $s=2.6$ cm，设测定值服从正态分布，问这批木材小头的平均直径能否认为在 12 cm 以下（$\alpha=0.05$）？

18. 设正态总体 X 的方差 $\sigma^2=10$，问抽样样本容量 n 至少多大，才能使 μ 的置信度为 0.96 的置信区间长度不超过 1?

19. 两个文学家马克·吐温（M）的 8 篇小品文以及思诺特·格拉斯(S)的 10 篇小品文中由 3 个字母组成的单词比例如下：

(M)：0.225 0.262 0.217 0.240 0.230 0.229 0.235 0.217

(S)：0.209 0.205 0.196 0.210 0.202 0.207 0.224 0.223 0.220 0.201

设两组数据分别来自正态总体，且总体方差相等，但参数未知. 两样本相互独立. 问两个作家所写小品文中包含由 3 个字母组成的单词比例是否有显著差异（$\alpha=0.05$）.

20. 有两台机床加工同一种零件，这两台机床生产的零件尺寸服从正态分布. 今从两台机床生产的零件中分别抽取 11 个和 9 个零件进行测量，得数据（单位：mm）如下：

甲机床：6.2 5.7 6.5 6.0 6.3 5.8 5.7 6.0 6.0 5.8 6.0

乙机床：5.6 5.9 5.6 5.7 5.8 6.0 5.5 5.7 5.5

问甲机床加工的精度是否比乙机床的加工精度差？（$\alpha=0.05$）

21. 设 $x_1,\cdots,x_n$ 是来自 $N(\mu,1)$ 的样本，考虑如下假设检验的问题

$$H_0:\mu=2 \quad \text{vs} \quad H_1:\mu=3$$

若检验由拒绝域 $W=\{\bar{x}\geqslant 2.6\}$ 确定.

（1）当 $n=20$ 时，求检验犯两类错误 α，β 的概率；

（2）如果使得检验犯第二类的错误的概率 $\beta\leqslant 0.01$，n 最小应取多少？

（3）证明：当 $n\to\infty$ 时，$\alpha\to 0$，$\beta\to 0$.

附录 1　概率统计简介

概率论是研究随机现象数量规律的数学分支，它根据大量同类随机现象的统计规律，对随机现象出现某一结果的可能性做出客观的科学判断，并对出现的可能性大小做出数量上的描述，比较这些可能性的大小，研究它们之间的联系，从而形成的一套理论和方法.

统计学是一门研究怎样有效地收集、整理和分析带有随机性的数据，以对所考察的问题做出推断或预测，直至为采取一定的决策和行动提供依据和建议的学科. 统计的广泛应用不仅造就了一批为各个具体应用领域服务的，并懂得该领域内容的统计学家，他们的研究内容常称为**应用统计学**，也造就了一些从事研究具有普遍性的统计方法和原理的统计学家，他们研究的内容也常称为**数理统计学**，即**数理统计一般以抽象的数量为研究对象，研究一般的理论统计学**. 数理统计对目前广泛应用的大量统计模型有着重要贡献，然而这些似乎脱离某一两个具体应用领域的表面现象以及他们所使用的复杂数学工具，使得有些人认为统计（或数理统计）就是数学或数学的一个分支. 实际上，也确实有很多人将统计学作为数学来研究，这自然会引起一些争论，但没有关系，因为在数学和许多其他科学领域都不可能划出明确的界限. 其实，随着社会的发展，应用统计与数理统计的界限越来越模糊，完全没有区分的必要，可统称为**统计**. 从思维方式上来说，统计和数学在研究目标和思想方法上是有差异的，数学以公理系统为基础，以演绎为基本思想方法的逻辑体系，它属于少数可以与世界具体事务无关的自成体系的学科. 数学可以完全脱离现实，而其他学科均是以实际事物为研究对象的. 统计就是为各个领域服务的，如果没有应用，统计就没有存在的必要了，并且统计以归纳为基本思维方法，而且归纳与推理并用.

综上所述，概率与统计都是研究随机现象统计规律的学科. 概率论运用的是演绎方法，即已知随机变量，进而推导随机现象的统计规律，而统计主要运用的是归纳方法，即已知随机现象的观察值，进而归纳它的统计规律. 概率是统计的基础，统计是概率的一种应用，但它们又是两个并列的学科，并无从属关系. 目前，概率统计几乎应用在所有科学技术领域、工农业生产和国民经济的各个部门中，例如：

（1）气象、水文、地震预报、人口控制及预测都与概率论紧密相关；

（2）产品抽样验收，新研制药品能否在临床中应用，均需要用到假设检验；

（3）寻求最佳生产方案要进行实验设计和数据处理；

（4）电子系统的设计、火箭卫星的研制与发射都离不开可靠性估计；

（5）探讨太阳黑子的变化规律时，时间序列分析方法非常有用；

（6）随机服务系统，如电话通信系统、船舶装卸、机器维修、病人候诊.

目前，概率统计进入其他自然科学领域的趋势还在不断发展. 在社会科学领域，特别是经济学中研究最优决策和经济的稳定增长等问题，都大量采用概率统计方法. 法国数学家拉普拉斯(Laplace)曾说过："生活中最重要的问题，其中绝大多数在实质上只是概率的问题."英国的逻辑学家和经济学家杰文斯也曾对概率论大加赞美："概率论是生活真正的领路人，如果没有对概率的某种估计，那么我们就寸步难行，无所作为".

附录 2　MATLAB 与概率统计

MATLAB 是美国 Math Works 公司出品的商业数学软件，用于算法开发、数据可视化、数据分析以及数值计算的高级技术计算语言和交互式环境．目前，MATLAB 已经成为国际、国内最流行的数学软件．概率统计是大学数学的重要内容，在科学研究和工程实践中有着非常广泛的应用．在 MATLAB 中，提供了专用工具箱 Statistics，该工具箱有几百个专门求解概率统计问题的功能函数，使用它们可很方便解决实际问题．

2.1　与随机变量有关的函数

下面介绍 MATLAB 软件中的几个与随机变量有关的函数，比如分布函数、密度函数、随机数、分位数．

表 2.1　MATLAB 软件随机数生成命令

分布	随机数函数	注释
二项分布 $B(n,p)$	binornd(n, p, N, M)	生成 N 行 M 列 $B(n,p)$ 随机数
泊松分布	poissrnd(b)	生成参数为 b 的泊松分布随机数
几何分布 $Ge(p)$	geornd(p)	生成参数为 p 的泊松分布随机数
负二项分布 $NB(r,p)$	nbinrnd(r, p)	生成参数 r,p 的负二项分布随机数
超几何分布 $h(n,N,M)$	hygernd(n, M, N)	生成参数为 n, M，N 的超几何分布随机数
均匀分布	unidrnd，unifrnd	生成离散与连续均匀分布分位数
正态分布 $N(A,B)$	normrnd(A, B)	生成参数为 A, B 的正态分布随机数
对数正态分布	lognrnd(mu, sigma)	生成参数为 mu, sigma 的对数正态分布随机数
指数分布 $\mathrm{Exp}(b)$	exprnd(b)	生成参数为 b 的指数分布随机数
自由度为 n 的卡方分布	chi2rnd(n)	生成参数为 n 的卡方分布随机数
非中心卡方分布	ncx2rnd(n, deta)	生成参数为 n, deta 的非中心卡方分布随机数
f 分布 $F(m,n)$	frnd(m, n)	生成参数为 m, n 的 f 分布随机数
非中心 f 分布	ncfrnd(m, n, deta)	生成参数为 m, n, deta 的非中心 f 分布随机数
学生氏 t 分布 $t(n)$	trnd(n)	生成参数为 n 的 t 分布随机数
非中心 t 分布	ncdtrnd(n, deta)	生成参数为 n, deta 的非中心 t 分布随机数

续表

分布	随机数函数	注释
伽马分布 $\Gamma(a,b)$	gamrnd(a, b)	生成参数为 a, b 的伽马分布
贝塔分布	betarnd(a, b)	生成参数为 a, b 的贝塔分布
瑞利分布	raylrnd(b)	生成参数为 b 的瑞利分布

如果将 rnd 换为 pdf，则为相应密度函数命令；如果将 rnd 换为 cdf，则为相应分布函数命令；如果将 rnd 换为 inv，则为相应随机数命令；如果将 rnd 换为 stat，则为相应分布的数学期望与方差命令. 举例如下：

Poisscdf(15, 10)=0.9513

norminv(0.95, 0, 1)=1.6449

Norminv(0.975, 0, 1)=1.9600

tinv(0.975, 11)=2.2010

查表只是在计算机不发达，甚至没有的时候，人们为了统计计算而采用的方法，而现在，计算机及相应软件非常普及，所以，本书不再重点学习查表，只列出标准正态分布表等供读者了解，这也是本书与其他教材的区别之一.

2.2　统计量的数字特征

数字特征虽不能完整描述随机变量的统计规律，但它们刻画了随机变量在某些方面的重要的特征. 由于在实际问题中，经常由样本观测值估计数字特征，所以本节主要讲怎样由样本观测值求统计量的数字特征.

（1）平均值：

mean 函数用来求样本数据 X 的算术平均值，使用格式如下：

mean(X)命令返回 X 的平均值，当 X 为向量时，返回 X 中各元素的算术平均值，当 X 为矩阵时，返回 X 中各列元素的算术平均值构成的向量；

nanmean(X)命令返回 X 中除 NaN 外的算数平均值.

（2）中位数：

median(X)命令返回 X 的中位数，当 X 为向量时，返回 X 中各元素的中位数，当 X 为矩阵时，返回 X 中各列元素的中位数构成的向量；

nanmedian(X)命令返回 X 中除 NaN 外的算数中位数.

（3）排序和极值：

sort(X)命令将 X 的由小到大排序，当 X 为向量时，返回 X 按由小到大排序后的向量，当 X 为矩阵时，按列进行排序.

[Y, I]=sort(X)，Y 为排序的结果，I 中元素为 Y 中对应元素在 X 中的位置.

sortrows(X)由小到大按行排序.

range(X)命令计算 X 中最大值与最小值的差，如果 X 为矩阵，按列计算.

（4）方差和标准差.

var(X)返回样本数据的方差，如果 X 为矩阵，按列计算；

var(X, 1)返回样本数据的简单方差，即置前因子为 $1/n$ 的方差；

var(X, W)返回以 W 为权重的样本数据的方差.

std(X)或 std(X, 0)返回 X 的样本标准差，置前因子为；

std(X, 1)返回 X 的样本标准差，置前因子为 $1/n$；

nanstd(X)求忽略 NaN 的标准差.

（5）协方差和相关系数.

cov(X)求样本数据 X 的协方差. 当 X 为矩阵时，返回值为 X 的协方差矩阵，该协方差矩阵的对角元素是 X 的各列的方差，即 var(A)=diag(cov(X)).

diag(cov(X))命令等同于 cov([X，Y])，其中 X, Y 为等阶列向量.

corrcoef(X, Y)返回列向量 X，Y 的相关系数.

corrcoef(X)返回矩阵 X 的列向量的相关系数矩阵.

表 2.2　其他常见数字特征函数

函数	名称	函数	名称
min(X)	最小值	nanmmin(X)	忽略样本中非数求最小值
max(X)	最大值	nanmax(X)	忽略样本中非数求最大值
sum(X)	元素的总和	trimmean(X，p)	剔除上下各(p/2)%数据后均值
moment(X，n)	样本 n 阶中心距	range(X)	样本最大值与最小值之差
skewness(X)	样本偏度	prctile(X，p)	下侧 p 经验分位数
kurtosis(X)	样本峰度	iqr(X)	四分位差

例 2.1 今从 16 名成年女子测得数据如下表.

表 2.3　身高 x 与下体长 y 观测数据(单位：厘米)

x	143	145	146	147	149	150	153	154
y	88	85	88	91	92	93	93	95
x	155	156	157	158	159	160	162	164
y	96	98	97	96	98	99	100	102

根据表中所示数据计算各变量的均值、方差以及它们之间的协方差矩阵和相关系数. MATLAB 程序如下:

```
Y=[88 85 88 91 92 93 93 95 96 98 97 96 98 99 100 102]';
X1=[143 145 146 147 149 150 153 154 155 156 157 158 159 160 162 164]';
X=[Y, X1];              %将变量数据按列存在一个矩阵中
m=mean(X)               %计算X均值，得各变量样本均值
v=var(X)                %计算X方差，得各变量样本值之间方差
cx=cov(X)               %计算变量之间协方差矩阵
cv=diag(cx)             %取相关矩阵对角元素
corx=corrcoef(X)        %计算变量之间相关系数
```

运行结果如下:

```
m =
    94.4375   153.6250
v =
    22.6625    40.6500
cx =
    22.6625    29.2417
    29.2417    40.6500
cv =
    22.6625
    40.6500
corx =
    1.0000     0.9634
    0.9634     1.0000
```

2.3 统计作图

俗话说“一图胜万语”，在科学研究、工程上有图则一目了然，无图则如隔靴搔痒. 因为对于数值计算和符号计算来说，不管计算结果多么准确，人们往往很难抽象体会它们的具体含义，而图形处理技术提供了一种直接的表达方式，可以使人们更直接、更清楚地了解实物的结果和本质.

1）二维绘图

在 MATLAB 中，使用 plot 函数进行二维曲线图的绘制，根据图形坐标大小自动缩扩坐标轴，将数据标尺及单位标注自动加到两个坐标轴上，也可自定坐标轴，可把 x，y 轴用对数坐标表示. 如果已经存在一个图形窗口，plot 命令则清除当前图形，绘制新图形.

基本绘图命令见表 2.4-2.5. 绘图的一般步骤见表 2.6.

表 2.4　绘制基本线性图的函数表

函数名	功能描述
fplot (‘fun’, [a，b])	表示绘制区间[a, b]上函数 y=fun 的图形
plot(x, y)	在 x 轴和 y 轴都按线性比例绘制二维图形
plot3(x, y, z)	在 x 轴、y 轴和 z 轴都按线性比例绘制三维图形
loglog	在 x 轴和 y 轴按对数比例绘制二维图形
semilogx	在 x 轴按对数比例，y 轴按线性比例绘制二维图形
semilogy	在 y 轴按对数比例，x 轴按线性比例绘制二维图形
plotyy	绘制双 y 轴图形
hold on，hold off	保持原有图形，刷新原有图形
figure(h)	新建 h 窗口，激活图形使其可见，并把它置于其他图形之上
grid on	在图形上画出坐标网络线
subplot(m，n，p)	将窗口分成 mn 个子图，选择第 p 个子图作为当前图形
title()	图题的标注
xlabel()，ylabel()	x 轴说明，y 轴说明
text(x，y，图形说明)	对图形进行说明
axis	进行坐标控制. axis([xmin xmax ymin ymax zmin zmax]); axis off：取消坐标轴；axis on：显示坐标轴；

表 2.5　曲线的色彩、线型和数据点型

颜色符号	含义	数据点型	含义	线型	含义
b	蓝色	.	点	-	实线
g	绿色	x	X 符号	:	点线
r	红色	+	+号	-.	点画线
c	蓝绿色	h	六角星形	--	虚线
m	紫红色	*	星号	(空白)	不画线
y	黄色	s	方形		
k	黑色	d	菱形		

表 2.6　绘图的一般步骤

步　　骤	典 型 代 码
1 准备绘图数据	x = 0:0.2:12;y1 = bessel(1, x);
2 选择一个窗口并在窗口中给图形定位	figure(1)，subplot(2, 2, 1)
3 调用基本的绘图函数	h = plot(x, y1, x, y2, x, y3);
4 选择线型和标记特性	set(h, ‘LineWidth’, 2，{‘LineStyle’}，{‘—’;’:’;’-.’})
5 设置坐标轴的极限值、标记符号和网格线	axis([0 12 -0.5 1])
6 使用坐标轴标签、图例和文本对图形进行注释	xlabel(‘Time’) ylabel(‘Amplitude’)
7 输出图形	print -depsc -tiff -r200 myplot

例 2.2　二维绘图

```
x=0:pi/100:2*pi;
y1=sin(x);
y2=cos(x);
plot(x, y1, ‘k-’, x, y2, ‘k’)
title('sin 和 cos 曲线’);
xlabel(‘自变量 x’);
ylabel(‘因变量 y’);
text(2.8, 0.5, ‘sinx’);
text(1.4, 0.3, ‘cosx’);
```

运行结果如如图 2.1 所示：

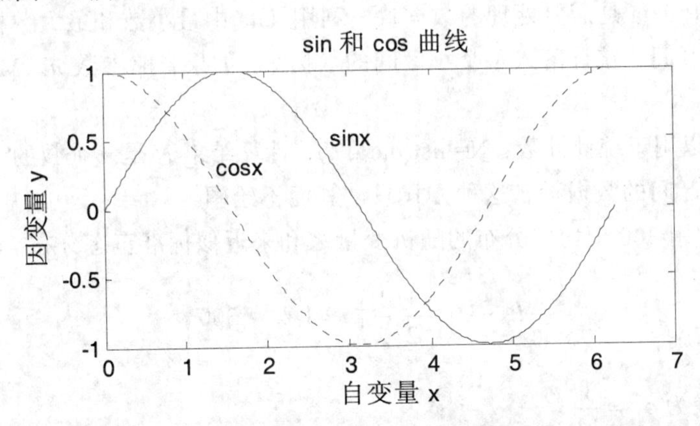

图 2.1　文字标示的正弦曲线 $\sin(x)$ 和余弦曲线 $\cos(x)$

2）统计绘图

在做统计分析时，为了直观表示结果，常需要绘制统计图，如直方图、条形图等. 在统计学中，人们经常要用条形图比较不同组数据的在总体数据中所占的比例，用饼形图来表示各个统计量占总量的份额. 表 2.7 给出了关于统计图的具有代表性函数.

表 2.7　统计图的绘制函数

函数	功能描述
tabulate(X)	X 为正整数构成的向量，返回的第 1 列为包含 X 的值，第 2 列为其频数
cdfplot(X)	绘制样本 X 的经验累积分布函数图形
normplot(X)	绘制正态分布概率图形
capaplot(X, Y)	样本数据 X 落在区间 Y 的概率
histfit(X, Y)	绘制 X 的直方图和正态密度曲线，Y 为指定的个数
boxplot(Y)	绘制向量 Y 的箱型图
bar(Y)	绘制矩阵 $Y(m\times n)$各列的垂直条形图，各条以垂直方向显示
barh(Y)	绘制矩阵 $Y(m\times n)$各列的垂直条形图，各条以水平方式显示
bar3(Y)	绘制矩阵 $Y(m\times n)$各列的三维垂直条形图，条以垂直方向显示
bar3h(Y)	绘制矩阵 $Y(m\times n)$各列的三维垂直条形图，各条以水平方式显示
area	绘制向量的堆栈面积图
pie	绘制二维饼形图
pie3	绘制三维饼形图

直方图也称为**频数直方图**，它用来显示已知数据集的分布情况，已知数据集的数据范围被割成若干个区间，直方图中用每一个柱条代表所处于该区间中数据点的数据. 其绘图命令：hist(data, n)，其中 data 是需要处理的数据块，利用 data 中最小数和最大数构成一区间，将区间等分为 n 个小区间，统计落入每个小区间的数据量. 如果省略参数 n，MATLAB 将 n 的默认值取为 10.

直方图也可以用于统计计数：N=hist(data, n)，计算结果 N 是 n 个数的一维数组，分别表示 data 中各个小区间的数据量，这种方式只计算而不绘图.

例 2.3　我们用 300 个均匀分布的随机变量之和来近似标准正态分布. 设

$$R_i \sim U\left(-\frac{1}{2},\frac{1}{2}\right), i=1,2,\cdots,300,$$

其期望为 0，方差为 $\sigma^2=\dfrac{1}{12}$.

```
clear all, clf
m=300;
n=10000;
nbins=100;
```

```
R=unifrnd( - 0.5, 0.5, [m, n]);
Q=sum(R, 1)/5;            %由累加生成的随机数据
w=(max(Q)-min(Q))/nbins;
[Y, X]=hist(Q, nbins);
Y=Y/n/w;
t= - 3.5:0.05:3.5;
Z=1/sqrt(2*pi)*exp(-(t.^2)/2);            %标准正态分布密度函数
hold on
bar(X, Y, 0.5)
plot(t, Z, 'r')
hold off
MSE=norm(Y-normpdf(X))/sqrt(nbins)            %均方误差
```

注意：养成主程序开头用 clear 指令清除变量的习惯，以消除工作空间中其他变量对程序运行的影响，但注意，在子程序中不能用 clear 指令.

上面第 4 行“除以 5”是中心极限定理公式中的分母：$\sqrt{300}\times\sqrt{\frac{1}{12}}=5$. 显示结果如图 2.2 所示，结果表明：累加变量近似服从正态分布，其均方误差为：

MSE =0.0121.

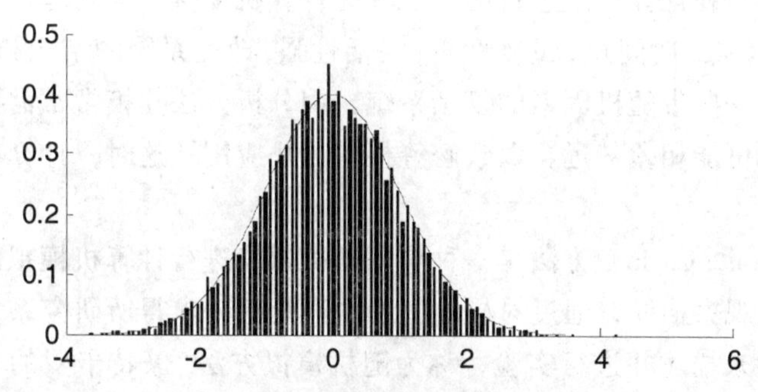

图 2.2　由 300 个均匀分布的随机变量之和模拟正态分布

直方图是模拟数据的频率分布，曲线是标准正态分布的密度函数

MATLAB 编程简单，容易掌握. 学习编程的一个有效方法就是阅读经典程序，进而改编它，运用它. 如果读者在学习过程中有疑惑，可以利用搜索引擎在互联网上搜索解决方法. 望大家今后多做练习、钻研，尽快成为 MATLAB 高手，适应高科技的需要.

附录 3 随机模拟实验

计算机模拟则完全模仿对象的实际演变过程，难以得到数字结果分析的内在规律，但对于那些因内部机理过于复杂，目前尚难建立数学模型的实际对象，用计算机模型获得一定的定量结果，可谓是解决问题的有效手段.

3.1 蒙特卡罗

模拟又称为仿真，它的基本思想是建立一个试验的模型，这个模型包含所研究系统中的主要特点. 通过这个实验模型的运行，获取所研究系统的必要信息.

（1）**物理模拟**：对实际系统及其过程用功能相似的实物系统去模仿. 例如，军事演习、船艇实验、沙盘作业等；物理模拟通常花费较大、周期较长，且在物理模型上改变系统结构和系数都较困难. 而且，许多系统无法进行物理模拟，如社会经济系统、生态系统等.

（2）**数学模拟**：在一定的假设条件下，运用数学运算模拟系统的运行，称为**数学模拟**，现代的数学模拟都是在计算机上进行的，也称为**计算机模拟**. 与物理模拟相比，计算机模拟具有明显优点：成本低，时间短，重复性高，灵活性强，改变系统的结构和系数都比较容易. 在实际问题中，面对一些带随机因素的复杂系统，用分析方法建模常常需要作许多简化假设，与面临的实际问题可能相差甚远，以致解答根本无法应用. 这时，计算机模拟几乎成为唯一的选择.

蒙特卡罗（Monte Carlo）方法是一种应用随机数来进行计算机模拟的方法. 此方法对研究的系统进行随机观察抽样，通过对样本值的观察统计，求得所研究系统的某些参数. 对随机系统用概率模型来描述并进行实验，称为**随机模拟方法**. 蒙特卡罗的基本思想最初起源于著名的“蒲丰（Buffon）投针试验”. 注意，试验与实验是有区别的，但本书不加区分，故也可称为“蒲丰投针实验”.

例 3.1（蒲丰投针试验） 在这个著名的试验中，试验者向平行网格间距为 d 的平面上投长度为 $l\ (l<d)$ 的针，以 x 表示针的中点与最近一条平行线相交的距离，φ 表示针与此直线的交角，见图 3.1.

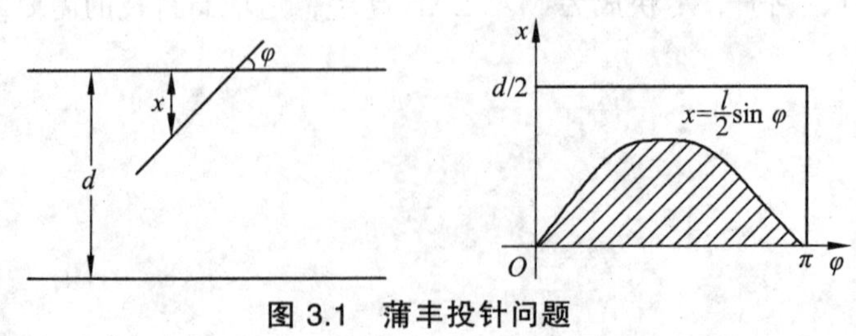

图 3.1 蒲丰投针问题

易知，样本空间 Ω 满足 $0\leqslant x\leqslant\frac{d}{2}, 0\leqslant\varphi\leqslant\pi$，其面积为 $S_{\Omega}=\frac{d\pi}{2}$. 这时，针与平行线相交（记为事件 A）的充要条件为 $x\leqslant\frac{l}{2}\sin\varphi$.

由于针是向平面任意投掷的，由等可能性知这是一个几何概率问题，所以

$$P(A)=\frac{S_A}{S_{\Omega}}=\frac{\int_0^{\pi}\frac{l}{2}\sin\varphi\mathrm{d}\varphi}{\frac{d\pi}{2}}=\frac{2l}{d\pi}.$$

如果 l,d 已知，则将 π 值代入可得 $P(A)$. 反之，如果知道了 $P(A)$，则用上式可求 π，而关于 $P(A)$ 的值，可从试验中用频率去近似它，即投针 N 次，其中针与平行线相交 n 次，则事件 A 的概率可估计为 $\frac{n}{N}$，即 $P(A)\approx\frac{n}{N}$. 进一步可得 $\hat{\pi}=\frac{2lN}{dn}$，这可作为 π 的一个估计，并且当 N 趋于无穷时，$\hat{\pi}$ 收敛于 π.

用随机模拟方法解决实际问题时，涉及的随机现象的分布规律是各种各样的，这就要求产生该分布规律的随机数，我们常把产生各种随机变量的随机数这一过程称为**对随机变量进行模拟**，或称为**对随机变量进行抽样**，称产生某个随机变量的随机数的方法为**抽样法**.

定义 3.1　若随机变量 X 的分布函数为 $F(x)$，则 X 的一个样本值称为一个 F **随机数**，若 $F(x)$ 有密度函数 $f(x)$ 时，也称为 f **随机数**. $U[0,1]$ 的 n 个独立样本值称为 n **个均匀随机数**，简称**随机数**.

在实际应用中，常见的数学软件都可以产生很好的均匀分布的伪随机数，它们能很好地近似真实均匀分布随机数，所以可以认为有一个“黑箱”能产生任意所需的均匀随机数，其他随机数都是在此基础上得到的. 利用均匀随机数生成一般分布随机数最常用的方法是**反函数法**.

如果分布函数 $F(x)$ 严格单调，$U\sim U[0,1]$，则

$$P(F^{-1}(U)\leqslant x)=P(U\leqslant F(x))=F(x),$$

即 $F^{-1}(u)$ 是一个 F 随机数，其中 $u\sim U[0,1]$. 但很多分布函数并非严格单调如离散型随机变量，不存在逆函数，故定义广义的逆函数

$$F^{-1}(u)=\inf\{x:F(x)\geqslant u\}.$$

在统计分析的推断中，很多感兴趣的量都可表示为某随机变量函数的期望

$$\mu=E_f[h(X)]=\int_{\mathcal{X}}h(x)f(x)\mathrm{d}x,$$

其中 f 为随机变量 X 的密度函数. 当 $X_1,\cdots,X_n$ 是总体 f 的简单随机样本时，由大数定律可知，具有相同期望和有限方差的随机变量的平均值收敛于其共同的均值，当 $m\to\infty$ 时，

$$\hat{\mu}_{\mathrm{MC}}=\frac{1}{m}\sum_{i=1}^{m}h(X_i)\to E_f[h(X)],\mathrm{a.s},$$

故 $\overline{\mu}_{\mathrm{MC}}=\frac{1}{m}\sum_{i=1}^{m}h(x_i)$ 可作为 $E_f[h(X)]$ 的估计值，这就是 Monte-Carlo **方法**. 它与 X 的维数无关，这一基本特征奠定了 M-C 在科学和统计领域中潜在的作用.

无疑，利用真正的随机投针方法进行大量试验是很困难的，于是有人说，可以把真正的随机投针试验利用统计模拟试验的方法来代替，即把蒲丰投针试验在计算机上实现. 具体步骤如下：

（1）产生随机数. 首先产生相互独立的随机变量 X,φ 的抽样序列：

$$\{(x_i,\varphi_i),i=1,\cdots,N\}\text{，其中 } X\sim U(0,d)\text{，}\ \varphi\sim U(0,\pi).$$

（2）模拟试验. 检验不等式 $x_i\leqslant\frac{l}{2}\sin\varphi_i$ 是否成立. 如果成立，表示第 i 次投针成功，即针与平行线相交.

（3）求解. 如果试验 N 次，成功 n 次，则 $\hat{\pi}=\frac{2lN}{dn}$.

这一随机模拟试验看似合理，但仔细想想，存在逻辑问题，我们的目的是估计 π，但是在求解过程中我们需要利用随机数 $\varphi\sim U(0,\pi)$，这就导致了利用 π 求解 π，陷入了逻辑循环. 但是，我们可从这一试验中看出，用蒙特卡罗方法求解实际问题的基本步骤包括：

（1）建模. 对所求解的问题构造一个简单而又便于实现的概率模型，使所求的解恰好是所建模型的参数或特征量或有关量，比如是某个时间的概率，或者是该模型的期望.

（2）改进模型. 根据概率模型的特点和计算实践的需要，尽量改进模型，以便减少试验误差和降低成本，提高计算效率.

（3）模拟试验. 对模型中的随机变量建立抽样方法，在计算机上进行模拟试验，抽取足够多的随机数，对有关事件进行统计.

（4）求解. 对模拟结果进行统计处理，给出所求问题的近似解. 例如，蒲丰投针实验，由试验结果，先给出相交概率的估计值，然后给出 π 的估计值.

蒙特卡罗方法属于试验数学的一个分支，它是一种独特风格的数值计算方法. 此方法是以概率统计理论为主要基础理论，以随机抽样作为主要手段的冠以数值计算方法. 它们用随机数进行统计试验，把得到的统计特征值作为所求问题的数值解. 蒙特卡罗方法适用范围非常广泛，既可以求解确定性问题，也可求解随机性问题.

3.2　山羊与轿车选择的游戏实验

假设你在进行一个游戏节目. 现给三扇门：一扇门后面是一辆轿车，另两扇门后面分别都是一只山羊. 你的目的是想得到比较值钱的轿车，但你不能看到门后面的真实情况. 主持人先让你作一次选择，在你选择了一扇门后，知道其余两扇门后面是什么的主持人会打开其中一扇门让你看，当然，那里是一只山羊. 现在，主持人告诉你，你还有一次选择机会. 请你思考，你是坚持第一次的选择不变，还是改变第一次的选择，更有可能得到轿车呢？

《广场杂志》刊登这个题目后，竟然引起了全美大学生的举国讨论，就连许多大学教授也参与了进来. 据《纽约时报》报道，这个问题也在中央情报局的办公室引起了争论，它还被麻省理工学院的数学家们和新墨西哥州洛斯阿拉莫斯实验室的计算机程序员进行过分析. 现在，请你回答这个问题.

设 A_1 表示第一次选到轿车，A_2 表示第一次选到山羊，B 表示最终选到轿车. 则由题意可得

$$P(A_1)=\frac{1}{3}，\ P(A_2)=\frac{2}{3}.$$

策略有两种，一种是不改变以前的选择，另一种是改变以前的选择.

（1）当不改变选择时，第一次选择得到轿车时最终也一定得到轿车，故 $P(B|A_1)=1$，则

$$p_1=P_1(B)=P(B|A_1)P(A_1)=\frac{1}{3}.$$

（2）当不改变选择时，第一次选择山羊，改变主意必然选到轿车，故 $P(B|A_2)=1$，则

$$p_2=P_2(B)=P(B|A_2)P(A_2)=\frac{2}{3}.$$

显然，$p_1=\frac{1}{3}<p_2=\frac{2}{3}$，所以，采用改变选择好.

计算机模拟 MATLAB 程序如下：

```
n=1000000;                %选择次数
car_change=0;             %换，得车次数
car_unchange=0;           %不换，得车次数
u=unidrnd(3, 1, n);       %离散均匀分布随机数，1 表示选中车
for i=1:1:n
    if u(i)==1 car_unchange=car_unchange+1;car_change=car_change+0;
    else       car_unchange=car_unchange+0;car_change=car_change+1;
    end
end
fprintf('如果换，得车概率：%6.4f\n', car_change/n);
fprintf('如果不换，得车概率：%6.4f\n', car_unchange/n);
```

一次模拟结果：

如果换，得车概率：0.6666

如果不换，得车概率：0.3334

显然，模拟结果与理论分析非常接近，具有显著参考价值.

3.3　电梯问题

有 r 个人在一楼进入电梯，楼上共有 n 层. 设每个乘客在任何一层楼出电梯的可能性相

同，求直到电梯中的人下完为止，电梯须停次数的数学期望，并对 $r=15$，$n=30$ 进行计算机模拟验证.

分析：每个人出与不出是与电梯独立的，且每个乘客在任何一层楼出电梯的可能性相同，即每个人在第 i 层不出电梯的概率为 $1-\frac{1}{n}$，因此，r 个人都不出电梯的概率为 $\left(1-\frac{1}{n}\right)^r$. 如果把电梯作为考虑对象，电梯在每层要么停要么不停，而停与不停是随机的，是可以用一个随机变量序列 ξ_i 表示，其中

$$\xi_i \sim \begin{pmatrix} 0 & 1 \\ \left(1-\frac{1}{n}\right)^r & 1-\left(1-\frac{1}{n}\right)^r \end{pmatrix}.$$

ξ_i 的数学期望为 $E\xi_i=1-\left(1-\frac{1}{n}\right)^r$.

记 $\xi=\sum_{i=1}^{n}\xi_i$，表示电梯停的次数，则 ξ 的数学期望为

$$E\xi=n\left[1-\left(1-\frac{1}{n}\right)^r\right].$$

当 $r=15$，$n=30$ 时，计算可得

$$E\xi=30\left[1-\left(1-\frac{1}{30}\right)^{15}\right]=11.9585.$$

计算机模拟算法思想：

楼上 n 层的序号记为 $1,2,\cdots,n$，在第 i 层时的人数记为 m，产生 m 个服从 $1\sim n$ 的离散均匀随机数，如果 m 个随机数中有一个为 1，表示电梯停. n 层楼停的总次数就是一次模拟中得到的 $E\xi$. 我们可以模拟 N 次，取其平均值作为 $E\xi$ 的模拟值.

MATLAB 程序如下：

```
%电梯问题
N=5000;                          %模拟次数
n=30;                            %电梯层数
r=15;                            %电梯开始进入的人数
ei=n*(1-(1-1/n)^r)               %电梯须停次数的理论计算值
x=[];
x1=[];
for i=1:1:N
    y=zeros(1, n);               %每次模拟中，各层电梯是否停
    x=unidrnd(n, 1, r);          %每个人出电梯的楼层
    for j=1:1:n
```

```
        y(x)=1;
    end
    x1(i)=sum(y);                    %第 i 次模拟的期望值
end
eq=sum(x1)/N;
fprintf('电梯须停次数理论值：%6.4f，模拟值为%6.4f\n'，ei，eq);
```

某两次的运行结果为：11.9540，11.9578，与理论值 11.9585 很接近.

3.4　矿工选门问题模拟实验

一矿工被困在 3 个门的矿井中，第 1 个门通一坑道，沿此坑道 3 小时可达安全区域；第 2 个门通一坑道，沿此坑道 5 小时返回原处；第 3 个门通一坑道，沿此坑道 7 小时返回原处；假设矿工总是等可能地在 3 个门中选择 1 个，试求他平均多长时间才能到达安全区域.

分析：设该矿工需要 X 小时到达安全区域，则 X 的所有可能取值为

$$3,5+3,7+3,5+5+3,\cdots.$$

写出 X 的分布列是很困难的，所以无法直接求出 $E(X)$. 若记 Y 表示第一次选择的门，由题设可知 $Y\sim\begin{pmatrix}1 & 2 & 3\\ \frac{1}{3} & \frac{1}{3} & \frac{1}{3}\end{pmatrix}$，且

$$E(X\mid Y=1)=3\ ,\quad E(X\mid Y=2)=5+E(X)\ ,\quad E(X\mid Y=3)=7+E(X)\ .$$

综上所述，

$$E(X)=\frac{1}{3}[3+5+E(X)+7+E(X)]=5+\frac{2}{3}E(X)\ .$$

解得 $E(X)=15$ ，即矿工平均 15 小时才能到达安全区域.

MATLAB 程序如下：

```
%矿工选门问题
N=5000;             %模拟次数
x=[];
for i=1:1:N
    a=unidrnd(3, 1, 1);
    time=0;
    if a==1; time=time+3; end
    while a~=3
    if a==2; time=time+5;
      else time=time+7;
```

```
        end
            a=unidrnd(3,1,1);
            if a==1; time=time+3; end
      end
      x(i)=time;                     %第 i 次模拟值
  end
  ei=15;                             %理论值
  eq=mean（x）;
  fprintf（'矿工所需时间理论值：%6.4f，模拟值为%6.4f\n'，ei，eq）;
```

某两次的运行结果为：15.0010，15.0900，与理论值 15 很接近.

如果想提高估计精度，可以增大样本容量，即增加模拟次数，但模拟时间会增长，因为运算量增大.

3.5 中心极限定理实验

中心极限定理：设 $\{X_i\}$ 是独立同分布的随机变量序列，且 $EX_i = a$，$DX_i = \sigma^2$，$0 < \sigma^2 < \infty$，$i = 1,2,3,\cdots$，则

$$\sum_{i=1}^{n} X_i \sim AN(na, n\sigma^2).$$

该定理表明，多个随机变量的和渐近服从正态分布，与随机变量服从什么分布无关. 其期望是多个随机变量期望的和，方差是多个随机变量方差的和. 实验可用二项分布、泊松分布、几何分布、均匀分布、指数分布分别演示，这里给出泊松分布和指数分布的演示实验.

1）泊松分布随机变量和的实验

设随机变量 $X \sim P(\lambda)$，数学期望和方差分别为

$$EX = \lambda，\quad DX = \lambda.$$

设 $Y = \sum_{i=1}^{n} X_i$，且 X_i 独立同分布于 X，由独立随机变量和的计算公式，可得

$$Y \sim P(n\lambda).$$

数学期望和方差分别为

$$EY = n\lambda，\quad DY = n\lambda.$$

因此，在计算时也可采用泊松分布的密度函数.

分别作出泊松分布 $P(n\lambda)$ 和正态分布 $N(n\lambda, n\lambda)$ 的密度函数进行对比，如图 3.2 所示.

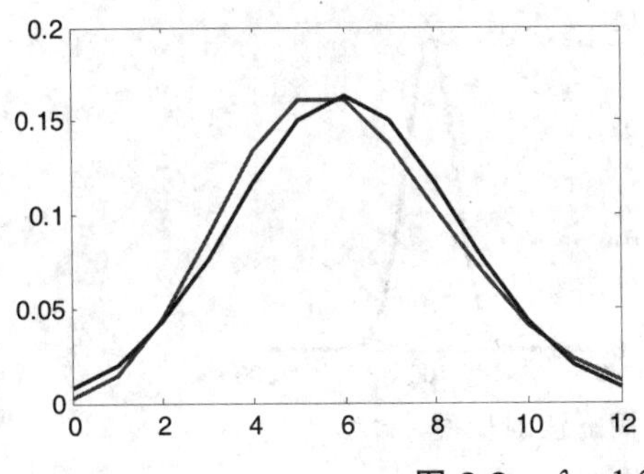

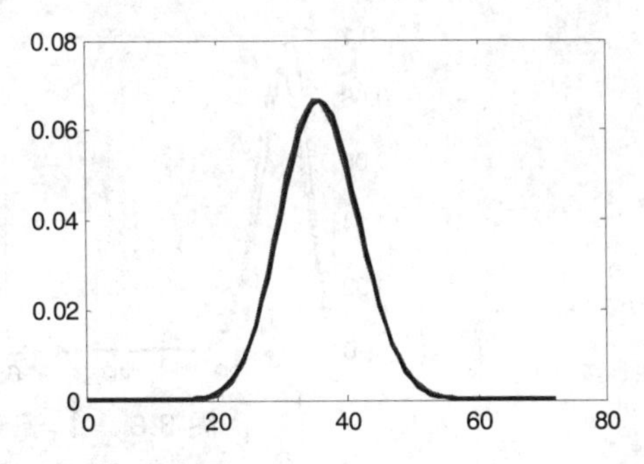

图 3.2　$\lambda=1.2$ 时不同 n 值对比图

（左图，$n=5$，右图，$n=30$）

MATLAB 程序如下：

```
n=[5, 30];                          %给出随机变量个数
lam=1.2;                            %给出泊松分布参数值
for i=1:1:2
    x=0:1:n(i)*lam*2;
    nlam=n(i)*lam;
    mu=nlam;
    sigm=sqrt(nlam);
    y1=poisspdf(x, nlam);           %对应随机变量和的密度函数
    y2=normpdf(x, mu, sigm);        %对应正态分布的密度函数
    subplot(1, 2, i)
    plot(x, y1, ‘r’, x, y2, ‘b’, ‘linewidth’, 2);
end
```

2）指数分布随机变量和的实验

设随机变量 $X \sim \mathrm{Exp}(\lambda)$，密度函数为

$$f(x)=\begin{cases}\lambda \mathrm{e}^{-\lambda x}, x \geqslant 0\\ 0, \quad x<0\end{cases},$$

其中参数 $\lambda>0$. 数学期望和方差分别为

$$EX=\lambda,\ DX=\lambda^2.$$

设 $Y=\sum_{i=1}^{n} X_i$，且 X_i 独立同分布于 X. 由独立随机变量和的计算公式，可得

$$Y \sim \Gamma(n,\lambda),$$

因此直接采用 $\Gamma(n,\lambda)$ 的密度函数，同时计算出数学期望和方差分别为

$$EY=n\lambda,\ DY=n\lambda^2.$$

因此，在计算时也可采用泊松分布的密度函数.

分别作出 $\Gamma(n,\lambda)$ 和正态分布 $N(n\lambda, n\lambda^2)$ 的密度函数进行对比，如图 3.3 所示.

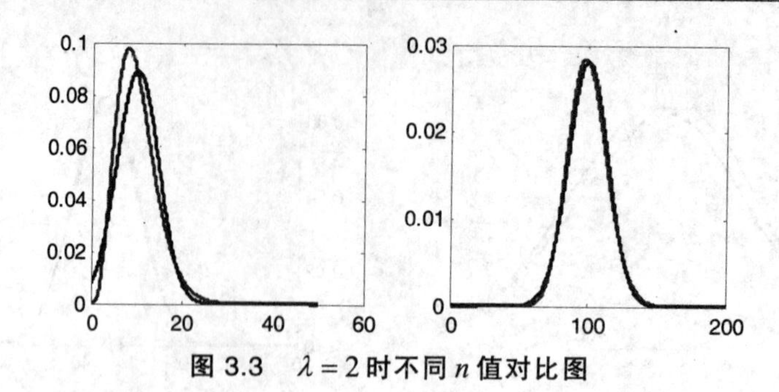

图 3.3　$\lambda=2$ 时不同 n 值对比图

（左图，$n=5$，右图，$n=50$）

MATLAB 程序如下：

```
n=[5, 50];
lam=2;
m=[5, 2];                                  %控制 x 轴
for i=1:1:2
    x=0:0.1:n(i)*lam*m(i);
    nlam=n(i)*lam;
    mu=nlam;
    sigm=sqrt(n(i)*lam^2);          %对应正态分布的密度函数
    y1=gampdf(x, n(i), lam);        %对应随机变量和的密度函数
    y2=normpdf(x, mu, sigm);
    subplot(1, 2, i)
    plot(x, y1, 'r', x, y2, 'b', 'linewidth', 2);
end
```

3）一般随机变量和的实验

如果 X 是一般随机变量，则随机变量和 Y 的分布一般没有显式解，但我们可利用随机数据集 $\{y\}$ 的频率直方图代替密度函数.

如果 $X\sim\Gamma(3,2)$，则 $Y=\sum\limits_{i=1}^{n}X_i$ 的密度函数未知，采用频率直方图代替密度函数，再与正态分布 $N(EY,DY)$ 的密度函数进行对比，如图 3.4 所示.

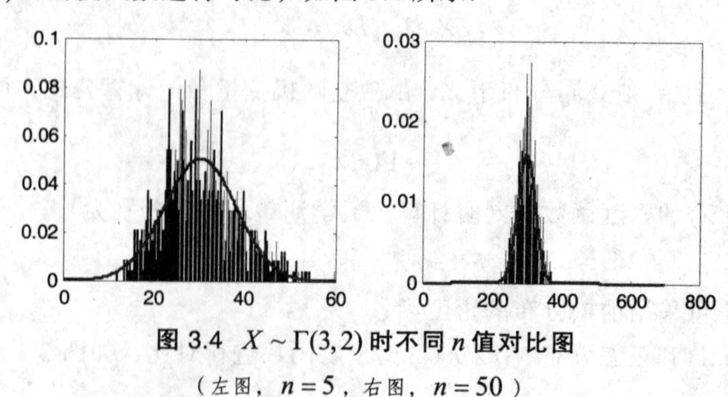

图 3.4　$X\sim\Gamma(3,2)$ 时不同 n 值对比图

（左图，$n=5$，右图，$n=50$）

MATLAB 程序如下：

```
n=[5, 50];
lam=2;
m=[6, 7];                          %控制 x 轴
for i=1:1:2
    X=0:0.1:n(i)*lam*m(i);
    for j=1:1:1000
        Y(j)=sum(gamrnd(3, lam, 1, n(i)));
    end
    mu=mean(Y);
    sig=std(Y);
    y2=normpdf(x, mu, sig);
    subplot(1, 2, i)
    [a， b]=hist(Y, 200);
    a=a/1000/(b(2)-b(1));
    bar(b, a)                       %随机变量和的频率直方图
    hold on
    plot(x, y2, ‘r’, ‘linewidth’, 2);
    hold off
end
```

附录 4　标准正态分布表

$$P(Z \leqslant x)=\int_{-\infty}^{x} \frac{1}{\sqrt{2\pi}} e^{-\frac{t^2}{2}} dt$$

x	0	0.01	0.02	0.03	0.04	0.05	0.06	0.07	0.08	0.09
0	0.5	0.504	0.508	0.512	0.516	0.519 9	0.523 9	0.527 9	0.531 9	0.535 9
0.1	0.539 8	0.543 8	0.547 8	0.551 7	0.555 7	0.559 6	0.563 6	0.567 5	0.571 4	0.575 3
0.2	0.579 3	0.583 2	0.587 1	0.591	0.594 8	0.598 7	0.602 6	0.606 4	0.610 3	0.614 1
0.3	0.617 9	0.621 7	0.625 5	0.629 3	0.633 1	0.636 8	0.640 6	0.644 3	0.648	0.651 7
0.4	0.655 4	0.659 1	0.662 8	0.666 4	0.67	0.673 6	0.677 2	0.680 8	0.684 4	0.687 9
0.5	0.691 5	0.695	0.698 5	0.701 9	0.705 4	0.708 8	0.712 3	0.715 7	0.719	0.722 4
0.6	0.725 7	0.729 1	0.732 4	0.735 7	0.738 9	0.742 2	0.745 4	0.748 6	0.751 7	0.754 9
0.7	0.758	0.761 1	0.764 2	0.767 3	0.770 4	0.773 4	0.776 4	0.779 4	0.782 3	0.785 2
0.8	0.788 1	0.791	0.793 9	0.796 7	0.799 5	0.802 3	0.805 1	0.807 8	0.810 6	0.813 3
0.9	0.815 9	0.818 6	0.821 2	0.823 8	0.826 4	0.828 9	0.831 5	0.834	0.836 5	0.838 9
1	0.841 3	0.843 8	0.846 1	0.848 5	0.850 8	0.853 1	0.855 4	0.857 7	0.859 9	0.862 1
1.1	0.864 3	0.866 5	0.868 6	0.870 8	0.872 9	0.874 9	0.877	0.879	0.881	0.883
1.2	0.884 9	0.886 9	0.888 8	0.890 7	0.892 5	0.894 4	0.896 2	0.898	0.899 7	0.901 5
1.3	0.903 2	0.904 9	0.906 6	0.908 2	0.909 9	0.911 5	0.913 1	0.914 7	0.916 2	0.917 7
1.4	0.919 2	0.920 7	0.922 2	0.923 6	0.925 1	0.926 5	0.927 9	0.929 2	0.930 6	0.931 9
1.5	0.933 2	0.934 5	0.935 7	0.937	0.938 2	0.939 4	0.940 6	0.941 8	0.942 9	0.944 1
1.6	0.945 2	0.946 3	0.947 4	0.948 4	0.949 5	0.950 5	0.951 5	0.952 5	0.953 5	0.954 5
1.7	0.955 4	0.956 4	0.957 3	0.958 2	0.959 1	0.959 9	0.960 8	0.961 6	0.962 5	0.963 3
1.8	0.964 1	0.964 9	0.965 6	0.966 4	0.967 1	0.967 8	0.968 6	0.969 3	0.969 9	0.970 6
1.9	0.971 3	0.971 9	0.972 6	0.973 2	0.973 8	0.974 4	0.975	0.975 6	0.976 1	0.976 7
2	0.977 2	0.977 8	0.978 3	0.978 8	0.979 3	0.979 8	0.980 3	0.980 8	0.981 2	0.981 7
2.1	0.982 1	0.982 6	0.983	0.983 4	0.983 8	0.984 2	0.984 6	0.985	0.985 4	0.985 7

续表

2.2	0.986 1	0.986 4	0.986 8	0.987 1	0.987 5	0.987 8	0.988 1	0.988 4	0.988 7	0.989
2.3	0.989 3	0.989 6	0.989 8	0.990 1	0.990 4	0.990 6	0.990 9	0.991 1	0.991 3	0.991 6
2.4	0.991 8	0.992	0.992 2	0.992 5	0.992 7	0.992 9	0.993 1	0.993 2	0.993 4	0.993 6
2.5	0.993 8	0.994	0.994 1	0.994 3	0.994 5	0.994 6	0.994 8	0.994 9	0.995 1	0.995 2
2.6	0.995 3	0.995 5	0.995 6	0.995 7	0.995 9	0.996	0.996 1	0.996 2	0.996 3	0.996 4
2.7	0.996 5	0.996 6	0.996 7	0.996 8	0.996 9	0.997	0.997 1	0.997 2	0.997 3	0.997 4
2.8	0.997 4	0.997 5	0.997 6	0.997 7	0.997 7	0.997 8	0.997 9	0.997 9	0.998	0.998 1
2.9	0.998 1	0.998 2	0.998 2	0.998 3	0.998 4	0.998 4	0.998 5	0.998 5	0.998 6	0.998 6
3	0.998 7	0.998 7	0.998 7	0.998 8	0.998 8	0.998 9	0.998 9	0.998 9	0.999	0.999
3.1	0.999	0.999 1	0.999 1	0.999 1	0.999 2	0.999 2	0.999 2	0.999 2	0.999 3	0.999 3
3.2	0.999 3	0.999 3	0.999 4	0.999 4	0.999 4	0.999 4	0.999 4	0.999 5	0.999 5	0.999 5
3.3	0.999 5	0.999 5	0.999 5	0.999 6	0.999 6	0.999 6	0.999 6	0.999 6	0.999 6	0.999 7
3.4	0.999 7	0.999 7	0.999 7	0.999 7	0.999 7	0.999 7	0.999 7	0.999 7	0.999 7	0.999 8
3.5	0.999 8	0.999 8	0.999 8	0.999 8	0.999 8	0.999 8	0.999 8	0.999 8	0.999 8	0.999 8
3.6	0.999 8	0.999 8	0.999 9	0.999 9	0.999 9	0.999 9	0.999 9	0.999 9	0.999 9	0.999 9
3.7	0.999 9	0.999 9	0.999 9	0.999 9	0.999 9	0.999 9	0.999 9	0.999 9	0.999 9	0.999 9
3.8	0.999 9	0.999 9	0.999 9	0.999 9	0.999 9	0.999 9	0.999 9	0.999 9	0.999 9	0.999 9
3.9	1	1	1	1	1	1	1	1	1	1

附录 5　常见分布

表 5.1　常见离散随机变量的概率分布与特征

名称	记号和参数空间	密度和样本空间	期望与方差
二项	$X \sim B(n,p)$， $0 \leqslant p \leqslant 1$	$f(x) = \mathrm{C}_n^x p^x q^{n-x}$， $x = 0,1,\cdots,n, q = 1-p$	$EX = np$，$DX = npq$
多项	$X \sim MB(n,p)$， $p = (p_1,\cdots,p_k), 0 \leqslant p_i \leqslant 1$ $\sum p_i = 1, n = 1,2,\cdots$	$f(x) = \binom{n}{x_1,\cdots,x_n}\prod_{i=1}^{k} p_i^{x_i}$， $x = (x_1,\cdots,x_k)$， $x_i = 0,1,\cdots,n$，$\sum x_i = n$	$EX = np, DX = np_i(1-p_i)$， $\mathrm{cov}(X_i,X_j) = -np_ip_j$
负二项	$X \sim NB(r,p)$， $0 < p < 1$	$f(x) = \mathrm{C}_{r+x-1}^{r-1} p^r (1-p)^x$， $x = 0,1,\cdots$	$EX = \frac{rq}{p}, DX = \frac{rq}{p^2}$， $q = 1-p$
泊松	$X \sim P(\lambda)$ $\lambda > 0$	$f(x) = \frac{\lambda^x \mathrm{e}^{-\lambda}}{x!}$，$x = 0,1,\cdots$	$EX = \lambda, DX = \lambda$
超几何	$X \sim h(n,N,M)$， n,N,M 均为正整数， $M \leqslant N, n \leqslant N$	$f(x) = \frac{\mathrm{C}_M^x \mathrm{C}_{N-M}^{n-x}}{\mathrm{C}_N^n}$， $x = 1,2,\cdots,\min\{M,n\}$	$EX = n\frac{M}{N}$， $DX = \frac{nM(N-M)(N-n)}{N^2(N-1)}$

注意：

$$n! = n \times (n-1) \times \cdots 3 \times 2 \times 1，\ 0! = 1，$$

$$\mathrm{C}_n^x = \binom{n}{x} = \frac{n!}{x!(n-x)!}，\ \binom{n}{x_1,\cdots,x_m} = \frac{n!}{\prod_{i=1}^{m} x_i!}，\ \text{其中 } n = \sum_{i=1}^{m} x_i，$$

$$\Gamma(r) = \begin{cases} (r-1)!, & \text{如果} r = 1,2,\cdots \\ \int_0^\infty t^{r-1}\exp(-t)\mathrm{d}t, & \text{如果} r > 0 \end{cases}，\ \Gamma\left(\frac{1}{2}\right) = \sqrt{\pi}，$$

且对任意正整数 n，

$$\Gamma\left(n + \frac{1}{2}\right) = \frac{1 \times 3 \times 5 \times \cdots \times (2n-1)\sqrt{\pi}}{2^n}.$$

表 5.2 常见连续随机变量的概率分布与特征

名称	记号和参数空间	密度和样本空间	期望与方差
均匀	$X \sim U(a,b)$， $a,b \in \mathbf{R}$ 且 $a<b$	$f(x)=\dfrac{1}{b-a}, x\in[a,b]$	$EX=\dfrac{a+b}{2}, DX=\dfrac{(b-a)^2}{12}$
正态	$X \sim N(\mu,\sigma^2)$， $\mu\in\mathbf{R},\sigma>0$	$f(x)=\dfrac{1}{\sqrt{2\pi}\sigma}\exp\left\{\dfrac{-(x-\mu)^2}{\sigma^2}\right\}$， $x\in\mathbf{R}$	$EX=\mu$， $DX=\sigma^2$
对数正态	$X \sim LN(\mu,\sigma^2)$， $\mu\in\mathbf{R},\sigma>0$	$f(x)=\dfrac{1}{\sqrt{2\pi}\sigma x}\exp\left\{\dfrac{-(\ln x-\mu)^2}{2\sigma^2}\right\}$， $x>0$	$EX=\exp\{\mu+\sigma^2/2\}$， $DX=\mathrm{e}^{2\mu+2\sigma^2}-\mathrm{e}^{2\mu-\sigma^2}$
柯西	$X \sim C(\alpha,\beta)$， $\alpha\in\mathbf{R},\beta>0$	$f(x)=\dfrac{1}{\pi\beta\left[1+\left(\dfrac{x-\alpha}{\beta}\right)^2\right]}, x\in\mathbf{R}$	EX,DX 不存在
指数	$X \sim \mathrm{Exp}(\lambda)$， $\lambda>0$	$f(x)=\lambda\mathrm{e}^{-\lambda x}, x>0$	$EX=\dfrac{1}{\lambda}, DX=\dfrac{1}{\lambda^2}$
伽玛	$X \sim \Gamma(r,\lambda)$ $r,\lambda>0$	$f(x)=\dfrac{\lambda^r x^{r-1}}{\Gamma(r)}\exp\{-\lambda x\}, x>0$	$EX=\dfrac{r}{\lambda}, DX=\dfrac{r}{\lambda^2}$
卡方	$X \sim \chi^2(n)$ $n>0$	$f(x)=\Gamma\left(\dfrac{n}{2},\dfrac{1}{2}\right), x>0$	$EX=n, DX=2n$
学生-t	$X \sim t(n)$， $n>0$	$f(x)=\Gamma\left(\dfrac{n}{2}\right)^{-1}\Gamma\left(\dfrac{n+1}{2}\right)\left(1+\dfrac{x^2}{n}\right)^{-\frac{n+1}{2}}$， $x\in\mathbf{R}$	$EX=0, n>1$， $DX=\dfrac{n}{n+2}, n>2$
贝塔	$X \sim Beta(a,b)$ ， $a,b>0$	$f(x)=\dfrac{\Gamma(a+b)}{\Gamma(a)\Gamma(b)}x^{a-1}(1-x)^{b-1}$， $x\in(0,1)$	$EX=\dfrac{a}{a+b}$， $DX=\dfrac{ab}{(a+b)^2(a+b+1)}$
威布尔	$X \sim W(a,b)$ $a,b>0$	$f(x)=abx^{b-1}\exp\{-ax^b\}$， $x>0$	$EX=\dfrac{\Gamma(1+1/b)}{1/b}$， $DX=\dfrac{\Gamma(1+2/b)-\Gamma(1+1/b)^2}{a^{2/b}}$

部分习题解答

习 题 1

1. （1）$\Omega=\{$电视台数为$n, n\in \mathbf{N}$(自然数)$\}$；（2）$\Omega=\{$点落在x处$, x\in[0,1]\}$.

2. $\{2,3,4,5\}$，$\{0,1,3,4,5,6,8,9\}$.

3. （1）D；（2）B；（3）B；（4）B.

4. （1）$[0.25,0.5]\cup(1,1.5)$；（2）0.3；（3）$\dfrac{17}{25}$；（4）90%；（5）$\dfrac{3}{8}$；（6）0.45；（7）0.6；（8）$\dfrac{3}{4}$；（9）$\dfrac{13}{48}$；（10）$C_{n+m-1}^{n-1}p^n(1-p)^m$.

解：（3）设两数分别为x,y，则$\Omega=\{(x,y)\,|\,0<x<1,0<y<1\}$，令“两数之和小于6/5”记为$A$，则事件$A=\{(x,y)\,|\,x+y<6/5,(x,y)\in\Omega\}$.

$$P(A)=\frac{\mu(A)}{\mu(\Omega)}=\frac{1-\mu(\bar{A})}{\mu(\Omega)}=\frac{1-8/25}{1}=\frac{17}{25}，\text{其中 }\mu(\bar{A})=\frac{1}{2}\times\left(\frac{4}{5}\right)^2=\frac{8}{25}.$$

5. 1/3.

6. 解：首先画出维恩图.如果设Ω的面积为1，则事件的概率和事件的面积是等价的，故我们以事件的面积代替概率，从维恩图的面积关系理解事件关系.

设$\mu(\Omega)=1$，$P(A\cap B)=x$，则

$$P(A)=\mu(A)=P(B)=\mu(B)=\frac{1}{3},\quad \mu(A\cap B)=x.$$

故
$$P(A\,|\,B)=\frac{P(AB)}{P(B)}=\frac{x}{1/3}=\frac{1}{6}\Rightarrow x=\frac{1}{18}.$$

$$P(\bar{A}\,|\,\bar{B})=\frac{P(\overline{A}\overline{B})}{P(\bar{B})}=\frac{1-(1/3+1/3-x)}{2/3}=\frac{7/18}{2/3}=\frac{7}{12}.$$

7. 解：由题设可知$P(A\bar{B})=P(\bar{A}B)=1/4$，又因为$A,B$相互独立，所以

$$P(A)-P(A)P(B)=P(B)-P(A)P(B)=1/4$$

解得$P(A)=P(B)=0.5$.

8. $\dfrac{15}{16}$.

9. （1）1/12；（2）1/20.

解：从10个人任意取3人，共有C_{10}^3种等可能取法. 记$A=$“最小号码为5”，$B=$“最

大号码为 5”，则有

（1）最小号码为 5 等价于：号码 5 一定取到，剩下两人从 6, 7, 8, 9, 10 中任取两个，故共有 $C_1^1C_5^2$ 种等可能取法.

（2）最大号码为 5 等价于：号码 5 一定取到，剩下两人从 1, 2, 3, 4 中任取两个，故共有 $C_1^1C_5^2$ 种等可能取法.

$$P(A)=\frac{C_1^1C_5^2}{C_{10}^3}=\frac{1}{12}，\quad P(B)=\frac{C_1^1C_4^2}{C_{10}^3}=\frac{1}{20}.$$

10. 解：要 4 只都不配对，可在 5 双中任取 4 双，再在 4 双中的每一双里任取一只，取法有 $C_5^4\times2^4$，则

$$P(A)=\frac{C_5^4\cdot2^4}{C_{10}^4}=\frac{8}{21}，\quad P(\overline{A})=1-P(A)=1-\frac{8}{21}=\frac{13}{21}.$$

11. 解：10 本书任意放在书架上的所有方法数为 $10!$.如果把三本书看做一本厚书，则共有 8 本书，有 $8!$ 种方法，这是第一步.第二步再考虑 3 本书做全排列，共有 $3!$ 方法.于是所求概率为 $\frac{8!3!}{10!}=\frac{1}{15}$.

12. 解：把 n 个人看成是 n 个球，将一年 365 天看作是 $N=365$ 个盒子，则“n 个人的生日全不相同”就相当于“恰好有 n $(n\leqslant N)$ 个盒子各有一球”，包含的样本点数为

$$365\times364\times\cdots\times(365-n+1)=\frac{365!}{(365-n)!}$$

所以 $p_n=\frac{365!}{365^n(365-n)!}$.

13. 解：设甲已经坐好，再考虑乙的坐法，显然乙有 $n-1$ 个位置可坐，且这 $n-1$ 个位置是等可能的，而乙与甲相邻有两个位置，因此所求概率为 $\frac{2}{n-1}$.

14. 解：设两个红球分别为 A,B，则事件 A 表示红球 A 放入乙盒中，事件 B 表示红球 B 放入乙盒中，则所求概率为

$$P(A\cup B)=P(A)+P(B)-P(AB)=P(A)+P(B)-P(A)P(B)=\frac{1}{3}+\frac{1}{3}-\frac{1}{3}\times\frac{1}{3}=\frac{5}{9}.$$

注：白球是干扰项，对求解不起作用.

15. 解：设 $A=$ “被 6 整除”，$B=$ “被 8 整除”，则所求概率为

$$P(\overline{A}\overline{B})=P\left(\overline{A\cup B}\right)=1-P(A\cup B)=1-[P(A)+P(B)-P(AB)].$$

由于 $333<\frac{2000}{6}<334$，所以 $P(A)=\frac{333}{2000}$. 由于 $\frac{2000}{8}=250$，所以 $P(B)=\frac{250}{2000}$. 又由于一个数

同时能被 6 与 8 整除，就相当于能被它们最小公倍数 24 整除，因此，由 $83<\dfrac{2000}{24}<84$，所以 $P(AB)=\dfrac{83}{2000}$．于是所求概率为

$$p=1-\left(\frac{333}{2000}+\frac{250}{2000}-\frac{83}{2000}\right)=\frac{3}{4}.$$

16. $p=\dfrac{L(0,3]}{L(0,5)}=\dfrac{3}{5}$.

17. 降低考试作弊建议：（1）建立诚信社会，严厉打击社会上的各种投机取巧，给学生创造诚信环境；（2）严厉惩罚考试作弊学生.

18. 解：记 X 为猎人与猎物的距离，所以 $P(X=x)=\dfrac{k}{x}$．又因为当 $x=100$ 时，命中率为 0.5，所以 $k=50$．记 A,B,C 分别表示猎人在 100 米、150 米、200 米处击中猎物，则

$$P(A)=\frac{1}{2},\quad P(B)=\frac{1}{3},\quad P(C)=\frac{1}{4}.$$

因为各次射击是独立的，所以

$$P(\text{命中猎物})=P(A)+P(\bar{A}B)+P(\bar{A}\bar{B}C)=\frac{1}{2}+\frac{1}{2}\times\frac{1}{3}+\frac{1}{2}\times\frac{1}{3}\times\frac{1}{4}=\frac{3}{4}.$$

19. 解：设 $A=$ “孩病”，$B=$ “母病”，$C=$ “父病”，则

$$P(A)=0.6,\quad P(B\mid A)=0.5,\quad P(C\mid AB)=0.4,\quad P(\bar{C}\mid AB)=0.6.$$

注意：由于“母病”“孩病”“父病”都是随机事件，这里不是求 $P(\bar{C}\mid AB)$.

$$P(AB)=P(A)P(B\mid A)=0.6\times0.5=0.3.$$

$$P(AB\bar{C})=P(AB)P(\bar{C}\mid AB)=0.3\times0.6=0.18.$$

20. 解：设 $A_1=$ “发送 0”，$A_2=$ “发送 1”，$B=$ “收到 0”，则

$$P(\bar{B}\mid A_1)=0.02,\quad P(B\mid A_2)=0.01,\quad P(A_1)=2/3.$$

$$P(A_1\mid B)=\frac{P(A_1)P(B\mid A_1)}{P(A_1)P(B\mid A_1)+P(A_2)P(B\mid A_2)}=\frac{\frac{2}{3}\times0.98}{\frac{2}{3}\times0.98+\frac{1}{3}\times0.01}=\frac{196}{197}.$$

21. 解：设 $A_1=$ “浇水”，$A_2=$ “不浇水”，$B=$ “树死”，则

$$P(B\mid A_1)=0.15,\quad P(B\mid A_2)=0.8,\quad P(A_1)=0.9.$$

（1）$P(\bar{B})=1-P(B)=1-\sum\limits_{i=1}^{2}P(A_i)P(B\mid A_i)=1-(0.9\times0.15+0.1\times0.8)=0.785$

（2）$P(A_2 | B)=\dfrac{P(A_2)P(B | A_2)}{P(B)}=\dfrac{0.1\times 0.8}{0.215}=0.3721$.

22. 解：设事件 $A_i=$ "取到第 i 台车床加工的零件"，$i=1,2$，$B=$ "取到合格品"，

（1）$P(B)=\sum\limits_{i=1}^{2}P(A_i)P(B | A_i)=\dfrac{2}{3}\times 0.97+\dfrac{1}{3}\times 0.94=0.96$；

（2）$P(A_2 | \bar{B})=\dfrac{P(A_2)P(\bar{B} | A_2)}{P(\bar{B})}=\dfrac{\frac{1}{3}\times 0.06}{0.04}=0.5$.

23. 解：设 A_i 表示"报名表来自第 i 地区"，$i=1,2,3$，B_i 表示"第 i 次抽到女生表"，$i=1,2$.

（1）由题意知 $P(A_i)=\dfrac{1}{3}, i=1,2,3$. 于是，根据全概率公式得

$$p=P(B_1)=\sum_{i=1}^{3}P(B_1 | A_i)=\frac{3}{10}\times\frac{1}{3}+\frac{7}{15}\times\frac{1}{3}+\frac{5}{25}\times\frac{1}{3}=\frac{29}{90}.$$

（2）$q=P(B_1 | \overline{B_2})=\dfrac{P(B_1\overline{B_2})}{P(\overline{B_2})}$. 由全概率公式得

$$P(B_1\overline{B_2})=\sum_{i=1}^{3}P(B_1\overline{B_2} | A_i)=\left[\frac{3\times 7}{10\times 9}+\frac{7\times 8}{15\times 14}+\frac{5\times 20}{25\times 24}\right]\times\frac{1}{3}=\frac{2}{9}.$$

又因为 $P(B_2)=P(B_1)=\dfrac{29}{90}$，$P(\overline{B_2})=1-P(B_2)=\dfrac{61}{90}$，故 $q=\dfrac{2/9}{61/90}=\dfrac{20}{61}$.

24. 解：设事件 A 为"题目答对了"，事件 B 为"知道正确答案"，则按照题意有 $P(A | B)=1$，$P(A | \bar{B})=0.25$.

（1）此时，$P(B)=P(\bar{B})=0.5$，所以由贝叶斯公式可得

$$P(B | A)=\frac{P(B)P(A | B)}{P(B)P(A | B)+P(\bar{B})P(A | \bar{B})}=\frac{0.5\times 1}{0.5\times 1+0.5\times 0.25}=0.8.$$

（2）此时，$P(B)=0.2, P(\bar{B})=0.8$，所以由贝叶斯公式可得

$$P(B | A)=\frac{P(B)P(A | B)}{P(B)P(A | B)+P(\bar{B})P(A | \bar{B})}=\frac{0.2\times 1}{0.2\times 1+0.8\times 0.25}=0.5.$$

思考：若将此题改成"有 5 个备选项的单项选择题"，那么在（1）与（2）的情况下，答案各是多少？

习 题 2

1. （1）D;（2）C;（3）D;（4）D;（5）A;（6）A;（7）C;（8）C;（9）D;（10）A.

解：（3）因为 $F_1'(x)=f_1(x)$，$F_2'(x)=f_2(x)$，于是

$$0\leqslant f_1(x)F_2(x)+f_2(x)F_1(x)=[F_1(x)F_2(x)]'.$$

从而
$$\int_{-\infty}^{+\infty}[f_1(x)F_2(x)+f_2(x)F_1(x)]\mathrm{d}x=F_1(x)F_2(x)\Big|_{-\infty}^{+\infty}=1,$$
故 $f_1(x)F_2(x)+f_2(x)F_1(x)$ 是概率密度.

（5）因为
$$p_1=P\{-2\leqslant X_1\leqslant 2\}=2\Phi(2)-1,$$
$$p_2=P\{-2\leqslant X_2\leqslant 2\}=P\left\{-1\leqslant\frac{X_2-0}{2}\leqslant 1\right\}=2\Phi(1)-1,$$
$$p_3=P\{-2\leqslant X_3\leqslant 2\}=P\left\{-\frac{7}{3}\leqslant\frac{X_3-5}{3}\leqslant -1\right\}=\Phi\left(\frac{7}{3}\right)-\Phi(1)-1,$$
所以 $p_1>p_2>p_3$.

（6）由题设可知
$$P\left\{\frac{|X-\mu_1|}{\sigma_1}<\frac{1}{\sigma_1}\right\}>P\left\{\frac{|Y-\mu_2|}{\sigma_2}<\frac{1}{\sigma_2}\right\}$$
$$2\Phi\left(\frac{1}{\sigma_1}\right)-1>2\Phi\left(\frac{1}{\sigma_2}\right)-1,$$
即
$$\Phi\left(\frac{1}{\sigma_1}\right)>\Phi\left(\frac{1}{\sigma_2}\right),$$
其中 $\Phi(x)$ 是标准正态分布的分布函数，又 $\Phi(x)$ 是严格单调递增函数，所以
$$\frac{1}{\sigma_1}>\frac{1}{\sigma_2}，\text{即 }\sigma_1<\sigma_2.$$

（7）由 $P\{|X|<x\}=\alpha$ 以及标准正态分布密度曲线的对称性可得，
$$P\{X\geqslant x\}=P\{X\leqslant -x\}$$
$$\alpha=P\{|X|<x\}=1-P\{|X|\geqslant x\}=1-2P\{X\geqslant x\},$$
即 $P\{X\geqslant x\}=\dfrac{1-\alpha}{2}$. 根据定义有 $x=u_{\frac{1-\alpha}{2}}$.

（8）$P\left(|X-\mu|<\sigma\right)=P\left(|(X-\mu)/\sigma|<1\right)=2\Phi(1)-1$.

（9）$P(Y\leqslant y)=P(3X+1\leqslant y)=P(X\leqslant (y-1)/3)=F(y/3-1/3)$.

2. （1）49 或 50；（2）9；（3）$1-\mathrm{e}^{-1}$；（4）$\dfrac{2}{3}\mathrm{e}^{-2}$；（5）0.75；（6）1；

（7）$F_X(x)=\begin{cases}\dfrac{1}{2}\mathrm{e}^{x},x<0\\ 1-\dfrac{1}{2}\mathrm{e}^{-x},x\geqslant 0\end{cases}$；（8）$f(x)=\begin{cases}0,\ \text{其他}\\ 3x^2,0\leqslant x<1\end{cases}$.

解:（1）设 X 为正面出现的次数，则 $X\sim B(99,1/2)$. 因为 $(n+1)p=100\times(1/2)=50$ 为整

数，所以正面最可能出现的次数为 49 或 50.

（3）Y 的分布函数 $F(y)=1-e^{-y}, y\geqslant 0$，于是由条件概率公式得

$$P\{Y\leqslant a+1\mid Y>a\}=\frac{P\{a<Y\leqslant a+1\}}{p\{Y>a\}}=\frac{F(a+1)-F(a)}{1-F(a)}=1-e^{-1}.$$

（4）设 $X\sim P(\lambda)$，则

$$P(X=1)=\lambda e^{-\lambda}=P(X=2)=(\lambda^2/2!)e^{-\lambda},$$

解得 $\lambda=2$. 则

$$P(X=4)=\frac{2^4}{4!}e^{-2}=\frac{2}{3}e^{-2}.$$

（5）$P((X-1/2)(X-1/4)\geqslant 0)=P((0<X\leqslant 1/4)\cup(1/2\leqslant X<1))$
$$=P(0<X\leqslant 1/4)+P(1/2\leqslant X<1)=\int_0^{1/4}1\mathrm{d}x+\int_{1/2}^{1}1\mathrm{d}x=3/4.$$

（6）$1=\int_{-\infty}^{+\infty}\frac{a}{\pi(1+x^2)}\mathrm{d}x=\frac{a}{\pi}\arctan x\Big|_{-\infty}^{\infty}=\frac{a}{\pi}\left[\frac{\pi}{2}-\left(-\frac{\pi}{2}\right)\right]=a.$

（7）当 $x<0$ 时，$F(x)=\int_{-\infty}^{x}\frac{1}{2}e^t\mathrm{d}t=\frac{1}{2}e^x$；

当 $x\geqslant 0$ 时，

$$F(x)=\int_{-\infty}^{x}f(t)\mathrm{d}t=\int_{-\infty}^{0}\frac{1}{2}e^t\mathrm{d}t+\int_0^x\frac{1}{2}e^{-t}\mathrm{d}t=\frac{1}{2}e^t\Big|_{-\infty}^{0}-\frac{1}{2}e^{-t}\Big|_0^x=1-\frac{1}{2}e^{-x},$$

综上所述，X 的分布函数 $F(x)$ 为

$$F(x)=\begin{cases}\frac{1}{2}e^x, & x<0\\ 1-\frac{1}{2}e^{-x}, & x\geqslant 0\end{cases}.$$

3. $X\sim\begin{pmatrix}20 & 5 & 0\\ 0.0002 & 0.001 & 0.9988\end{pmatrix}$.

4. 解：设 Y 为第一次得到的点数，Z 为第二次得到的点数，X 的所有可能取值为 $1,2,3,4,5,6$.

$$P(X=1)=P(\min(Y,Z)=1)=P(Y=1,Z=1)+(Y=1,Z>1)+P(Y>1.Z=1)$$
$$=P(Y=1)P(Z=1)+P(Y=1)P(Z>1)+P(Y>1)P(Z=1)$$
$$=\frac{1}{6}\times\frac{1}{6}+\frac{1}{6}\times\frac{5}{6}+\frac{1}{6}\times\frac{5}{6}=\frac{11}{36}.$$

$$P(X=2)=P(\min(Y,Z)=2)=P(Y=2,Z=2)+(Y=2,Z>2)+P(Y>2.Z=2)$$
$$=P(Y=2)P(Z=2)+P(Y=2)P(Z>2)+P(Y>2)P(Z=2)$$

$$=\frac{1}{6}\times\frac{1}{6}+2\times\frac{1}{6}\times\frac{4}{6}=\frac{9}{36}.$$

……

$$P(X=6)=P(\min(Y,Z)=6)=P(Y=6,Z=6)=\frac{1}{6}\times\frac{1}{6}=\frac{1}{36}$$

综上所述，$X\sim\begin{pmatrix}1 & 2 & 3 & 4 & 5 & 6\\ 11/36 & 1/4 & 7/36 & 5/36 & 1/12 & 1/36\end{pmatrix}$.

5. 解：$P(X=0)=\frac{C_{13}^3C_2^0}{C_{15}^3}=\frac{22}{35}$，$P(X=1)=\frac{C_{13}^2C_2^1}{C_{15}^3}=\frac{12}{35}$，$P(X=2)=\frac{C_{13}^1C_2^2}{C_{15}^3}=\frac{1}{35}$.

综上所述，$X\sim\begin{pmatrix}0 & 1 & 2\\ \frac{22}{35} & \frac{12}{35} & \frac{1}{35}\end{pmatrix}$.

6. 解：（1）设10分钟内接到电话次数为$X\sim P(1/3)$，则

$$P(X=1)=\mathrm{e}^{-\frac{1}{3}}\frac{(1/3)^1}{1!}=0.2388.$$

（2）设他外出应控制最长时间为t小时，则$X\sim P(2t)$. 则

$$P(X=0)\geqslant 0.5,\quad \mathrm{e}^{-2t}\geqslant 0.5,\quad t\leqslant\frac{\ln 2}{2},$$

即$\frac{\ln 2}{2}\times 60=30\ln 2=20.7944$（分钟）.

7. $F(x)=\begin{cases}0, & x<0\\ x/a, & 0\leqslant x<a\\ 1, & x\geqslant a\end{cases}$.

8. 解：（1）$1=\int_{-\infty}^{+\infty}f(x)\mathrm{d}x=A\int_{-\pi/2}^{\pi/2}\cos x\mathrm{d}x=A\sin x\big|_{-\pi/2}^{\pi/2}=2A$，解得$A=\frac{1}{2}$.

（2）$P(0<X<\pi/4)=\int_0^{\pi/4}\frac{1}{2}\cos x\mathrm{d}x=\frac{\sqrt{2}}{4}$

（3）当$x<-\frac{\pi}{2}$时，$F(x)=\int_{-\infty}^{x}\frac{1}{2}\cos t\mathrm{d}t=0$；

当$-\frac{\pi}{2}\leqslant x\leqslant\frac{\pi}{2}$时，$F(x)=\int_{-\infty}^{x}\frac{1}{2}\cos t\mathrm{d}t=\int_{-\pi/2}^{x}\frac{1}{2}\cos t\mathrm{d}t=\frac{1}{2}\sin x+\frac{1}{2}$；

当$x>\frac{\pi}{2}$时，$F(x)=\int_{-\infty}^{x}\frac{1}{2}\cos t\mathrm{d}t=\int_{-\pi/2}^{x}\frac{1}{2}\cos t\mathrm{d}t=\int_{-\pi/2}^{\pi/2}\frac{1}{2}\cos t\mathrm{d}t=1$.

综上所述，X的分布函数为

$$F(x)=\begin{cases}0, & x<-\pi/2\\ \sin(x/2)+1/2, & -\pi/2\leqslant x\leqslant\pi/2\\ 1, & x>-\pi/2\end{cases}.$$

9. 解：（1）由于$\int_{-\infty}^{+\infty}f(x)\mathrm{d}x=1$，即

$$\int_{-\infty}^{+\infty} f(x)\mathrm{d}x = \int_0^{\infty} K\mathrm{e}^{-3x}\mathrm{d}x = \frac{1}{-3}\int_0^{\infty} K\mathrm{e}^{-3x}\mathrm{d}(-3x) = \frac{K}{3} = 1\text{，}\quad K = 3\,.$$

于是 X 的概率密度

$$f(x) = \begin{cases} 3\mathrm{e}^{-3x}, x > 0 \\ 0, \quad x \leqslant 0 \end{cases}.$$

（2）$P(X > 0.1)=\int_{0.1}^{+\infty} 3\mathrm{e}^{-3x}\mathrm{d}x=0.7408$；

（3）由定义 $F(x) = \int_{-\infty}^{x} f(t)\mathrm{d}t$，有

当 $x \leqslant 0$ 时，$F(x) = \int_{-\infty}^{x} f(t)\mathrm{d}t = \int_{-\infty}^{x} 0\mathrm{d}t = 0$；

当 $x > 0$ 时，$F(x) = \int_{-\infty}^{x} f(t)\mathrm{d}t = \int_{-\infty}^{0} 0\mathrm{d}t + \int_0^{x} 3\mathrm{e}^{-3x}\mathrm{d}t = 1-\mathrm{e}^{-3x}$，

所以 $F(x) = \begin{cases} 1-\mathrm{e}^{-3x}, x > 0 \\ 0, \quad x \leqslant 0 \end{cases}$.

10. 解：（1）连续随机变量的分布函数 $F(x)$ 是连续函数，由 $F(x)$ 的连续性，

$$1 = F(1) = \lim_{x\to 1-0} F(x) = \lim_{x\to 1-0} Ax^2 = A$$

（2）$P(0.3 < X < 0.7) = F(0.7) - F(0.3) = 0.7^2 - 0.3^2 = 0.4$.

（3）X 的密度函数 $f(x) = F'(x) = \begin{cases} 2x, & 0 < x < 1 \\ 0, & \text{其他} \end{cases}$.

11. 解：因为 $P(X \le 0.5) = \int_0^{0.5} 2x\mathrm{d}x = \frac{1}{4}$，所以 $Y \sim B\left(3, \frac{1}{4}\right)$，故

$P(Y = 2) = \mathrm{C}_3^2 \left(\frac{1}{4}\right)^2 \left(\frac{3}{4}\right)^{3-2} = \frac{9}{64}$.

12. 解：设 X 为考试成绩，则 $X \sim N(\mu, \sigma^2)$. 由频率估计概率知

$$0.0359 = P(X > 90) = 1 - \Phi\left(\frac{90-\mu}{\sigma}\right),\quad 0.1151 = P(X < 90) = 1 - \varPhi\left(\frac{\mu-60}{\sigma}\right).$$

上面两式可改写为

$$0.9641 = \varPhi\left(\frac{90-\mu}{\sigma}\right),\quad 0.8849 = \varPhi\left(\frac{\mu-60}{\sigma}\right).$$

再查表可得

$$\frac{90-\mu}{\sigma} = 1.8\text{，}\quad \frac{\mu-60}{\sigma} = 1.2\,.$$

由此解得 $\mu = 72$，$\sigma = 10$. 设被录取者中最低分为 k，则由

$$0.25 = P(X \geqslant k) = 1 - \varPhi\left(\frac{k-72}{10}\right),\quad \varPhi\left(\frac{k-72}{10}\right) = 0.75\,.$$

查表得 $\frac{k-72}{10} \geqslant 0.675$，解得 $k \geqslant 78.75$. 因此被录取最低分为 78.75 分即可.

习 题 3

1. （1）D;（2）D;（3）A;（4）D; (5)D.

2. （1）$p_{11}=\frac{1}{24}$，$p_{13}=\frac{1}{12}$，$p_{1\cdot}=\frac{1}{4}$，$p_{22}=\frac{3}{8}$，$p_{23}=\frac{1}{4}$，$p_{2\cdot}=\frac{3}{4}$，$p_{\cdot 2}=\frac{1}{2}$，$p_{\cdot 3}=\frac{1}{3}$；

（2）2，$(1-e^{-4})(1-e^{-1})$；（3）$\frac{5}{3}$ 或 $\frac{7}{3}$；（4）$Z \sim \begin{pmatrix} 0 & 1 \\ 0.25 & 0.75 \end{pmatrix}$.

解：（1）由联合分布律与边缘分布律的关系易得 $p_{11}=\frac{1}{6}-\frac{1}{8}=\frac{1}{24}$. 再由独立性 $p_{11}=p_{1\cdot}\times p_{\cdot 1}$ 得 $p_{1\cdot}=\frac{1}{4}$. 于是

$$p_{13}=\frac{1}{4}-p_{11}-p_{12}=\frac{1}{4}-\frac{1}{24}-\frac{1}{8}=\frac{1}{12}.$$

其他可类似得到.

（4）Z 的可能取值为 0,1 且

$$P(Z=0)=P(\max(X,Y)=0)=P(X=0)P(Y=0)=\frac{1}{4}.$$

3. 解：（1）由 $k\int_0^{+\infty}\int_0^{+\infty} e^{-(3x+4y)}dxdy = k\times\frac{1}{3}\times\frac{1}{4}=1$ 得 $k=12$.

（2）当 $x\leqslant 0$ 或 $y\leqslant 0$ 时，有 $F(x,y)=0$；而当 $x>0$，$y>0$ 时，

$$F(x,y)=12\int_0^x\int_0^y e^{-(3u+4v)}dvdu=(1-e^{-3x})(1-e^{-4y}).$$

所以

$$F(x,y)=\begin{cases}(1-e^{-3x})(1-e^{-4y}), & x>0, y>0 \\ 0, & \text{其他}\end{cases}.$$

（3）$P(0<X\leqslant 1, 0<Y\leqslant 2)=F(1,2)=1-e^{-3}-e^{-8}+e^{-11}=0.9499$.

4. 解：（1）因为当 $0<x<1$ 时，有

$$f_X(x)=\int_{-\infty}^{+\infty} f(x,y)dy=\int_0^x 3xdy=3x^2,$$

所以 X 的边际密度函数为

$$f_X(x)=\begin{cases}3x^2, & 0<x<1 \\ 0, & \text{其他}\end{cases}$$

又因为当$0<y<1$时，有

$$f_Y(y)=\int_{-\infty}^{+\infty}f(x,y)\mathrm{d}x=\int_y^1 3x\mathrm{d}x=\frac{3}{2}x^2\Big|_y^1=\frac{3}{2}(1-y^2),$$

所以Y的边际密度函数为

$$f_Y(y)=\begin{cases}\frac{3}{2}(1-y^2), & 0<y<1\\ 0, & \text{其他}\end{cases},$$

（2）因为$f(x,y)\neq f_X(x)f_Y(y)$，所以X与Y不独立.

（3）当$0<x<1$时,

$$f(y\,|\,x)=\frac{f(x,y)}{f_X(x)}=\begin{cases}1/x, & 0<y<x\\ 0 & \text{其他}\end{cases},$$

这是均匀分布$U(0,x)$，其中$0<x<1$.可见，这里的条件分布实质上是一族均匀分布.

5. 解：（1）当$-1<x<0$时，$f_X(x)=\int_{-x}^1\mathrm{d}y=1+x$；

当$0<x<1$时，$f_X(x)=\int_x^1\mathrm{d}y=1-x$.

因此X的边际密度函数为

$$f_X(x)=\begin{cases}1+x,-1<x<0\\ 1-x,0<x<1\\ 0, \quad \text{其他}\end{cases}.$$

当$0<y<1$时，有$f_Y(y)=\int_{-y}^y\mathrm{d}x=2y$，因$Y$此的边际密度函数为

$$f_Y(y)=\begin{cases}2y, & 0<y<1\\ 0, & \text{其他}\end{cases}.$$

（2）因为$f(x,y)\neq f_X(x)f_Y(y)$，所以X与Y不独立.

6. 解：当$-1<y<0$时，$f_Y(y)=\int_{-y}^1\mathrm{d}x=1+y=1-|y|$；

当$0<y<1$时，$f_Y(y)=\int_y^1\mathrm{d}x=1-y=1-|y|$.

由此得

$$f(x\,|\,y)=\frac{f(x,y)}{f_Y(y)}=\begin{cases}1/(1-|y|), & |y|<x<1\\ 0, & \text{其他}\end{cases}.$$

这是均匀分布$U(|y|,1)$,其中$|y|<1$.

7. 解：因为

$$f(x,y)=f_Y(y)f(x\,|\,y)=\begin{cases}15x^2y, & 0<x<y<1\\ 0, & \text{其他}\end{cases},$$

所以 $$P(X>0.5)=\int_{0.5}^{1}\int_{x}^{1}15x^2y\mathrm{d}y\mathrm{d}x=\int_{0.5}^{1}\frac{15}{2}x^2(1-x^2)\mathrm{d}x=\frac{47}{64}.$$

8. 解：（1）$P(X>2Y)=\iint\limits_{x>2y}f(x,y)\mathrm{d}x\mathrm{d}y=\int_0^{0.5}\mathrm{d}y\int_{2y}^{1}(2-x-y)\mathrm{d}x=\dfrac{7}{24}$；

（2）先求 Z 的分布函数.

$$F_Z(z)=P(X+Y\leqslant z)=\iint\limits_{x+y\le z}f(x,y)\mathrm{d}x\mathrm{d}y.$$

当 $z<0$ 时，$F_Z(z)=0$；

当 $0\leqslant z<1$ 时，

$$F_Z(z)=\iint\limits_{x+y\le z}f(x,y)\mathrm{d}x\mathrm{d}y=\int_0^z\mathrm{d}y\int_0^{z-y}(2-x-y)\mathrm{d}x=z^2-\frac{1}{3}z^3;$$

当 $1\leqslant z<2$ 时，

$$F_Z(z)=1-\iint\limits_{x+y>z}f(x,y)\mathrm{d}x\mathrm{d}y=1-\int_{z-1}^{1}\mathrm{d}y\int_{z-y}^{1}(2-x-y)\mathrm{d}x=1-\frac{1}{3}(2-z)^3;$$

当 $z\geqslant 2$ 时，$F_Z(z)=1$.

故 $Z=X+Y$ 的概率密度为

$$f_Z(z)=F_Z'(z)=\begin{cases}2z-z^2, & 0<z<1\\(2-z)^2, & 1\leqslant z<2\\0, & 其他\end{cases}.$$

9. 解：（1）由于 $P(-1<X<2)=1$，所以 $P(0<Y<4)=1$.

当 $y<0$ 时，$P(Y\leqslant y)=0$；

当 $y\geqslant 4$ 时，$P(Y\leqslant y)=1$；

当 $0\leqslant y<1$ 时，$-1<-\sqrt{y}\le 0$，

$$\begin{aligned}F_Y(y)&=P(Y\leqslant y)=P(X^2\leqslant y)=P(-\sqrt{y}\leqslant X\leqslant\sqrt{y})\\&=P(-\sqrt{y}\leqslant X<0)+P(0\leqslant X\leqslant\sqrt{y})=\frac{\sqrt{y}}{2}+\frac{\sqrt{y}}{4}=\frac{3\sqrt{y}}{4}.\end{aligned}$$

当 $1\leqslant y<4$ 时，$1\leqslant\sqrt{y}<2$，$-\sqrt{y}\leqslant -1$，

$$F_Y(y)=P(Y\leqslant y)=P(-\sqrt{y}\leqslant X\leqslant\sqrt{y})=P(-1\leqslant X<0)+P(0\leqslant X\leqslant\sqrt{y})=\frac{1}{2}+\frac{\sqrt{y}}{4}.$$

又因为对分布函数求导可得密度函数，于是 Y 的分布函数和密度函数分别为

$$F_Y(y)=\begin{cases}0, & y<0\\ \dfrac{3\sqrt{y}}{4}, & 0\leqslant y<1\\ \dfrac{1}{2}+\dfrac{\sqrt{y}}{4}, & 1\leqslant y<4\\ 1, & y\geqslant 4\end{cases},\quad f_Y(y)=\begin{cases}\dfrac{3}{8\sqrt{y}}, & 0<y<1\\ \dfrac{1}{8\sqrt{y}}, & 1\leqslant y<4\\ 0, & 其他\end{cases}.$$

（2）$F\left(-\frac{1}{2},4\right)=P\left(X\leqslant-\frac{1}{2},Y\leqslant 4\right)=P\left(X\leqslant-\frac{1}{2},X^2\leqslant 4\right)=P\left(X\leqslant-\frac{1}{2}\right)=\frac{1}{4}$.

习 题 4

1. （1）C；（2）D；（3）A；（4）D；（5）B；（6）A；

2. （1）1；（2）9；（3）1；（4）16，2；（5）$\mu(\sigma^2+\mu^2)$；（6）$2e^2$；（7）1/12；（8）0.5.

解：（7）因为

$$E(X+Y)=EX+EY=0,$$

$$D(X+Y)=DX+DY+2\operatorname{cov}(X,Y)=DX+DY+2\rho(X,Y)\sqrt{DX}\sqrt{DY}$$
$$=1+4+2\times(-0.5)\times1\times2=3$$

所以

$$P\{|X+Y|\geqslant 6\}=P\{|X+Y-E(X+Y)|\geqslant 6\}\leqslant\frac{D(X+Y)}{6^2}=\frac{1}{12}.$$

3. 解：记 $q=1-p$，则 X 的概率分布为 $P(X=i)=pq^{i-1}, i=1,2,\cdots$，所以

$$EX=\frac{1}{p},\quad DX=\frac{1-p}{p^2}.$$

4. 解：$EX=0.2+2\times0.2+3\times0.1=0.9$，$EY=-2\times0.3+3\times0.1+5\times0.6=2.7$

由于 $EX<EY$，因此根据期望值原理，投资者会选择 B 项目.

5. 解：（1）X 的所有可能取值为 0,1，2,3，X 的概率分布为

$$P(X=k)=\frac{C_3^kC_3^{3-k}}{C_6^3}, k=0,1,2,3,\quad X\sim\begin{pmatrix}0 & 1 & 2 & 3\\ \frac{1}{20} & \frac{9}{20} & \frac{9}{20} & \frac{1}{20}\end{pmatrix}$$

因此

$$EX=0\times\frac{1}{20}+1\times\frac{9}{20}+2\times\frac{9}{20}+3\times\frac{1}{20}=\frac{3}{2}.$$

（2）设 A 表示事件"从乙箱中任意取出的一件产品是次品"，根据全概率公式有

$$P(A)=\sum_{k=0}^{3}P(X=k)P(A|X=k)=0\times\frac{1}{20}+\frac{1}{6}\times\frac{9}{20}+\frac{2}{6}\times\frac{9}{20}+\frac{3}{6}\times\frac{1}{20}=\frac{1}{4}.$$

6. 解：因为 X 的可能取值为 0,1,2,3,4,5，且

$$P(X=k)=\frac{C_5^k C_{15}^{8-k}}{C_{20}^8}, k=0,1,\cdots,5.$$

$$EX=\sum_{k=0}^{5} kP(X=k)=\frac{8}{20}\times 5=2.$$

在不计算的情况下，请读者思考，X 的期望为什么是 $\frac{8}{20}\times 5$？

7. 解：令 X_i 表示第 i 颗骰子的点数，则 $X_i, i=1,\cdots,n$，独立同分布于随机变量 X，其中 $P(X=k)=\frac{1}{6}, k=1,2,\cdots,n$，数学期望为 $nEX=\frac{7}{2}n$，方差为 $nDX=\frac{35}{12}n$.

8. 解：记 Z 为此商店经销该商品每周所得利润，显然 $Z=g(X,Y)$，其中

$$g(x,y)=\begin{cases}1000y, & y\leqslant x\\ 1000x+500(y-x), & y>x\end{cases}=\begin{cases}1000y, & y\leqslant x\\ 500(x+y), & y>x\end{cases}.$$

由题设知 (X,Y) 的联合密度函数为

$$f(x,y)=\begin{cases}1/100, & 10\leqslant x\leqslant 20, 10\leqslant y\leqslant 20\\ 0, & \text{其他}\end{cases}.$$

$$EZ=E[g(X,Y)]=\int_{-\infty}^{+\infty}\int_{-\infty}^{+\infty} g(x,y)f(x,y)\mathrm{d}x\mathrm{d}y$$

$$=\iint_{y\le x} 1000f(x,y)\mathrm{d}x\mathrm{d}y+\iint_{y>x} 500(x+y)f(x,y)\mathrm{d}x\mathrm{d}y$$

$$=10\int_{10}^{20}\int_{y}^{20} y\mathrm{d}x\mathrm{d}y+5\int_{10}^{20}\int_{10}^{y}(x+y)\mathrm{d}x\mathrm{d}y=\frac{20000}{3}+5\times 1500\approx 14166.67.$$

9. 解：$EX=\int_0^1\int_{-y}^{y} x\mathrm{d}x\mathrm{d}y=0$，$EY=\int_0^1\int_{-y}^{y} y\mathrm{d}x\mathrm{d}y=\int_0^1 2y^2\mathrm{d}y=\frac{2}{3}$.

$$E(XY)=\int_0^1\int_{-y}^{y} xy\mathrm{d}x\mathrm{d}y=0,\quad \mathrm{cov}(X,Y)=E(XY)-E(X)E(Y)=0.$$

10. 解：先计算 Y 与 Z 的期望、方差和协方差.

$$E(Y)=(a+b)\mu,\quad E(Z)=(a-b)\mu,\quad \mathrm{var}(Y)=\mathrm{var}(Z)=(a^2+b^2)\sigma^2,$$

$$E(YZ)=E[a^2X_1^2-b^2X_2^2]=(a^2-b^2)(\sigma^2+\mu^2).$$

$$\mathrm{cov}(Y,Z)=E(YZ_2)-E(Y)E(Z_2)=(a^2-b^2)\sigma^2.$$

然后计算 Y_1 与 Y_2 相关系数

$$\rho_{YZ}=\frac{\mathrm{cov}(Y,Z)}{\sqrt{\mathrm{var}(Y)}\sqrt{\mathrm{var}(X)}}=\frac{(a^2-b^2)\sigma^2}{(a^2+b^2)\sigma^2}=\frac{a^2-b^2}{a^2+b^2}.$$

11. 解：这里要用到一个性质：在 X,Y 独立条件下，有

$$EZ = E(3X+1)P(X \geq Y) + E(6Y)P(X < Y).$$

为此，先求出上式中的两个概率.

$$P(X<Y)=\int_0^{+\infty}\int_0^{y}\lambda e^{-\lambda x}\lambda e^{-\lambda y}\mathrm{d}x\mathrm{d}y=\int_0^{+\infty}\lambda e^{-\lambda y}(1-e^{-\lambda y})\mathrm{d}y=0.5,\quad P(X\geq Y)=0.5.$$

由此得

$$EZ=0.5E(3X+1)+0.5E(6Y)=0.5\left(\frac{3}{\lambda}+1+\frac{6}{\lambda}\right)=\frac{1}{2}\left(\frac{9}{\lambda}+1\right).$$

12. 提示：先写出每周利润 Y 是进货量 a 和需求量 X 的函数，再求含参数的一维随机变量函数的数学期望，最少进货量为 21 个单位.

13. 解：（1）显然 $X \sim B(100,0.2)$，分布列为

$$P(X=k)=C_n^k 0.2^k 0.8^{100-k}, k=0,1,2,\cdots,n.$$

（2）利用中心极限定理，有

$$P(14\leqslant X\leqslant 30)=P(13.5<X<30.5)\approx\Phi\left(\frac{30.5-100\times 2}{\sqrt{100\times 0.2\times 0.8}}\right)-\Phi\left(\frac{13.5-100\times 2}{\sqrt{100\times 0.2\times 0.8}}\right)$$

$$=\Phi(2.625)-\Phi(-1.625)=\Phi(2.625)-1+\Phi(1.625)$$

$$=0.99565-1+0.948=0.9347.$$

14. 解：易见 $X \sim B(n,p)$，其中 $n=1000$，$p=0.36$，则

$$EX=np=1000\times 0.36=360,\quad DX=np(1-p)=230,\quad \sigma=\sqrt{DX}=15.18$$

根据中心极限定理有

$$\alpha=P(300\leqslant X\leqslant 400)\approx P\left(\frac{300-360}{15.18}\leqslant\frac{X-np}{\sqrt{np(1-p)}}\leqslant\frac{400-360}{15.18}\right)$$

$$\approx\Phi(2.635)-\Phi(-3.95)=\Phi(2.635)+\Phi(3.95)-1\approx\Phi(2.635)=0.9958.$$

15. 解：设 X_1,X_2,X_3 是其他三人的报价，按题意 X_1,X_2,X_3 独立同分布于 $U(7,11)$，其分布函数为

$$F(u)=\begin{cases}0, & u<7\\ \dfrac{u-7}{4}, & 7\leqslant u<11\\ 1, & u\geqslant 11\end{cases}.$$

以 Y 记三人最大出价，即 $Y=\max\{X_1,X_2,X_3\}$，则 Y 的分布函数为

$$F(u)=\begin{cases}0, & u<7\\ \left(\dfrac{u-7}{4}\right)^3, & 7\leqslant u<11.\\ 1, & u\geqslant 11\end{cases}$$

若甲的报价为 x，按题意 $7\le x\le 10$，知甲能赢得这一项目的概率为

$$p=P(Y\leqslant x)=F_Y(x)=\left(\frac{x-7}{4}\right)^3, 7\leqslant x\leqslant 10.$$

以 $G(x)$ 记甲的赚钱数，则 $G(x)$ 是一个随机变量，它的分布列为

$$G(x)\sim\begin{pmatrix}10-x & 0\\ p & 1-p\end{pmatrix}.$$

于是，甲赚钱的数学期望为

$$E[G(x)]=\left(\frac{x-7}{4}\right)^3(10-x).$$

令 $\dfrac{\mathrm{d}}{\mathrm{d}x}E[G(x)]=\dfrac{1}{4^3}[(x-7)^2(37-4x)]=0$，得 $x_1=\dfrac{37}{4}$， $x_2=7$（舍去）.

又因为 $\left.\dfrac{\mathrm{d}^2}{\mathrm{d}x^2}E[G(x)]\right|_{x=\frac{37}{4}}<0$，所以当甲的报价为 $\dfrac{37}{4}$ 万元时，他赚钱的数学期望达到最大值.

16. 提示：（1）若 $EX>EY$，选 X，若相等，两方案无区别.

（2）若采用期望效用，比较 $E[u(3+X)]$ 和 $E[u(3+Y)]$ 的大小.

习 题 5

1.（1）因为

$$EX=\int_{-\infty}^{+\infty}xf(x)\mathrm{d}x=\int_{-\infty}^{+\infty}\frac{x}{2}\mathrm{e}^{-|x|}\mathrm{d}x=0，EX=\int_{-\infty}^{+\infty}\frac{x^2}{2}\mathrm{e}^{-|x|}\mathrm{d}x=\int_{0}^{+\infty}\frac{x^2}{2}\mathrm{e}^{-x}\mathrm{d}x=2，$$

所以 $DX=2$．又因为 S^2 是 DX 的无偏估计量，故 $ES^2=DX=2$．

（2）$ET=E(\bar{X}-S^2)=E(\bar{X})-E(S^2)=EX-DX=np-np(1-p)=np^2$．

2. 总体为某大学统计专业本科毕业生实习期后的月薪情况，样本为 40 名 2010 年毕业的统计专业本科生实习期后的月薪情况，样本容量为 40.

3. 解：毕业生返校记录是全体毕业生中的一个特殊群体（子总体）的一个样本，它只能反映该子总体的特征，不能反映全体毕业生的状况，故此说法有骗人之嫌.

4. $\bar{x}=3$，$s^2=3.7778, s=1.9437$，中位数为 3.5，极差为 6

5. 解：均匀分布 $U(-1,1)$ 的均值和方差分别为 0 和 $\frac{1}{3}$，样本容量为 n，因而得

$$E\overline{X}=0, \mathrm{var}(\overline{X})=1/(3n).$$

6. 解：来自正态总体的样本均值仍服从正态分布，均值不变，方差为原来的 $1/n$，此处总体方差为 9，样本容量为 8，因而 $\mathrm{var}(\overline{X})=9/8$，$\overline{X}$ 的标准差为 $\sqrt{9/8}$.

7. 解：样本均值 $\overline{X}\sim N\left(\mu,\frac{25}{n}\right)$，因而

$$P(|\overline{X}-\mu|<1)=P\left(\left|\frac{\overline{X}-\mu}{\sqrt{25/n}}\right|<\frac{1}{\sqrt{25/n}}\right)=2\Phi\left(\frac{\sqrt{n}}{5}\right)-1\geqslant 0.95,$$

即 $\Phi\left(\frac{\sqrt{n}}{5}\right)\geqslant 0.975$，故 $\frac{\sqrt{n}}{5}\geqslant 1.96$，或 $n\geqslant 96.04$，即样本量至少为 97.

8. 证明：若随机变量 $X\sim F(n,n)$，则 $Y=1/X\sim F(n,n)$，从而

$$P(X<1)=P(Y<1)=P(1/X<1)=P(X>1).$$

而 $P(X<1)+P(X>1)=1$，所以 $P(X<1)=0.5$.

9. 解：由条件 $X_1+X_2\sim N(0,2\sigma^2)$，$X_1-X_2\sim N(0,2\sigma^2)$，故

$$\left(\frac{X_1+X_2}{\sqrt{2}\sigma}\right)^2\sim\chi^2(1),\quad \left(\frac{X_1-X_2}{\sqrt{2}\sigma}\right)^2\sim\chi^2(1).$$

又因为 $\mathrm{cov}(X_1+X_2,X_1-X_2)=0$，且它们都服从正态分布，所以 X_1+X_2,X_1-X_2 相互独立，于是

$$Y=\left(\frac{X_1+X_2}{X_1-X_2}\right)^2=\left(\frac{\frac{X_1+X_2}{\sqrt{2}\sigma}}{\frac{X_1-X_2}{\sqrt{2}\sigma}}\right)^2\sim F(1,1).$$

习 题 6

1. 解：因为 $EX=-1\times 2\theta+0\times\theta+2\times(1-3\theta)=2-8\theta$，$\theta=\frac{1}{8}(2-EX)$，所以 θ 的矩估计为 $\hat{\theta}=\frac{1}{8}(2-\overline{X})$.

2. （1）$3\overline{X}$；（2）$\sqrt{\frac{2}{\pi}}\overline{X}$；（3）$\frac{1-2\overline{X}}{1-\overline{X}}$；（4）$\left(\frac{\overline{X}}{1-\overline{X}}\right)^2$.

3. （1）$\left(\frac{n}{\sum_{i=1}^{n}\ln X_i}\right)^2$；（2）$\max\left(\frac{n}{\sum_{i=1}^{n}\ln X_i-n\ln c},1\right)$.

4. θ的最大似然估计为 1147.

5. 解：依题意，样本值$x_1,x_2,\cdots,x_n$中有N个小于 1，其余$n-N$个大于或等于 1，因此似然函数为

$$L(\theta)=\theta^N(1-\theta)^{n-N}\text{，}\ln L(\theta)=N\ln\theta+(n-N)\ln(1-\theta)\text{，}$$

$$\frac{\mathrm{d}\ln L(\theta)}{\mathrm{d}\theta}=\frac{N}{\theta}-\frac{n-N}{1-\theta}=0\text{，}\quad\theta=\frac{N}{n}\text{，}$$

于是，θ的最大似然估计为$\hat{\theta}=\dfrac{N}{n}$.

6. 解：（1）首先求出被估计参数θ与总体矩的关系.

$$EX=\int_{-\infty}^{+\infty}xf(x;\theta)\mathrm{d}x=\int_0^\theta\frac{x}{2\theta}\mathrm{d}x+\int_\theta^1\frac{x}{2(1-\theta)}\mathrm{d}x=\left.\frac{x^2}{4\theta}\right|_0^\theta+\left.\frac{x^2}{4(1-\theta)}\right|_\theta^1=\frac{2\theta+1}{4}\triangleq\mu\text{，}$$

由于$\theta=2\mu-\dfrac{1}{2}$，所以θ的矩估计量为$\hat{\theta}=2\overline{X}-\dfrac{1}{2}$.

（2）$EX^2=\displaystyle\int_{-\infty}^{+\infty}x^2f(x;\theta)\mathrm{d}x=\int_0^\theta\frac{x^2}{2\theta}\mathrm{d}x+\int_\theta^1\frac{x^2}{2(1-\theta)}\mathrm{d}x=\frac{2\theta^2+\theta+1}{6}$，

$$DX=EX^2-(EX)^2=\frac{4\theta^2-4\theta+5}{48}\text{，}\quad D\overline{X}=\frac{DX}{n}\text{，}\quad E\overline{X}=EX\text{，}$$

$$E\overline{X}^2=D\overline{X}+(E\overline{X})^2=\frac{4\theta^2-4\theta+5}{48n}+\frac{4\theta^2+4\theta+1}{16}\neq\frac{\theta^2}{4}\text{，}\quad E(4\overline{X}^2)\neq\theta^2\text{，}$$

所以$4\overline{X}^2$不是θ^2的无偏估计量.

7. 解：（1）$F(x)=\displaystyle\int_{-\infty}^x f(t)\mathrm{d}t=\begin{cases}1-2\mathrm{e}^{-2(x-\theta)}, & x>\theta\\ 0, & x\leqslant\theta\end{cases}$.

（2）
$$\begin{aligned}F_{\hat{\theta}}(x)&=P(\hat{\theta}\leqslant x)=P(\min(X_1,\cdots,X_n)\leqslant x)=1-P(\min(X_1,\cdots,X_n)>x)\\&=1-P(X_1>x,\cdots,X_n>x)=1-P(X_1>x)\cdots P(X_n>x)\\&=1-[1-F(x)]^n=\begin{cases}1-\mathrm{e}^{-2n(x-\theta)}, & x>\theta\\ 0, & x\leq\theta\end{cases}.\end{aligned}$$

（3）$\hat{\theta}$的密度函数为$f_{\hat{\theta}}(x)=F'_{\hat{\theta}}(x)=\begin{cases}2n\mathrm{e}^{-2n(x-\theta)}, & x>\theta\\ 0, & x\leqslant\theta\end{cases}$. 因为

$$E\hat{\theta}=\int_\theta^{+\infty}2nx\mathrm{e}^{-2n(x-\theta)}\mathrm{d}x=\theta+\frac{1}{2n}\neq\theta\text{，}$$

所以$\hat{\theta}$不是θ的无偏估计量.

8. 解：这是一个正态总体方差已知，求期望值μ的置信区间问题，公式为

$$\left(\overline{x}-\frac{\sigma}{\sqrt{n}}u_{0.975},\overline{x}-\frac{\sigma}{\sqrt{n}}u_{0.975}\right).$$

将 $\overline{x}=40$，$\sigma=1$，$u_{0.975}=1.96$ 代入上面的公式得 $(39.51,40.49)$.

9.（1）$(1249.4,1268.6)$；（2）$(1244.2,1273.8)$.

10. $n>384.16$，随机调查游客人数不少于 385 人.

提示：利用 $P\left(\left|\frac{\overline{X}-\mu}{\sigma/\sqrt{n}}\right|<\frac{50}{\sigma/\sqrt{n}}\right)\geqslant 0.95$，去求解 n.

11. 解：由于本例中样本量较大，可以认为样本均值服从正态分布，依题意，需要建立的原假设和备择假设为

$$H_0:\mu=8 \text{ vs } H_1:\mu<8.$$

若取 $\alpha=0.05$，则 $u_{0.05}=-1.65$，拒绝域为 $\{u\leqslant -1.65\}$. 由样本观测值计算得

$$u=\frac{10(6.5-8)}{2}=-7.5<-1.65,$$

因而拒绝原假设，认为这位校长的看法是对的.

12. 解：这是在总体方差未知下关于正态分布均值的单侧检验问题，检验的拒绝域为 $\{t>t_{1-\alpha}(n-1)=t_{1-0.1}(10-1)=1.3830\}$，由样本观测值计算得到

$$\overline{x}=0.97,\quad s=0.3302,$$

$$t=\sqrt{10}\frac{0.97-1.2}{0.3302}=-2.2027<1.3830,$$

故在显著性水平 0.1 下接受原假设.

13. 解：由题意可得如下假设

$$H_0:\mu\leqslant 32.50 \text{ vs } H_1:\mu>32.50.$$

由于方差未知，检验均值大小的假设检验，故选择 t 统计量进行检验：

```
x=[32.56 29.66 32.64 30.00 31.87 32.03];
m=32.50;
alpha=0.05;
[h,sig,ci,stats]=ttest2(x,m,alpha, 'right')
```

由 $h=0$，$p=\text{sig}=0.7537>0.05$，故不能拒绝原假设（接受原假设），即认为这批砖的平均抗断强度不大于 32.50.

14. 解：采用 t 统计量进行检验：

```
x=[8.05 8.15 8.20 8.10 8.25];
m=8;
alpha=0.05;
[h,sig,ci,stats]=ttest2(x,m,alpha, 'both')
```

由 $h=0$，$p=\text{sig}=0.1583>0.05$，故接受原假设，认为猜测成立.

15. 解：采用卡方统计量进行检验：

```
x=[43 65 75 78 71 59 57 69 55 57];
v=9^2;
alpha=0.05;
[h,sig,ci,stats]=vartest(x,v,alpha, 'both')
```

由 $h=0$， $p=\mathrm{sig}=0.3579>0.05$，故接受原假设，可以认为熔化时间的标准差为 9.

16. 第一问（1）接受，即认为包装机工作正常；（2）接受，即认为包装机工作正常；
第二问（1）接受，可以认为标准差 $\sigma=5$ 克；（2）接受，可以认为标准差 $\sigma=5$ 克.

17. 认为这批木材小头的平均直径在 12 cm 以上.

18. 样本容量 n 至少取 160.

19. 解：由题意可知

$$H_0:\mu_1=\mu_2 \ \text{ vs } \ H_1:\mu_1\neq\mu_2 .$$

采用两个正态总体均值差的检验，用 ttest2 计算如下：

```
x=[0.225 0.262 0.217 0.240 0.230 0.229 0.235 0.217];
y=[0.209 0.205 0.196 0.210 0.202 0.207 0.224 0.223 0.220 0.201];
alpha=0.05;
[h,sig,ci,stats]=ttest2(x,y,alpha, 'both')
```

由 $h=1$， $p=\mathrm{sig}=0.0013<0.05$，故拒绝原假设，即两个作家的作品中包含 3 个字母的单词比例有显著差异.

20. 解：检验如下

$$H_0:\sigma_1^2=\sigma_1^2 \ \text{ vs } \ H_1:\sigma_1^2<\sigma_1^2 .$$

采用 vartest2 计算如下:

```
x=[6.2 5.7 6.5 6.0 6.3 5.8 5.7 6.0 6.0 5.8 6.0];
y=[5.6 5.9 5.6 5.7 5.8 6.0 5.5 5.7 5.5];
alpha=0.05;
[h,sig,ci,stats]=vartest2(x,y,alpha, 'left')
```

由 $h=0$， $p=\mathrm{sig}=0.8524>0.05$，故接受原假设，即甲机床的加工精度与乙机床的精度相当.

21. 解：（1）由定义可知，犯第一类错误的概率为

$$\alpha=P(\overline{x}\geqslant 2.6\,|\,H_0)=P\left(\frac{\overline{x}-2}{\sqrt{1/20}}\geqslant\frac{2.6-2}{\sqrt{1/20}}\right)=1-\varPhi(2.68)=0.0037 ,$$

这是因为在 H_0 成立的条件下， $\overline{x}\sim N\left(2,\dfrac{1}{20}\right)$. 而犯第二类错误的概率为

$$\beta = P(\bar{x} < 2.6 \mid H_1) = P\left(\frac{\bar{x}-3}{\sqrt{1/20}} < \frac{2.6-3}{\sqrt{1/20}}\right) = \Phi(-1.79) = 1-\Phi(1.79) = 0.0367 .$$

这是因为在 H_1 成立的条件下，$\bar{x} \sim N\left(3, \frac{1}{20}\right)$.

（2）要使检验犯第二类的错误的概率满足

$$\beta = P(\bar{x} < 2.6 \mid H_1) = P\left(\frac{\bar{x}-3}{\sqrt{1/n}} < \frac{2.6-3}{\sqrt{1/n}}\right) \leqslant 0.01 ,$$

$$1-\Phi\left(\frac{0.4}{\sqrt{1/n}}\right) \leqslant 0.01 ，\ 0.4\sqrt{n} \geqslant 2.33 ,$$

由此可以给出 $n \geqslant 33.93$，因而 n 最小应取 34 才能满足要求.

（3）在样本量为 n 时，检验犯第一类错误的概率为

$$\alpha = P(\bar{x} \geqslant 2.6 \mid H_0) = P\left(\frac{\bar{x}-2}{\sqrt{1/n}} < \frac{2.6-2}{\sqrt{1/n}}\right) = 1-\Phi(0.6\sqrt{n}) ,$$

检验犯第二类错误的概率为

$$\beta = P(\bar{x} < 2.6 \mid H_1) = P\left(\frac{\bar{x}-3}{\sqrt{1/n}} < \frac{2.6-3}{\sqrt{1/n}}\right) = 1-\Phi\left(0.4\sqrt{n}\right) ,$$

显然，当 $n \to \infty$ 时，$\alpha \to 0$，$\beta \to 0$.

注：要使得 $\alpha \to 0$，$\beta \to 0$，必须 $n \to \infty$ 才能实现，这一结论在一般场合仍成立. 由于样本量 n 很大在实际中是不可行的，故一般情况下，人们不应该要求 α, β 同时很小.

参考文献

[1] 茆诗松, 程依明, 濮晓龙. 概率论与数理统计教程[M]. 北京: 高等教育出版社, 2004.
[2] 谢国瑞, 郝志峰, 汪国强. 概率论与数理统计[M]. 北京: 高等教育出版社, 2002.
[3] 周概蓉. 概率论与数理统计[M]. 北京: 高等教育出版社, 2008,4.
[4] 盛骤, 谢式千, 潘承毅. 概率论与数理统计[M]. 北京: 高等教育出版社, 2008.
[5] 吴赣昌. 概率论与数理统计[M]. 3 版. 北京: 中国人民大学出版社, 2009.
[6] 贾俊平, 何晓群, 金勇进. 统计学[M]. 5 版. 北京: 中国人民大学出版社, 2012.
[7] 魏艳华, 王丙参. 概率论与数理统计[M]. 成都: 西南交通大学出版社, 2013.
[8] 常振海, 刘薇, 王丙参. 概率统计计算及其 MATLAB 实现[M]. 成都: 西南交通大学出版社, 2015.
[9] 王丙参, 刘佩莉, 魏艳华. 统计学[M]. 成都: 西南交通大学出版社, 2015.
[10] 袁卫, 庞浩, 曾五一. 统计学[M]. 3 版. 北京: 高等教育出版社, 2010.
[11] 茆诗松, 程依明, 濮晓龙. 概率论与数理统计教程习题与解答[M]. 北京: 高等教育出版社, 2005.
[12] 魏艳华, 王丙参, 郝淑双. 统计预测与决策[M]. 成都: 西南交通大学出版社, 2014.
[13] 夏鸿鸣, 魏艳华, 王丙参. 数学建模[M]. 成都: 西南交通大学出版社, 2014,8.
[14] 李少辅, 阎国军, 戴宁. 概率论[M]. 北京: 科学出版社, 2011.
[15] 邓集贤, 杨维权, 司徒荣等. 概率论及数理统计[M]. 4 版. 北京: 高等教育出版社, 2009.
[16] 曹显兵. 概率论与数理统计辅导讲义[M]. 3 版. 西安: 西安交通大学出版社, 2013.
[17] 李正元, 李永乐, 范培华. 数学历年试题解析[M]. 北京: 中国政法大学出版社, 2013.
[18] 赵选民, 徐伟, 师义民等. 数理统计[M]. 2 版. 北京: 科学出版社, 2002.
[19] 周品, 赵新芬. MATLAB 数理统计分析[M]. 北京: 国防工业出版社, 2009.
[20] 赵静, 但琦, 严尚安, 杨秀文. 数学建模与数学实验[M]. 3 版. 北京: 高等教育出版社, 2008.
[21] 肖华勇. 基于 MATLAB 和 LINGO 的数学实验[M]. 西安: 西北工业大学出版社, 2009.
[22] 肖柳青, 周石鹏. 随机模拟方法与应用[M]. 北京: 北京大学出版社, 2014.
[23] 王正林, 龚纯, 何倩. 精通 MATLAB 科学计算[M]. 2 版. 北京: 电子工业出版社, 2009.